Social Media für Führungskräfte

Stefanie Babka

Social Media für Führungskräfte

Behalten Sie das Steuer in der Hand

2., überarbeitete Auflage

Springer Gabler

Stefanie Babka
Alsbach-Hähnlein, Deutschland

Illustrationen von
Immanuel Gloeser
Alsbach-Hähnlein, Deutschland

ISBN 978-3-658-34246-3 ISBN 978-3-658-34247-0 (eBook)
https://doi.org/10.1007/978-3-658-34247-0

Die Deutsche Nationalbibliothek verzeichnet diese Publikation in der Deutschen Nationalbibliografie; detaillierte bibliografische Daten sind im Internet über http://dnb.d-nb.de abrufbar.

Zeichnungen von: Immanuel Glöser

Planung/Lektorat: Angela Meffert
Springer Gabler ist ein Imprint der eingetragenen Gesellschaft Springer Fachmedien Wiesbaden GmbH und ist ein Teil von Springer Nature.
Die Anschrift der Gesellschaft ist: Abraham-Lincoln-Str. 46, 65189 Wiesbaden, Germany

Vorwort

Social Media ist kein Marketingkanal. Es ist eine Philosophie.

Was genau ist Social Media? Eine neue Technologie? Ein Kanal? Eine App? Eine Webseite? So viel vorab: **Ihre Herausforderung heißt nicht Facebook. Social Media beschränkt sich nicht auf Kanäle oder neue Technologien.** Vielmehr beschreibt der Begriff eine veränderte Verhaltensweise und Haltung. Heutzutage hat jeder Mitspracherecht im Internet. Das kann sich extern, aber auch intern auf Ihr Unternehmen auswirken.

Egal, welche Art und Größe von Unternehmen oder Abteilung Sie leiten, ob Sie Industriegüter, Konsumgüter oder Dienstleistungen anbieten – Social Media ist ein Faktor, den Sie beobachten sollten. **Social Media ist ein (Top-)Management-Thema.**

▶ Die Frage ist: Haben Sie das Ruder in der Hand oder herrscht in Ihrem Unternehmen Social-Media-Anarchie?

Es sind fast alle Unternehmensbereiche betroffen.

- Sind Sie sich der Risiken von unkoordiniertem und unsachgemäßem Umgang mit Social Media durch Ihre Mitarbeiter:innen bewusst?
- Haben Sie datenschutzrechtlich alles beachtet, oder stehen Sie als Führungskraft bereits mit einem Fuß im Gefängnis?
- Haben Sie die richtige Social-Media-Strategie?
- Orientiert sich diese an den Unternehmenszielen?
- Nutzen Sie Social Media als Vertriebskanal für China?
- Kann der Einkauf die Angebote von Social-Media-Agenturen ausreichend beurteilen?
- Geben Sie zu viel Geld für Social Media aus?
- Wie stellen Sie sicher, dass Ihre Rechtsabteilung rechtlich relevante Veränderungen ad hoc erfasst und ggf. bereits gegebene Freigaben erneut überprüft und – wenn erforderlich – anpasst oder revidiert?
- Machen Sie einen Realitätscheck. Sind Sie auf die Herausforderung Social Media vorbereitet?

Ihre strategische Führung des Themas ist notwendig. Selbst wenn Sie sich im Unternehmen dazu entscheiden, nicht aktiv im Social Web zu kommunizieren, sind zahlreiche Unternehmensbereiche dennoch vom Phänomen Social Media betroffen.

- Wie gehen Sie z. B. mit Cybermobbing unter Mitarbeiter:innen um?
- Wann haben Sie zum letzten Mal mit dem Betriebsrat über Social Media gesprochen?
- Wie schützen Sie Ihre Betriebsgeheimnisse?
- Ist der Außendienst im richtigen Umgang mit Xing und LinkedIn geschult?
- Was dürfen und was sollen Ihre Mitarbeiter:innen im sozialen Netzwerken über Ihr Unternehmen sagen?

Das Augenmerk richtet sich in der Regel auf die Abteilungen Marketing und PR. Aber auch in zahlreichen anderen Bereichen spielt die neue Mitmach-Realität eine große Rolle. Dieses Buch hat nicht das Ziel, Ihnen die bunte Social-Media-Welt für Ihre Kommunikation mit vielen beeindruckenden Beispielen schmackhaft zu machen. Es liefert Ihnen auch kein Patentrezept. Es verschafft Ihnen den nötigen Überblick über mögliche Chancen und Risiken, zeigt die wesentlichen Fragestellungen auf und gibt Handlungsempfehlungen. Als Führungskraft sollten Sie im Zuge Ihrer Unternehmenspolitik eine strategische Stoßrichtung vorgeben und evaluieren, welche Bereiche in puncto Social Media Ihre strategische Führung benötigen.

Unabhängig davon, in welcher Form Sie Unternehmensziele und Strategien planen und operationalisieren – Social Media hat Einfluss auf sehr viele Führungsprozesse und kann sogar Ihre grundlegenden, seit Jahrzehnten erfolgreichen Wettbewerbsstrategien beeinflussen. Im Internet ist alles vergleichbar, bewertbar und kommentierbar. Die sozialen Medien können sowohl vorteilhaft und werteschaffend als auch negativ und wertevernichtend sein. Nur wer sich im Social Web engagiert, kann Einfluss darauf nehmen, was kommuniziert wird.

► Denken Sie über die bestehenden Abteilungsstrukturen hinaus.

Social Media bringt die Herausforderung mit sich, dass alle Unternehmensbereiche wesentlich enger zusammenarbeiten, als dies in der Vergangenheit der Fall war. **Fördern und fordern Sie eine übergreifende Arbeitsweise.** Gerade in großen Unternehmen ist es schwierig sicherzustellen, dass auf ein und dieselbe Frage an jedem Kontaktpunkt genau die gleiche Antwort gegeben wird. Social Media bringt nicht nur interne Unstimmigkeiten an die Oberfläche, es fordert von Unternehmen auch ein grundsätzliches Umdenken und ein Aufbrechen der „Abteilungsblindheit". Der Anstoß hierzu kommt am besten von der Führungsspitze. Nur die Unternehmensleitung kann eine unternehmensübergreifende Strategie und Marschrichtung vorgegeben. Es ist unwahrscheinlich, dass ein untergeordneter Fachbereich alleine das Thema Social Media vollumfänglich steuern und leiten kann.

Es ist nicht zwingend notwendig, sich als Führungskraft selbst bis ins Detail mit Social-Media-Fettnäpfchen und den neusten angesagten sozialen Netzwerken auszukennen. Viel wichtiger ist es zu wissen, wie Social Media ein Unternehmen herausfordert und wo Sie in Ihrem Unternehmen Expertise brauchen, um damit umzugehen. **Geben Sie Richtlinien, Leitsätze und eine Strategie vor.** Social Media ist sehr detailreich und birgt auch einige Risiken, daher sollten Sie dieses Thema auf keinen Fall in unerfahrene Hände geben. Ein Seminar oder ein Buch zu dem Thema sind ein Anfang, aber aufgrund der rasanten Entwicklung ist es notwendig, immer am Ball zu bleiben und stetig weiter zu lernen. Idealerweise bauen Sie diese Expertise im Unternehmen in einem multidisziplinären Team mit Social-Media-Führungskraft auf und lassen sich regelmäßig über die aktuellsten Entwicklungen informieren. Die Details und die operative Ebene können Sie dann guten Gewissens aus der Hand geben. Auch wenn Sie bei Social Media die Kontrolle ein Stück weit aufgeben müssen, liegt die Kunst darin, dennoch die Führung zu behalten.

Dieses Buch bietet Ihnen einen präzisen Überblick über die wichtigsten unternehmerischen Herausforderungen in Bezug auf Social Media. Es ist übergreifend gehalten und geht absichtlich nicht sehr stark auf die operative Ebene ein. Ebenso verzichtet es weitestgehend auf zu speziellen Fachjargon. Ein einheitlicher Aufbau der Kapitel sorgt für eine gute Übersicht. Durch die Unterteilung nach Unternehmensbereichen blättern Sie schnell zu den richtigen Fragestellungen im jeweiligen Fachbereich. Sie finden in den einzelnen Kapiteln jeweils eine Übersicht der zentralen Fragestellungen in dem Bereich, eine „Merke"-Box und eine Übersicht der wichtigsten KPIs.

Ein Zusatzkapitel befasst sich mit dem Thema „Als Führungskraft im Social Web". Hier finden Sie wertvolle Hinweise über das Management Ihrer persönlichen Online-Reputation als Führungspersönlichkeit.

In diesem Buch stecken nicht nur meine eigene Erfahrung und Expertise, sondern auch wertvoller Input meiner Gastautoren und Sparringspartner:innen. Sie finden daher im Buch auch eine Übersicht der mitwirkenden Personen sowie deren Kurzvitae.

Wie alle Social-Media-Publikationen kann auch dieses Buch nur den aktuellen Stand wiedergeben. Ich freue mich über Feedback und Anmerkungen jeglicher Art über einen der folgenden Kanäle:

Twitter: www.twitter.com/StefanieBabka

LinkedIn: de.linkedin.com/in/stefaniebabka

Ich habe viel Zeit und Herzblut in dieses Buch gesteckt. Aufgrund meiner langjährigen Erfahrungen im Bereich Digital und Social Media fiel es mir leicht, Themen zusammenzutragen, die für eine solche Publikation relevant sind. Aber ohne die wundervolle Unterstützung aus meinem Netzwerk hätte ich das Buch niemals in dieser Qualität an den Markt bringen können.

Daher bin ich unglaublich dankbar, dass es in meinem beruflichen und privaten Netzwerk so viele Menschen gibt, die mir mit Rat und Tat in ihrer Freizeit als fachliche oder strategische Sparringspartner:innen zur Verfügung standen. Ihnen ist es zu verdanken, dass dieses Buch aus der Unternehmenspraxis heraus geschrieben ist und tatsächlich genau die Fragestellungen aufgreift, die in den meisten Unternehmen in Bezug auf Social Media auftreten.

Ich danke insbesondere meiner wunderbaren Familie für die Unterstützung. Ihr seid der Grund, warum ich dieses Buch schreiben konnte. Insbesondere danke ich meinem Mann, der mir die besten Illustrationen zu Social Media erstellt hat, die ich je gesehen habe, und mir in den entscheidenden Zeiten den Rücken freigehalten hat.

Danke auch an die Großeltern für die zahlreichen Einsätze im Sinne des Buches.

Ein ganz besonderer Dank gilt natürlich auch meinen beiden Gastautoren.

Danken möchte ich auch Rouwen Bastian sowie meiner Lektorin Angela Meffert von Springer Gabler und dem Projektmanager Rahul Ravindran von Scientific Publishing Services für das gute Zusprechen und die tolle Zusammenarbeit.

Alle Illustrationen in diesem Buch sind von Dipl.-Designer Immanuel Gloeser, mehrfacher Gewinner des Red Dot Design Awards sowie Gewinner des deutschen Designpreises, erstellt worden. Tausend Dank.

Stefanie Babka

Mitwirkende

„Ich nutze nicht nur allen Verstand, den ich habe, sondern borge mir zusätzlich alles, was ich bekommen kann."

Thomas Woodrow Wilson

Die Autorin

Stefanie Babka, Jahrgang 1980, studierte Betriebswirtschaft mit Schwerpunkt Marketing an der FH Pforzheim und machte einen zusätzlichen Abschluss als PR-Referentin. Sie hat über 15 Jahre die Bereiche Digital und Social Media in mehreren großen Konzernen (Daimler, GM, Nestlé, Merck) vorangetrieben und hat Erfahrung in der Führung von Mitarbeitern und interdisziplinären Teams im globalen Kontext. Stefanie Babka hat mit Unternehmensprojekten einige renommierte Preise wie den „Deutschen Preis für Onlinekommunikation" oder den „Enterprise Business Collaboration Award" gewonnen und ist selbst Jurymitglied beim Inkometa Award für erfolgreiche interne Kommunikation. Als Speaker tritt sie regelmäßig bei internationalen Konferenzen zu Themen wie Digital Communication, Social Media oder Female Leadership auf. Derzeit ist sie als Data Culture Lead bei der Merck KGaA in Darmstadt tätig. Sie lebt mit Mann und Kindern an der sonnigen Bergstraße zwischen Frankfurt und Heidelberg.

Gastautoren

Prof. Dr. Alexander Decker ist Professor für Konsumgütermarketing und Digitale Medien an der Technischen Hochschule Ingolstadt – THI Business School. Dort ist er auch Leiter des Masterstudiengangs Marketing/Vertrieb/Medien. Zudem ist er Gründer und Geschäftsführer der Beratung Seward's Folly. Zuvor war er über 15 Jahre in führenden CRM- und Online-Positionen in der Beratung (CRM Group/Vectia), bei Premiere Fernsehen GmbH (heute Sky Deutschland) und bei Nestlé Deutschland AG tätig. Als anerkannter CRM- und Digital-Management-Experte ist er Autor diverser Fachpublikationen und Referent bei zahlreichen Fachveranstaltungen.

Wolfgang Würth, Jahrgang 1982, studierte Medienwirtschaft an der Hochschule der Medien in Stuttgart. Über acht Jahre arbeitete er als Experte für digitale Kommunikation in PR und Marketing für Mercedes-Benz. Ein Meilenstein: Das 2013 mehrfach prämierte Projekt „Mercedes-Benz Social Publish", welches eine neue Gattung von Social Media Newsrooms kreierte. Wolfgang Würth war zum Zeitpunkt der Erstellung des Textes Pressesprecher für Social Media Communication innerhalb der Global Communication Mercedes-Benz Cars der Daimler AG. Nachdem er Manager International Product Communications EQ & Audio Visual Communications bei der Mercedes-Benz AG war, wechselte er zu Freeletics als Head of Consumer Marketing und Marketing Lead New Ventures.

Weitere Mitwirkende

Nina Baumann, Jahrgang 1972, ist Spezialistin für Nachhaltigkeit im Einkauf. Nach ihrer Ausbildung zur Reiseverkehrskauffrau studierte sie Betriebswirtschaft mit Schwerpunkt Verkehrswesen/Touristik an der FH Worms. Über zehn Jahre war sie in verschiedenen Positionen im Touristik-Marketing, u. a. bei Fluggesellschaften, Reiseveranstaltern und einer Hotelkette tätig. Sie absolvierte einen zweijährigen Auslandsaufenthalt in Spanien, der mit der Tätigkeit als Key-Account-Managerin einer spanischen Hotelkette verbunden war. Ihr berufliches Spektrum erweiterte Nina Baumann in den Bereich Einkauf, zunächst als Einkäuferin für Produktionsmaterialien bei General Motors und seit 2010 bei der Merck KGaA in Darmstadt, wo sie viele Jahre als Sourcing Managerin für Marketing-Dienstleistungen tätig war. Seit 2018 spezialisiert sie sich auf das Thema Nachhaltigkeit im Einkauf.

Tomás Caetano, Jahrgang 1970, studierte Betriebswirtschaft an der Fachhochschule Ludwigshafen mit dem Schwerpunkt Marketing. Der Automobilmarketingexperte begann seine Laufbahn bei BBDO, wo er u. a. Volkswagen im Bereich Digitalmarketing beraten hat. Nach weiteren Stationen bei Toyota und Lexus konnte er seine Expertise auch bei Ogilvy für Ford und bei TBWA für Nissan weiter vertiefen. Bei der Adam Opel AG hat er als Director Brand Marketing das europäische Marketing geleitet und dabei die Grundlage für die neue Markenausrichtung von Opel gelegt. Danach führte Tomás Caetano als Vice President Global Marketing das weltweite Marketing bei der Volvo Cars Corporation in Göteborg, Schweden, bevor er als Executive Director Brand and Marketing bei Borgward International die einmalige Chance ergriff, eine alteingesessene und trotzdem weitestgehend unbekannte europäische Edel-Automobilmarke neu zu definieren. Aktuell begleitet er Unternehmen in ihrer digitalen Transformation und bei der digitalen Markenführung.

Dr. Devrim Celik, Jahrgang 1980, studierte Mathematik in Konstanz, promovierte im Fach Mathematik in Tübingen über Kategorische Quotienten und konstruierbare Räume und arbeitete als wissenschaftlicher Mitarbeiter am Mathematischen Institut der Eberhard-Karls-Universität Tübingen. Anschließend arbeitete er als Kitesurflehrer bei Kite-School-Tours in Thorsminde Dänemark und bei der Kitesurfschule Kitescool in Nelson Neuseeland. Danach war Devrim Celik Datawarehouse Applikationsentwickler bei der Postfinance AG in Zofingen Schweiz, bevor er in Neuseeland zunächst bei der NZ Transport Agency als Principle Architect und Production Manager Regulatory und danach als Solutions Architect bei dem neuseeländischen Justizministerium arbeitete.

Dr. Elmar Fassbinder absolvierte sein Medizinisches Staatsexamen und promovierte an der Universität Marburg, zudem machte er sein amerikanisches Staatsexamen. Er war leitender Angestellter bei mehreren Unternehmen wie IBM, debis, Giesecke & Devrient und Thales für IT, Telekommunikation, Informatik und eHealth.

Fredericke Graml, Jahrgang 1980, studierte Betriebswirtschaft mit Schwerpunkt Marketing an der FH Pforzheim. Seit über zehn Jahren ist sie im Bereich Produkt- & Brandmanagement tätig, aus Liebe zu gutem Essen und Genuss immer im Auftrag namhafter Lebensmittelmarken (Barilla, Dextro Energy, Bertolli, miree). Derzeit ist Fredericke Graml als Produktmanagerin bei Karwendel-Werke Huber GmbH & Co. KG für die Marke miree zuständig.

Vijay Iyer, Jahrgang 1976., ist Diplom-Betriebswirt mit Abschluss an der Wiesbaden Business School (ehemals FH Wiesbaden) und Marketing- und Public Relations Executive mit mehr als 15 Jahre internationale Erfahrung im Entwickeln und Ausrollen von integrierten Kommunikationskampagnen, die langfristige Kunden- und Markenbindung schaffen. Nachdem er in der Geschäftsführung von Cadillac und Chevrolet Europa als Director Brand Engagement and Public Relations tätig war, wechselte er in die GM-Zentrale in die USA, wo er verschiedene Führungsrollen im Bereich Kommunikation und HR innehatte, bevor er sich entschied, bei der weltweit führenden Sound Branding Agentur amp das US-Geschäft zu leiten.

Franziska Kleinhans-Becker, Jahrgang 1981, studierte Betriebswirtschaft mit Schwerpunkt Marketing-Kommunikation an der Hochschule Pforzheim. Sie absolvierte ein Auslandssemester in Spanien und Japan. Sie hat zehn Jahre Erfahrung im Bereich Brand Management und strategische Markenführung. Nach verschiedenen Stationen als Product Manager bei Ferrero für bekannte Marken wie nutella und yogurette wechselte Franziska Kleinhans-Becker 2010 auf die Agenturseite und berät bei der Pahnke Markenmacherei GmbH als strategischer Brand Consultant namhafte FMCG-Unternehmen auf nationaler und internationaler Ebene.

Uwe Knaus studierte Betriebswirtschaftslehre mit dem Schwerpunkt Personal- und Organisationswesen. Er war 2007 für die Konzeption und den Launch des Daimler-Blogs zuständig und steuerte dessen strategische Weiterentwicklung bis zum Übergang in das Daimler-Magazin, welches Ende 2019 in die Corporate Website integriert wurde. Aktuell ist er mit seinem Team zuständig für Konzeption, Design und Funktion der Corporate Website, inklusive Analytics und SEO.

Wolfgang Lünenbürger-Reidenbach, Jahrgang 1969, berät und begleitet seit 2004 Unternehmen wie Daimler, Microsoft, Unilever, Scout24, Nestlé und eBay in Social Media. Der Theologe und Journalist hat für die PR-Firma Edelman 2006 bis 2009 den Digitalzweig in Europa aufgebaut, danach die Hamburger Agentur achtung! in eine digital fitte Kommunikationsagentur umgestaltet, bevor er 2015 als Managing Director das Deutschlandgeschäft der globalen PR- und Marketingagentur Cohn & Wolfe übernommen hat und nach der Gründung von BCW (Burson Cohn & Wolfe) diesen Merger als CEO in Deutschland führte. Executive Beratung, digitale Transformation und Krisenmanagement im digitalen Raum sind seine Spezialitäten. Aktuell ist er bei BCW als Head of Creativity Europe und Afrika tätig. Er lebt mit seiner Familie und seinen Pferden nördlich von Hamburg.

Carolin Probst-Iyer, Jahrgang 1976, ist Diplom-Betriebswirtin mit Abschluss der Accadis Hochschule (ehemals IBS) Bad Homburg, Deutschland und der East Carolina University, USA. Sie verfügt über mehr als 15 Jahre Erfahrung sowohl auf Corporate als auch Agenturseite im Bereich Digital Marketing, Social Media, CRM und Customer Experience. Seit nunmehr fast zehn Jahren ist sie innerhalb des General-Motors-Konzerns in verschiedenen Positionen im In- und Ausland tätig; aktuell ist sie Manager Global GM Social Media Center of Expertise.

Roni Lee Schwarz Alanis, Jahrgang 1980, ist Diplom-Wirtschaftsingenieur. Er studierte an der Universität Instituto Tecnologico de Estudios Superiores de Monterrey in Monterrey, Mexiko. Seit 2018 ist er Abteilungsleiter (Expertise Owner) in der Abteilung Logistik in der Geschäftseinheit Bosch Professional für Industrial Markets bei Robert Bosch GmbH im Geschäftsbereich Elektrowerkzeuge. Seine Schwerpunkte sind Supply-Chain-Operations, Supply-Chain-Projekte, Supply-Chain-Strategie, kontinuierliche Verbesserung, Absatzplanung und Bestandsplanung.

Frank Sielaff, Jahrgang 1975, gründete im März 2019 das Beratungsunternehmen entrusted. entrusted bietet strategische Beratung in den Bereichen Online-Kommunikation und -Marketing, Mitarbeiterkommunikation und digital-motivierte Reorganisation. Dabei liegt der Fokus auf der Verknüpfung von Strategie, Kommunikation und Technologie. Vor der Gründung hatte Frank Sielaff mehrere Führungspositionen beim DAX-gelisteten Wissenschafts- und Technologieunternehmen Merck inne. So verantwortete er seit 2013 die Einheit „Digital Media" innerhalb der Unternehmenskommunikation mit dem globalen Web- und Social-Media-Auftritt von Merck sowie den Merck-internen „Digital Workplace". Zuvor war Frank Sielaff in der IT zuständig für die Technologie der Websites, Intranets und Mitarbeiterportale. Er ist verheiratet, hat zwei Kinder und lebt mit seiner Familie an der südhessischen Bergstraße

Inhaltsverzeichnis

Was ist Social Media?

1

Zusammenfassung

Dieses Kapitel beschreibt Social Media auf einfache und verständliche Weise und verzichtet weitestgehend auf komplizierte Fachterminologie. Es wird aufgezeigt, welche Mechanismen das Phänomen Social Media ausmachen, wer Social Media nutzt und welche Herausforderungen die neue Haltung der Gesellschaft mit sich bringt.

Die Frage danach, was Social Media eigentlich genau ist, wird oftmals mit Technologien oder Kanälen und jeder Menge Fachbegriffen und Anglizismen beantwortet.

▶ **Social Media** Social Media im Plural genutzt stehen für die sozialen Netzwerke. Social Media im Singular genutzt steht für das Phänomen Social Media.

Viel wichtiger als diese ganzen technischen Details ist es aber, die Social-Media-Mechanismen zu verstehen. Diese Mechanismen sind es nämlich, die über alle Social-Media-Anwendungen hinweg den großen Unterschied in der Art der Kommunikation machen und das Kommunikationsverhalten der Menschen in fast allen Ländern dieser Erde revolutioniert haben. Daher halte ich es für sehr wichtig, sich zum Verständnis von Social Media auf diese Mechanismen zu fokussieren.

Sie sind ausschlaggebend für jegliche Social-Media-Aktivität – ob auf internen oder externen Social-Media-Kanälen. Es können mehrere Social-Media-Mechanismen in Kombination zum Einsatz kommen, wie z. B. in einem Social-Media-Kanal wie Facebook, oder aber nur ausgewählte Funktionen, wie z. B. bei der Kommentarfunktion von Spiegel Online oder bei der Bewertungsfunktion bei Amazon.

S. Babka, *Social Media für Führungskräfte*,
https://doi.org/10.1007/978-3-658-34247-0_1

1.1 Die sieben wichtigsten Social-Media-Mechanismen

Abb. 1.1 visualisiert die sieben wichtigsten Social-Media-Mechanismen.

1. **Alle können mitmachen.**
   Zum Beispiel kann jeder einen Blog auf einer Blogplattform wie Tumblr erstellen oder eine Bilderwand auf Pinterest oder eine Expertengruppe auf Xing. Jeder kann eine Video-Liveübertragung erstellen und diese in Echtzeit in die Welt hinaus senden.
2. **Alle können mitreden.**
   Beispielsweise kann jeder während einer Rede per Twitter seine Meinung dazu öffentlich äußern, die Meldungen auf tagesschau.de kommentieren oder in einer Anwendung im Intranet sein Expertenwissen beitragen.
3. **Alle können weitergeben.**
   Zum Beispiel kann jeder ein Video per WhatsApp an Freund:innen senden oder es aus seiner Timeline heraus in Facebook mit seinen Freund:innen teilen.
4. **Alle können beurteilen.**
   Etwa kann jeder bei MeinChef.de oder Glassdoor seinen Arbeitgeber beurteilen oder bei TripAdvisor die Pizzeria nebenan bewerten oder bei Amazon ein gekauftes Produkt.
5. **Alle können erweitern.**
   So kann jeder einen Wikipedia-Eintrag mit weiteren Fakten bereichern oder eine neue Playlist bei Spotify erstellen.
6. **Alle können korrigieren.**
   Beispielsweise kann jeder bei Preisvergleichsportalen wie Barcoo einen Produktpreis anpassen oder bei Wikipedia einen Abschnitt ändern.
7. **Alle können sich vernetzen.**
   Zum Beispiel können sich politische Aktivisten über Facebook vernetzen oder die Mitarbeiter:innen eines Unternehmens im Intranet oder ehemalige Klassenkameraden auf Portalen wie StayFriends.

1.2 Wer nutzt Social Media?

Interessanterweise beantworten viele Menschen die Frage, ob sie Social Media nutzen, erst einmal kategorisch mit einem „Nein“. Sie meinen damit, dass sie nicht in Social Media aktiv sind. Wenn man sie dann fragt, ob Sie YouTube-Filme ansehen oder ob sie Bewertungen bei Hotelportalen lesen oder per Google nach Lösungen für Probleme suchen und dann in einem Forum die Antwort gefunden haben, dann heißt die zweite Antwort oftmals doch „Ja“.

Abb. 1.1 Social-Media-Mechanismen

Ich kenne tatsächlich kaum jemanden, der Social Media überhaupt nicht nutzt. Sogar meine Großmutter nutzte mit 93 Jahren WhatsApp, um Bilder von der Urenkelin zu sehen, oder schaute sich auf Vimeo die Kitesurfvideos ihres Enkels an.

Das Nutzungsverhalten ist jedoch sehr unterschiedlich und hängt von vielen Faktoren ab. In Deutschland ist die Social-Media-Nutzung eher konservativ, und es herrscht viel Skepsis bezüglich der Sicherheit von Daten. In anderen Kulturen wird oftmals alles ungefiltert und ohne Scheu auf Social-Media-Kanälen veröffentlicht. Deutschland ist im Hinblick auf Social-Media-Fortschritt also aufgrund der vorsichtigen Grundstimmung eher ein Entwicklungsland, was sowohl Vor- als auch Nachteile hat.

Es ist wichtig, sich das vor Augen zu führen, wenn man Social Media in einem internationalen Unternehmen und im internationalen Kontext betrachtet, denn in vielen Märkten ist die Relevanz noch um ein erhebliches höher als in Deutschland.

Ganz grob betrachtet teilt sich nach einer Theorie des dänischen Usability-Beraters Jakob Nielsen das Nutzungsverhalten übergreifend in drei Gruppen auf: Aktive, ab und zu Aktive und Passive (Wikipedia o. J. a). Diese „Ein-Prozent-Regel" geht davon aus, dass sich Nutzer in Social-Media-Kanälen immer etwa im Verhältnis 1-9-90 auf folgende Nutzertypen verteilen:

- **1 % aktive Nutzer:innen**
  Aktive Nutzer:innen erstellen regelmäßig Inhalte und haben dadurch auch eine entsprechende Online-Reputation. Das ist ein geringer Teil der Nutzer:innen. Sie erreichen mit ihren Social-Media-Beiträgen teilweise eine sehr hohe Reichweite und ihre Stimme hat ein Gewicht im Internet.
- **9 % ab und zu aktive** Nutzer:innen
  Etwas mehr Nutzer:innen sind ab und zu aktiv. Sie erstellen seltener Beiträge, aber sie lesen gerne und teilen oder kommentieren.
- **90 % passive Nutzer:innen**
  Der größte Teil der Nutzer:innen liest einfach nur mit bzw. konsumiert Inhalte.

Die harten Zahlen dieser Theorie gelten heutzutage als überholt, da die Partizipation sehr stark vom Kanal abhängt und in einigen Kanälen sehr viel höhere Interaktionen die Regel sind. Trotzdem verdeutlicht das Modell, dass es im Social Web bestimmte Nutzer:innen gibt, die aufgrund ihres Aktivitätsgrades und ihrer Reichweite einen besonderen Einfluss ausüben können. In den letzten Jahren hat sich sogar das Berufsbild des „Influencers" gebildet. Influencer sind Personen, die Nebenoder hauptberuflich Einfluss im Social Web ausüben. Aufgrund ihrer Reichweite sind sie als Werbepartner:innen interessant. Abb. 1.2 zeigt diese Verteilung auf.

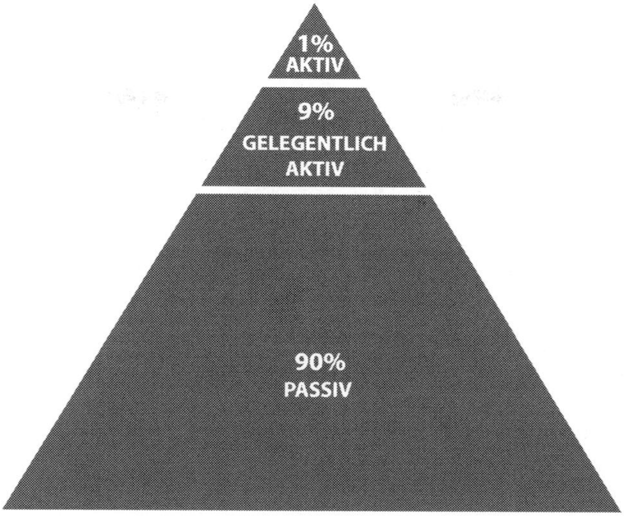

Abb. 1.2 Social-Media-Nutzertypen

Abb. 1.3 Erwartungshaltung an Antwortzeiten in Social Media

1.3 Die Schnelligkeit von Social Media

Neben den zuvor genannten Punkten zu Mechanismen und Nutzungsverhalten kommt noch eine weitere Komponente hinzu, die es zu beachten gilt. Und das ist die Zeit. **Social-Media-Kommunikation geschieht in Echtzeit.** Das bedeutet, dass auch die Erwartungshaltung an die Antwortzeiten sehr hoch ist. Je nach Medium kann die Dringlichkeit der Antwortzeit variieren. Nach vier Stunden ist ein Tweet auf Twitter beispielsweise einfach schon nicht mehr aktuell. Ich gebe derzeit in der Praxis die in Abb. 1.3 aufgezeigten Antwortzeiten als Zielwerte an (Stand Oktober 2020).

Social Media ist aber nicht nur schnell in Bezug auf Kommunikation, sondern auch in der Weiterentwicklung der Materie.

> Was man zum Frühstück über Social Media wusste, kann zum Mittagessen schon wieder veraltet sein.

Zur Veranschaulichung ein paar Beispiele für die Schnelllebigkeit von Social Media und wie sich diese konkret auf Unternehmen auswirkt:

Kurzfristige technische Veränderungen auf einer Fremdplattform (z. B. Facebook)
Morgens hat die Facebook-Seite des Unternehmens x Fans, mittags hat sie y Likes, weil Facebook seine Kennzahlen umgestellt hat.

Folge: Durch die Umstellung der Kennzahlen von Fans zu Likes ist ein neues Reporting und Kennzahlensystem notwendig, weil die Daten sonst nicht mehr vergleichbar sind. Oder:

Morgens sieht die Facebook-Seite eines Unternehmens noch gut aus. Mittags ändert Facebook im Zuge der Erneuerung seiner „Timeline“ das Layout.

Folge: Alle Materialien müssen angepasst werden. Es entstehen vorher nicht einkalkulierte Aufwände.

Änderungen von AGBs oder Datenschutzerklärungen
Morgens waren alle Social-Media-Aktivitäten von der Rechtsabteilung freigegeben, mittags kauft ein Social-Media-Anbieter einen anderen auf und gibt eine neue Datenschutzlinie heraus.

Folge: Die bereits freigegebenen Plattformen müssen erneut geprüft werden.

Neue Rechtsprechung führt zu neuer Rechtslage
Morgens ist eine Aktivität im Social Web noch erlaubt oder in einer rechtlichen Grauzone. Mittags gibt es ein neues Gerichtsurteil zu dieser Aktivität und es ist nicht mehr ratsam, diese weiterzuführen.

Folge: Aufgrund der Rechtsprechung muss eine neue Strategie erarbeitet werden.

Politische Veränderungen
Morgens ist das Unternehmen mit seinen Social-Media-Aktivitäten in Europa in einem rechtlich sicheren Bereich. Mittags wird ein Abkommen mit den USA gekündigt mit der Folge, dass alle internationalen Aktivitäten überprüft werden müssen. So ist das beispielsweise geschehen beim EU-US Privacy Shield (Wikipedia o. J. b).

Zusätzliche Informationen
Morgens machen die aktuellen Aktivitäten keinen riskanten Eindruck. Mittags veröffentlicht Edward Snowden ein Manuskript, das viele Gefahrenpotenziale aufdeckt.

Folge: Das Risiko muss neu bewertet werden.

Merke
Um Social Media zu verstehen, muss man weder die neusten Kanäle noch besondere technische Details kennen. Es ist lediglich wichtig, sich die Mechanismen, das Nutzungsverhalten und die Schnelllebigkeit von Social Media bei der Bewertung der Relevanz für das eigene Unternehmen und Aufgabenfeld vor Augen zu führen.

1.4 Die wichtigsten Kanäle im Überblick

Facebook Facebook ist ein Social-Media-Kanal, der es den Nutzer:innen ermöglicht, eigene Profile zu erstellen, Fotos und Videos hochzuladen und mit Freund:innen oder Kolleg:innen in Kontakt zu treten. Es besteht außerdem die Möglichkeit, als Marke oder Unternehmen eine Seite anzulegen, die dann von Nutzer:innen „geliked" werden kann. Diese Likes werden auch als Fans bezeichnet, obwohl Facebook selbst diesen Ausdruck nicht mehr verwendet.

Twitter Twitter ist ein Microblog-Dienst, der es den Nutzer:innen ermöglicht, kurze Texte (bis 280 Zeichen) sowie Fotos und Videos zu „twittern" und sich öffentlich an Diskussionen zu beteiligen. Abonnenten eines Twitter-Kanals nennt man Follower.

YouTube YouTube ermöglicht es Nutzer:innen, eigene Videos in unterschiedlichen Formaten hochzuladen und es der allgemeinen Öffentlichkeit oder auch nur einer beschränkten Nutzergruppe zur Verfügung zu stellen. Es ist auch möglich, anderen Nutzern oder Kanälen zu folgen. Dieses soziale Netzwerk ist derzeit nach Google die zweitgrößte Suchmaschine der Welt.

Instagram Instagram ist ein soziales Netzwerk, in dem Nutzer:innen Bilder mit ihrem Netzwerk austauschen können. Dieser Social-Media-Kanal funktioniert vorwiegend über die App, und sein Erfolg basiert vor allem auf den Foto-Filtern, die diese App bietet.

Pinterest Pinterest ist ein Social-Media-Kanal, der wie eine Pinnwand funktioniert. Hier werden Bilder an eine virtuelle Pinnwand geheftet und so mit anderen Nutzer:innen geteilt. Dieses Netzwerk wird z. B. für kreative visuelle Dinge wie Dekoration oder Rezepte genutzt.

Flickr Flickr ist eine Foto Sharing Community, auf der Nutzer:innen ihre Fotos zum Teilen, aber auch zum Archivieren hochladen können.

WhatsApp WhatsApp ist eine App, die es den Nutzer:innen ermöglicht, per Smartphone miteinander zu zweit oder in Gruppen zu chatten.

SlideShare SlideShare ist ein Social-Media-Kanal, in dem man Präsentationen teilen und anderen Nutzer:innen folgen kann.

Xing Xing ist ein deutsches berufliches Social-Media-Netzwerk, in dem man seinen Lebenslauf und Kenntnisse hochladen und mit Kolleg:innen und Geschäftspartner:innen zu beruflichen Themen in Kontakt treten kann.

LinkedIn LinkedIn ist ein internationales berufliches Social-Media-Netzwerk, in dem man seinen Lebenslauf und Kenntnisse hochladen und mit Kolleg:innen und Geschäftspartner:innen in Kontakt bleiben kann.

Spotify Spotify ist eine Musikstreaming-Plattform, die auch als soziales Netzwerk fungiert. Nutzer:innen können Musiklisten anlegen und mit Freund:innen teilen.

Snapchat In diesem Social Network löschen sich gesendete Dateien automatisch nach dem Ansehen. Hier liegt der Fokus nicht auf Nutzerprofilen, sondern auf dem Teilen von Inhalten. Die App wird viel von der sogenannten Generation Z genutzt.

TikTok TikTok ist eine weltweit genutzte chinesische Social-Media-Plattform. auf der kurze Videos z. B. mit Lippensynchronisation geteilt werden und die zusätzlich die Funktionen eines Social Netzwerkes anbietet. Die App ist vor allem bei Kindern und Teenies beliebt.

Tripadvisor Tripadvisor ist eine Social-Media-Reisebewertungsplattform, die wie ein durch die Nutzer:innen selbst geschriebener Reiseführer fungiert und die besten Aktivitäten, Hotels, Restaurants etc. in einer Stadt oder in einem Land aufführt. Nutzer:innen können Bewertungen abgeben, Fotos hochlanden und neue Reisetipps aufnehmen.

WeChat WeChat ist eine hauptsächlich in China und Asien genutzte Social-Media-Plattform, die ursprünglich als Messenger-Dienst gestartet ist und mittlerweile zahlreiche weitere Funktionen bietet. Zum Beispiel haben Nutzer:innen von WeChat die Möglichkeit, online einzukaufen, in Geschäften mit der App zu bezahlen, Geldtransfers zu tätigen und Taxis oder Tische zu reservieren.

Wikipedia Wikipedia ist eine Online-Enzyklopädie, die durch Beiträge ihrer Nutzer:innen gepflegt wird. Jeder kann sein Wissen innerhalb dieses Wikis einstellen und die Inhalte bearbeiten. Die Beiträge werden vor Livegang, aber auch danach durch Administrator:innen und Nutzer:innen geprüft und adaptiert, sodass die Qualität dieser Beiträge sehr hoch ist.

Barcoo Barcoo ist eine Preisvergleichs-App, die mittels Barcode den günstigsten Preis für ein Produkt findet. Nutzer:innen können im Laden den Barcode an einem Produkt scannen und dann sehen, ob ein anderes Geschäft den Artikel günstiger anbietet oder ob dieser online zu erhalten ist. Außerdem sind zusätzliche Informationen z. B. zu Inhaltstoffen, Kalorien etc. enthalten. Diese Informationen werden hauptsächlich durch Nutzer:innen eingetragen, und es gibt ggf. fehlerhafte Angaben, daher empfiehlt sich eine Überprüfung der eigenen Produkte.

Vimeo Vimeo ist eine Videosharing-Plattform, die ähnlich wie YouTube funktioniert, aber eher auf Filmemacher abzielt. Die meisten hochgeladenen Videos sind von den Nutzer:innen selbst produziert.

Clubhouse Clubhouse ist eine audiobasierte Social-Media-App, in der Livetalks in verschiedenen Räumen stattfinden. Die Gespräche werden nicht gespeichert und können ausschließlich live mitverfolgt werden. Zur Einführung der App sorgte die strikte Einlassregel für einen Hype, denn neue Mitglieder konnten nur über eine Einladung eines bestehenden Mitglieds beitreten.

Literatur

Wikipedia (o. J. a). Ein-Prozent-Regel (Internet). http://de.wikipedia.org/wiki/Ein-Prozent-Regel_%28Internet%29. Zugegriffen: 5. Okt. 2020.

Wikipedia (o. J. b) Safe Harbour (Internet). https://de.wikipedia.org/wiki/Safe_Harbor. Zugegriffen: 5. Okt. 2020.

Die zehn häufigsten Social-Media-Fehler in Unternehmen

2

„Wo kämen wir hin, wenn jeder sagte, wo kämen wir hin und keiner ginge, um zu sehen, wohin wir kämen, wenn wir gingen."
(Kurt Marti, ein Schweizer Pfarrer und Schriftsteller)

Zusammenfassung

Dieses Kapitel beschreibt die zehn häufigsten Social-Media-Fehler in Unternehmen. Es zeigt gleichzeitig die typischen Fragestellungen im betrieblichen Umfeld auf.

Aufgrund der sich sehr schnell entwickelnden Social-Media-Landschaft ist es teilweise notwendig, ganz neue Wege zu gehen. **Viele Social-Media-Aktivitäten finden außerhalb von bekanntem Terrain und vertrauten Mechanismen statt.** Das hat den Nachteil, dass Konsequenzen, Abläufe und Fehlplanungen oft nicht vorherzusehen sind. Fehler gehören daher zu Social Media dazu. Umso wichtiger ist es, beständig zu evaluieren, zu optimieren, zu hinterfragen und zu verbessern und vor allem, Fehler zu dokumentieren.

Aus den eigenen Fehlern lernt man bekanntlich am besten – aber auch am unangenehmsten. Bei der Betrachtung anderer Akteure lässt sich oftmals Einiges lernen und für das eigene Unternehmen ableiten. Viele Unternehmen haben irgendwann in einer sogenannten „Trial und Error"-Phase begonnen, Social Media auszuprobieren, und sind mittlerweile in einer weiterführenden Phase der Professionalisierung.

Daher habe ich in diesem Kapitel die aus meiner Sicht zehn häufigsten Fehler großer Unternehmen in Bezug auf Social Media zusammengetragen. Das sind Fehler, die ich aus eigener Erfahrung, aber auch im Gespräch mit anderen Social-Media-Verantwortlichen in Unternehmen oder aus Vorträgen zusammengetragen habe.

S. Babka, *Social Media für Führungskräfte*,
https://doi.org/10.1007/978-3-658-34247-0_2

1. **Social Media machen, nur um Social Media zu machen**
   Es ist unglaublich, wie oft man als Corporate-Social-Media-Verantwortlicher Situationen vorfindet, in denen in Unternehmen Social-Media-Aktivitäten tatsächlich nur gemacht werden, um „dabei" zu sein. Ein Facebook-Auftritt wird z. B. viel zu häufig als „Hygienefaktor" gesehen. Bei genauer strategischer Betrachtung stellt sich nicht selten heraus, dass die Eröffnung eines Dialogkanals mehr Nachteile als Vorteile bringt. Dann z. B., wenn ein Dialog rund um die Uhr personell überhaupt nicht abgedeckt werden kann. Oder wenn ein solcher Kanal nicht in das übergeordnete Konzept passt. Die Prämisse lautet daher: Erst die Ziele festlegen und dann entscheiden, ob Social Media ein geeignetes Mittel zum Zweck ist.
2. **Alles wie immer, nur auf Social Media**
   Einer der häufigsten Fehler ist es zu versuchen, alles so weiter zu machen wie vorher und die Kommunikation einfach in einen Social-Media-Kanal zu verlagern. Aufgrund der so unterschiedlichen Mechanismen funktioniert das schlichtweg nicht.
   Die Menschen möchten interagieren. Sie möchten in dem Kanal, in dem sie sich gerade befinden, Inhalte auffinden, die genau in diesen Kanal und in die gerade stattfindende Konversation und Stimmung passen. Das ist wie auf einer Party. Man kommt herein und stellt sich erst einmal dazu, hört sich das Gespräch an und bringt sich dann an passender Stelle ein. Einfach aufzutauchen und loszulegen, wird als unangebracht empfunden.
   Eine Facebook-Seite, auf der ausschließlich ein selbstverherrlichender Monolog wie in einem Werbefilm stattfindet, wird keine Reichweite generieren.
   Meiner Meinung nach transportiert der englischsprachige Kurzfilm „The Break Up" von Microsoft diese Diskrepanz sehr deutlich, daher zeige ich ihn bei Vorträgen gerne zur Verdeutlichung der Thematik (Desager, 2017).
3. **Fehler beim Einkauf von Rechten**
   Noch schwerwiegender als die falsche Platzierung von Inhalten ist es zu vergessen, ausreichende Rechte für eine Social-Media-Nutzung zu sichern. Social Media bedeutet Viralität. Und eine virale Verbreitung bedeutet, dass Inhalte unlöschbar und unkontrollierbar sind. Rechte müssen folglich ohne zeitliche und geografische Beschränkung eingekauft werden. Sie sollten außerdem auch für die Nutzung Dritter eingekauft werden, da die Nutzungsbedingungen vieler Social-Media-Kanäle die Abtretung der Rechte an das Portal vorschreiben.
4. **Kampagnendenken**
   Eine weitere Herausforderung ist das Denken in Kampagnen. Budgets und Ressourcen werden im Kampagnenrhythmus geplant. Ein Dialogkanal kann aber nicht einfach wieder geschlossen werden, es sei denn, er ist von vorneherein so geplant und kommuniziert gewesen. Noch weniger kann er sich selbst überlassen werden. Die Praxiserfahrung zeigt, dass ein unbeobachteter Kanal schnell Spammern zum Opfer fällt.

5. **Hypes verfallen**
   Zu schnell auf neue Trends aufzuspringen, ist ein weiterer klassischer Fehler. Es ist wichtig, genau zu definieren, wie die Haltung des Unternehmens in Bezug auf Social Media sein soll. Nicht zu jedem Unternehmen passt eine Vorreiterrolle im Social Web.
   Neue Funktionalitäten oder Kanäle können z. B. zunächst als Piloten getestet werden, wenn vorab genaue Ziele hierfür definiert wurden. Im Kap. 4 finden Sie weitere Informationen zu dieser Thematik.
6. **Das Unterschätzen von Kosten und internem Aufwand**
   Unternehmen sind es gewohnt, Mediaplatzierungen zu buchen und ihre Werbung in einem Monolog zu kommunizieren. Was es bedeutet, einen Dialog in der Öffentlichkeit zu führen, wird oft unterschätzt. Vor allem bindet die öffentliche Beantwortung von Fragen sehr viele interne Ressourcen, die bei der Planung oftmals vergessen werden. Selbst bei einem gut vorbereiteten Dialogkanal mit ausreichend Ressourcen und einem Frage-Antwort-Katalog sind im laufenden Betrieb Fragen zu erwarten, die nur mit Hilfe von internen Experten beantwortet werden können. Diese Fragen könnten z. B. lauten: „Wie kann ich das Produkt in Saudi-Arabien beziehen?“ oder „Wird in der Herstellung die Substanz xy verwendet?“ oder „Haben Sie Leiharbeiter im Einsatz?“ oder „Achten Sie beim Einkauf der Rohstoffe auf ökologische Aspekte?“ oder „Wie heißt der Hund im Werbespot?“ Es sind also die versteckten Kosten und internen Ressourcen, die Social Media teuer machen. Weitere Informationen zur Erfolgsmessung und Kosten von Social Media finden Sie im Abschn. 9.2.
7. **Falsches Einschätzen der Rechtslage**
   Es gibt zahlreiche Grauzonen und juristische Unklarheiten im Zusammenhang mit Social Media. Eine valide rechtliche Einschätzung zu geben, ist oftmals schwierig. Nicht selten ist das Expertenwissen zur korrekten Einschätzung der Situation nicht vorhanden. Entweder, den Social-Media-Verantwortlichen fehlt juristisches Wissen, oder den Juristen fehlt das Detailverständnis der Social-Media-Begebenheiten. So kommt es oft dazu, dass die Faktenlage, auf deren Basis entschieden wird, unzureichend ist und kleine, aber entscheidende Details vergessen werden. Meiner Erfahrung nach fließen auch in rechtlich sehr gut aufgestellten großen Unternehmen viel zu oft nicht alle relevanten Fakten mit in die Freigabeprozesse ein. Und vor allem wird die juristische Situation nach der Freigabe nicht fortlaufend verfolgt, was anhand der sich sehr schnell ändernden Bedingungen ein Risiko darstellt. Weitere Informationen und Beispiele finden Sie in Kap. 15.
8. **Ignorieren der Rechtslage**
   Einer der unverständlichsten, aber leider auch häufigsten Fehler, besteht darin, rechtliche Aspekte schlichtweg zu ignorieren. Es ist wohl der Einfachheit der Bedienung von Social-Media-Kanälen zuzuschreiben, dass selbst gut ausgebildete Kommunikationsexperten in diesen Medien gravierende Markenrechtsverletzungen oder Urheberrechtsverletzungen begehen. So wird beispielsweise bei der Befüllung

von Social-Media-Kanälen teilweise ungefragt auf Inhalte Dritter zurückgegriffen, ohne Einkauf der Rechte. Logos von Social-Media-Anwendungen wie Facebook oder Twitter werden rücksichtslos und teilweise sogar in modifizierter Form (z. B. in einer anderen Farbe) in TV-Spots eingesetzt oder auf Produkte oder Lkw-Planen gedruckt. Dabei handelt es sich bei diesen Logos auch um markenschutzrechtlich geschützte Zeichen. Das Urheberrecht gilt auch auf Kanälen wie YouTube, auch wenn es bei privaten Nutzer:innen vielleicht nicht gerade Usus ist, es anzuwenden.
Den unglaublichsten Vorfall hatte ich, als Kolleg:innen einen Film auf ihrem Facebook-Markenkanal gepostet hatten. Er passte gut zum Thema des Kanals und wurde durch unseren Kanal sehr stark viral verbreitet. Später stellte sich heraus, dass der Film ein virales Video der Konkurrenz war.

9. **Social Media im Sicherheitskonzept vergessen**
   Ich habe bereits mehrfach in der Praxis gesehen, dass die durch Social Media entstehenden Veränderungen im Sicherheitskonzept nicht beachtet werden. Das Thema Sicherheit von Informationen und Daten wird mittlerweile bereits weitgehend berücksichtigt, aber darüber hinausgehende Punkte wie Standortsicherheit oder Personensicherheit bleiben oftmals noch außen vor. Unternehmen sichern z. B. ihre Konzernzentralen als physischen Ort mit Einlassbeschränkung und Wachdiensten ab, aber dem „virtuellen" Ort wird wenig oder keine Beachtung geschenkt. Social Media kann in vielen Sicherheitsaspekten relevant sein. Nähere Informationen finden Sie in Kap. 17.
10. **Das Passwort vergessen**
   Social-Media-Passwörter werden in der Praxis in zweierlei Hinsicht vergessen. Zum einen gibt es tatsächlich immer wieder Fälle von verwaisten Kanälen, zu welchen niemand im Unternehmen mehr ein Passwort hat. Zum anderen wird häufig vergessen, das Passwort zu ändern, wenn jemand, der Zugriff hatte, das Unternehmen verlässt oder sich ein Dienstleister ändert.

▶ **Organische Reichweite** Die organische Reichweite eines Social-Media-Kanals bezeichnet die tatsächliche Reichweite, die der Kanal oder ein einzelner Post ohne die Verwendung von Mediabuchungen erhält. Theoretisch kann jeder Fan, Follower oder Abonnent erreicht werden. Aber in der Realität ist das aus verschiedenen Gründen nicht möglich. Zum einen, weil nicht jeder in dem Zeitraum zwingend online ist. Und zum anderen, weil aufgrund der Masse der Daten einige Inhalte gezielt herausgefiltert werden. Nutzer:innen sollen nur die relevantesten Inhalte gezeigt werden.

Laut einer Studie von Ogilvy liegt die durchschnittliche organische Reichweite bei Facebook-Seiten in Deutschland teilweise bei knapp unter 7 %. Das bedeutet, dass nur 7 % der Fans einer Facebook-Seite überhaupt sehen, was dort gepostet wird. Das liegt daran, dass der Algorithmus von Facebook automatisch filtert. Bei großen Seiten und in unterschiedlichen Ländern ist der Anteil der Fans, die einen Beitrag sehen, sogar noch geringer (Poleshova, 2020).

Literatur

Desager, G. (2017). *The break up*. YouTube. https://www.youtube.com/watch?v=D3qltEtl7H8. Zugegriffen: 11. Apr. 2021.

Poleshova, A. (2020). *Organische Facebook Reichweite in ausgewählten Ländern.* https://de.statista.com/statistik/daten/studie/810494/umfrage/organische-facebook-reichweite-in-ausgewaehlten-laendern/. Zugegriffen: 6. Okt. 2020.

3 Social-Media-Organisation

Zusammenfassung

Dieses Kapitel beschreibt unterschiedliche Ansätze, Social Media im Unternehmen zu organisieren. Es gibt Antworten auf die wichtigsten organisatorischen Fragen. Wo sollte der Bereich angesiedelt werden? Welche Verantwortlichkeiten und Freigabeprozesse sollten aufgesetzt werden? Welche Regelungen sind notwendig? Wie können wir abteilungsübergreifend zusammenarbeiten?

Social Media wirkt sich auf Unternehmen aus. Unabhängig davon, ob das Unternehmen selbst Social Media betreibt oder durch Social-Media-Impulse von extern beeinflusst wird. **Die Berührungspunkte mit Social Media ziehen sich quer durch die gesamte Organisation, daher ist Social Media vor allem ein Thema für das Top-Management.**

Exkurs: Der Untergang der Vasa

Das berühmte schwedische Kriegsschiff Vasa, das am 10.08.1628 auf seiner Jungfernfahrt nach weniger als einer Seemeile Fahrt sank, ist eine beliebte Metapher für mangelnde Kommunikation zwischen Unternehmensbereichen und für einen fehlenden Gesamtüberblick und daraus resultierende Führungsfehler (Wikipedia, o. J.). Die prachtvolle Galeere ging wegen Problemen in der Statik unter und riss Hunderte Menschen in den Tod. Es waren zahlreiche Experten an dem Projekt beteiligt. Die einzelnen Gewerke arbeiteten jeweils isoliert und befolgten individuell die Anweisungen des Schiffsbauers. Und so entschied sich der König für immer mehr Erweiterungen und Aufbauten, und die Planung verlor sich im Detail. Ihm fehlten die ganzheitliche Übersicht und eine professionelle Unterstützung in Form eines

S. Babka, *Social Media für Führungskräfte*,
https://doi.org/10.1007/978-3-658-34247-0_3

übergeordneten Projektleiters mit Kenntnis der Materie. So kam es zu zahlreichen Fehlentscheidungen.

In dem darauffolgenden Gerichtsprozess konnte kein Schuldiger ausgemacht werden, da der Untergang durch das Zusammenspiel von sehr vielen Faktoren zustande kam.

Im übertragenen Sinn greift diese Metapher auch für das Themenfeld Social Media. Wenn nur ein einziger Bereich seine Segel in eine andere Richtung hisst, kann dies Auswirkungen auf den Kurs des gesamten Unternehmens haben. Das Schiff kann einem Sturm nur standhalten, wenn jeder an Board auf seiner Position ist und ganz genau weiß, was er zu tun hat (Abb. 3.1). ◀

Eine Kette ist immer nur so stark wie ihr schwächstes Glied. Daher ist es wichtig, das Unternehmen ganzheitlich für den Umgang mit Social Media aufzustellen. Ein wichtiger Aspekt hierbei ist das Harmonisieren von internen und externen Faktoren. Die von außen sichtbaren Faktoren sind leider nur die Spitze des Eisbergs. Das ist auch der Grund, warum externe Berater immer nur einen kleinen Teilaspekt abdecken können. Der größte Teil der Arbeit muss intern erbracht werden (Abb. 3.2).

Im Zuge der Organisation von Social Media stellen sich einige Fragen:

- Wo wird die Verantwortung für Social Media im Unternehmen aufgehängt?
- Wie soll Social Media organisiert sein? (Mitarbeiterzahl, Informationsflüsse, Berichtsstrukturen)?
- Welche Gremien sollen sich mit Social Media befassen?
- Wer betreibt im Unternehmen überhaupt Social Media?

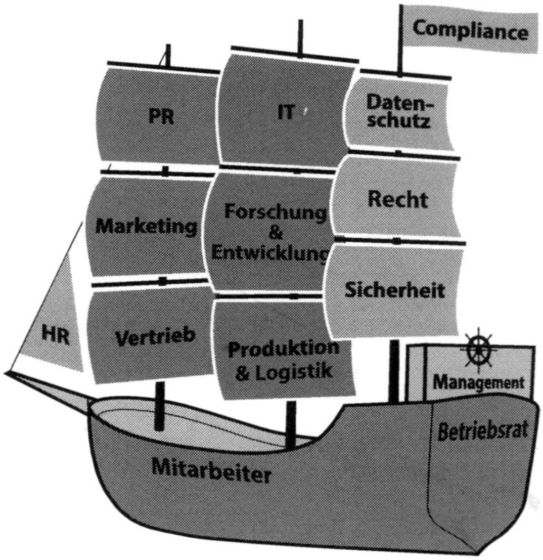

Abb. 3.1 Mit dem Unternehmensschiff auf Social-Media-Kurs

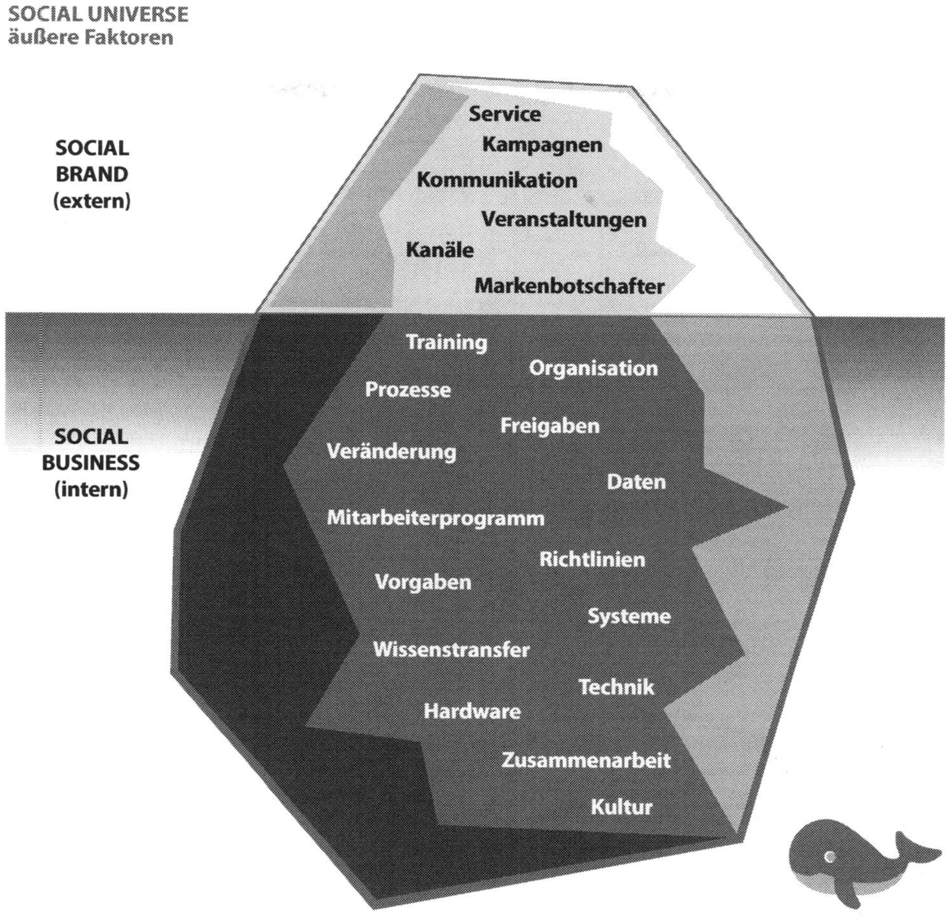

Abb. 3.2 Social Brand vs. Social Business

- Wie kann das Thema innerhalb des Unternehmens geschult, getrieben und gelebt werden?
- Welche Vorgaben und Richtlinien sollen gelten?

3.1 Die Organisation der Social-Media-Abteilung

Mehr als zehn Jahre ist es mittlerweile her, dass Social Media die Art, wie wir Informationen erhalten, teilen und verarbeiten, grundlegend verändert hat und somit Unternehmen vor die Herausforderung gestellt wurden, dieser neuen Realität organisatorisch zu begegnen. Mittlerweile hat sich Social Media in Unternehmen weitestgehend etabliert. Es gibt zahlreiche Ansätze der Integration von Social-Media-Organisationsstrukturen und

Abläufen in Unternehmen. Ein Patentrezept gibt es jedoch nicht. Die organisatorische Integration von Social Media in Unternehmen wird in der Praxis häufig verändert und den aktuellen Herausforderungen des Unternehmens angepasst. Da jedes Unternehmen auf einem anderen Entwicklungsstand in diesem Bereich ist, sind im Folgenden auch einige Trends der Vergangenheit aufgeführt, weil sie in einem frühen Stadium des sogenannten „Social Business" immer noch Relevanz haben.

Oftmals wurde diese Disziplin initial in der Unternehmenskommunikation oder im Marketing angesiedelt, weil dort die ersten Berührungspunkte mit dem Thema entstehen. Aufgrund der Komplexität der Zusammenhänge ist es aber oft nicht möglich, aus einem dieser Unternehmensbereiche heraus das Thema Social Media übergreifend zu steuern.

Während in Deutschland die Diskussion zu Social-Media-Organisation und Governance noch nicht so lange besteht, gibt es in den USA bereits interessante Studien und Vergleichswerte zwischen Unternehmen. Die Altimeter Group, die heute zu Prophet gehört, untersuchte in den Jahren 2010 bis 2016 regelmäßig in ihrer Social Business Survey den Umgang von Unternehmen mit Social Media und befragte Social-Media-Experten aus über 60 Unternehmen (Unternehmen mit > 500 Mitarbeiter:innen) (Altimeter, 2013).

Obwohl im Laufe der Jahre der Grad der Professionalisierung zunimmt, bezeichneten sich viele Unternehmen auch 2013 noch als Social-Media-Anfänger. Weniger als ein Viertel bezeichnete die Ausführung der erarbeiteten Social-Media-Strategie als bereits erfolgreich etabliert. Der Mangel an Führung und Organisation führt in vielen Unternehmen zu einer Art „Social Anarchy" – einer Anarchie in puncto Social Media, die unkoordinierte, isolierte und oftmals ineffiziente Social-Media-Aktivitäten hervorbringt.

Laut der Studie berichten die meisten Social-Media-Teams an das Marketing oder an die Unternehmenskommunikation/PR, wobei mittlerweile durchschnittlich 13 Unternehmensbereiche Mitarbeiter:innen im Zusammenhang mit Social Media einsetzen.

So arbeiten oftmals neben Marketing und Unternehmenskommunikation/PR auch andere Bereiche wie beispielsweise der Kundendienst, die Rechtsabteilung, die IT, der Bereich Forschung und Entwicklung oder die Personalabteilung an Social-Media-Projekten. Das muss nicht zwingend bedeuten, dass in diesen Bereichen eigens Mitarbeiter:innen für das Thema aufgebaut werden. Oftmals wird beispielsweise mit einer halben FTE (Full Time Equivalent = Mitarbeiterkapazität) angefangen und Social Media als zusätzliche Aufgabe in ein bestehendes Stellenprofil aufgenommen.

In den letzten Jahren hat sich die Mitarbeiterzahl im Bereich Social Media stark erhöht. Der größte Anstieg ist bei Unternehmen mit über 100.000 Mitarbeiter:innen zu verzeichnen.

Während im Jahre 2010 noch durchschnittlich 20 Mitarbeiter:innen in Vollzeit das Thema Social Media bearbeiteten, waren es 2013 bereits im Schnitt 49 Mitarbeiter:innen in Vollzeit (49 FTEs).

Die Studie identifiziert mangelnde Kompetenz im Bereich Social Media als einen der wichtigsten Risikofaktoren der Social-Media-Organisation. Nur ein geringer Teil (18 % im Jahr 2013) der Unternehmen bezeichnet die Social-Media-Kenntnisse seiner Mitarbeiter:innen als gut oder sehr gut.

Bereits mehr als die Hälfte der befragten Unternehmen hat Kennzahlen entwickelt, um die Auswirkung von Social Media auf Marketingaktivitäten eindeutig zu messen.

Speziell für Deutschland gibt es eine Social-Media-Studie aus dem Jahr 2012, die in einem Gemeinschaftsprojekt der Universität Leipzig, des Magazins pressesprecher (Berlin) und der PR-Agentur Fink & Fuchs Public Relations (Wiesbaden) erhoben wurde (Fink & Fuchs, 2012). Laut dieser Studie werden auch in Deutschland häufiger zentrale Expertise und dezentrale Umsetzung kombiniert. Fast alle bei dieser Studie befragten Experten halten dieses Modell für eine übergeordnete, abteilungs- oder standortübergreifende Social-Media-Governance am sinnvollsten.

In den folgenden Jahren änderte sich der Fokus der in der Altimeter-Studie befragten Social-Media-Experten von der Skalierung von Social Media im Unternehmen zur wirklichen Integration in unterschiedliche Bereiche des Unternehmens. Das war ein Ergebnis aus der Studie im Jahr 2015 (Altimeter, 2015). Außerdem fand Altimeter heraus, dass sich der Grad der Involvierung von Top-Führungskräften zur Überwindung von Abteilungsgrenzen und Unternehmensbereichen im Vergleich zu 2013 um 146 % gesteigert hat. Es geht nun weniger um den Aufbau von Ressourcen, sondern um die Verteilung von Budgets in einer integrierten Matrixorganisation.

In der Studie des Jahres 2016 stellte sich klar heraus, dass die Social-Media-Teams in den Unternehmen, die ursprünglich als Innovatoren fungiert hatten, mittlerweile eine eher koordinierende und verbindende Funktion für verschiedene Bereiche eingenommen haben (Altimeter, 2016).

In der Studie von Altimeter kommt in diesem Jahr zudem heraus, dass das Thema „Kundenerlebnis" für 82 % der Befragten die wichtigste Priorität ist. 72 % der Befragten berichten außerdem, dass die Verantwortung für den Bereich Social Commerce (vgl. Kap. 8) aus der Social Media Unit in die E-Commerce-Teams transferiert werden sollte, um die Ergebnisse in diesem Bereich zu verbessern.

Insgesamt wird auch davon berichtet, dass sich die Art der Zusammenarbeit mit internen Partner:innen in diesen Jahren verbessert hat. Social Media hat sich mittlerweile so etabliert, dass auch andere Bereiche Zeit und Geld investieren, um das Thema zu unterstützen.

In den Jahren nach 2016 führte Altimeter die State-of-Social-Business-Studien nicht fort. In vielen Unternehmen setzte sich der Trend zu einem CDO mit eigenem Bereich durch. Der Chief Digital Officer berichtet oftmals direkt an den Vorstand und das Thema Social Media wird jetzt inhaltlich und organisatorisch vermehrt im größeren Zusammenhang der digitalen Transformation des Unternehmens betrachtet (Kienbaum, 2018).

Ein wesentlicher Aspekt bleibt die Firmenkultur. In einer Studie aus dem Jahr 2019 (Krymalowski 2019) gaben 54 % der CDOs an, mehr Zeit mit Überzeugungsarbeit im Unternehmen zu verbringen als mit der Umsetzung der Digitalstrategie, und das, obwohl nur 10 % der CDOs das als ihre Aufgabe sehen. 64 % der befragten CDOs sehen ihren CEO in einer gelebten Vorbildfunktion in Sachen Digitalisierung.

3.2 Social-Media-Integration und Governance-Modell

Meiner persönlichen Erfahrung nach ist der erste Schritt zu Beginn der Social-Media-Strategiefindung, einen interdisziplinären Workshop abzuhalten, aus dem sich eine Arbeitsgruppe herausbildet.

Diese Social-Media-Arbeitsgruppe ist dann für die Entwicklung und Erstellung der Social-Media-Vorgaben und Festlegung der Prozesse zuständig. Um den Austausch aller Social-Media-Betreibenden im Unternehmen zu fördern, sollte eine interne Gemeinschaft aller Projektgruppen ins Leben gerufen werden, in der per internem Social-Media-Kanal, aber auch bei persönlichem Treffen Erfahrungen ausgetauscht werden können.

Ein Governance-Modell mit den drei Säulen Guidelines, Expertise und Prozesse hat sich meiner Erfahrung nach in der Praxis in unterschiedlichen Unternehmen als gut einsetzbar bewährt.

Abb. 3.3 zeigt ein Social-Media-Governance-Modell mit den drei Säulen Guidelines, Expertise und Prozesse sowie die Aufgabenverteilung im Unternehmen.

Im Folgenden werden in Anlehnung an die zuvor genannte Studie der Altimetergroup (Altimeter, 2013) einige Integrationsmöglichkeiten von Social Media im Unternehmen dargestellt und diskutiert. Obwohl diese Modelle nun ein paar Jahre alt sind, haben sie

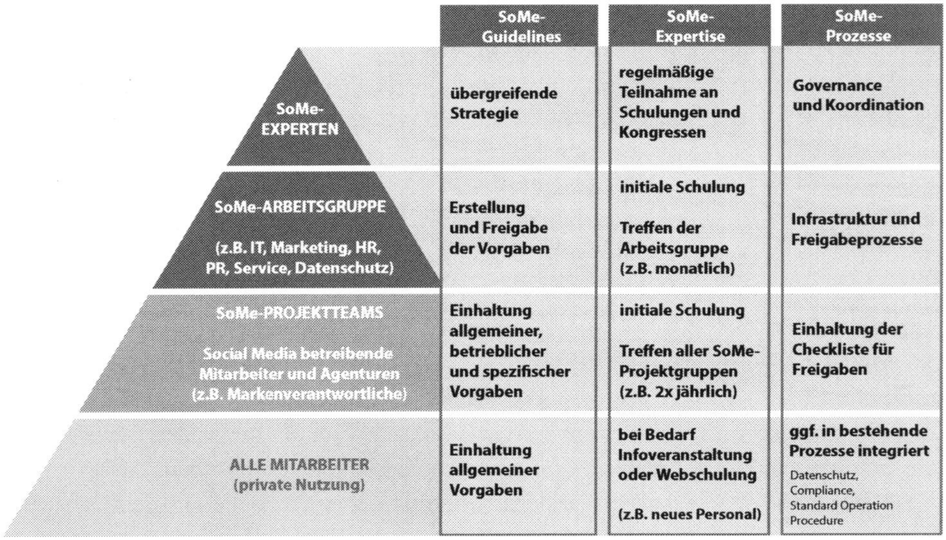

Abb. 3.3 Social-Media-Governance-Modell

aus meiner Sicht immer noch eine Relevanz, allerdings ist wie im vorigen Abschnitt erläutert mittlerweile in vielen Unternehmen eine CDO-Struktur geschaffen worden.

Abb. 3.4 zeigt eine Übersicht folgender Social-Media-Integrationsmodelle:

- Dezentrale Integration von Social Media
- Zentrale Integration von Social Media
- Integration in Form einer Stabstelle mit Koordinationsfunktion
- Integration in Form einer Stabstelle mit Team und Koordinationsfunktion mit weiteren Unterteilungen
- Ganzheitliche Social-Media-Organisation

3.2.1 Dezentrale Integration von Social Media

Wenn keine Strategie und Eingliederung vorgegeben wird, wird sich das Thema Social Media höchstwahrscheinlich dezentral durch das Unternehmen ziehen, weil sich viele Kontaktpunkte mit Social Media automatisch ergeben. Abb. 3.5 zeigt eine organische und authentische Struktur, die nach außen hin als offen und transparent honoriert wird, aber auch unkoordiniert wirken kann. Hierbei besteht die Gefahr, dass an vielen Stellen Ineffizienzen entstehen und Risiken durch fehlerhaften Umgang mit Social Media entstehen. Es besteht keine einheitliche Berichtsstruktur zum Thema Social Media, und zahlreiche Unterbereiche arbeiten isoliert an Social-Media-Themen, teilweise mit unterschiedlichen Zielsetzungen. Für das Top-Management ist es schwierig, in einer solchen Struktur einen Überblick zu gewinnen und steuernd einzugreifen. In einer solchen Aufstellung werden Social-Media-Themen oftmals nur punktuell an das Top-Management herangetragen. Es herrscht Social-Media-Anarchie.

3.2.2 Zentrale Integration von Social Media

Abb. 3.6 zeigt eine zentrale Integration. Eine solche Organisation von Social Media mit einer klaren hierarchischen Aufteilung und Berichtsstruktur gestaltet sich in der

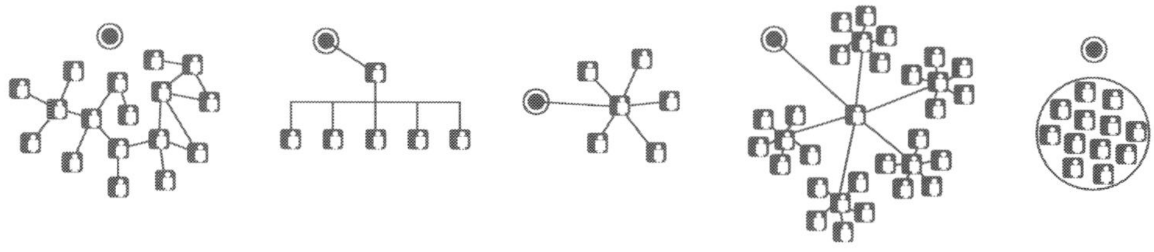

Abb. 3.4 Social-Media-Integrationsmodelle nach Altimeter

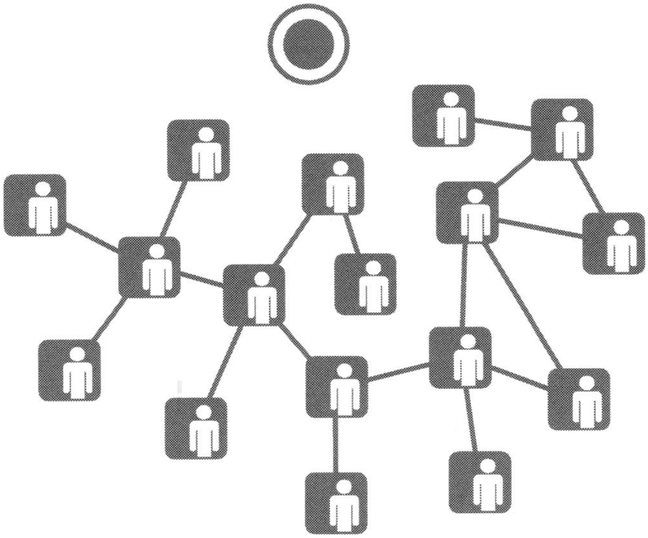

Abb. 3.5 Dezentrale Organisation von Social Media nach Altimeter

Abb. 3.6 Zentrale Integration von Social Media nach Altimeter

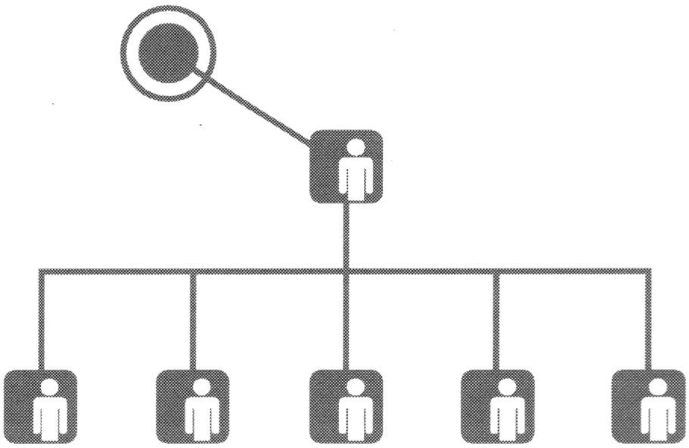

Theorie einfacher als in der Praxis. Das Modell kann eigentlich nur funktionieren, wenn die Führungskraft bedingungslosen Zugriff auf alle Bereiche hat, was in der Regel nur die Vorstandsvorsitzenden, Geschäftsführer bzw. Unternehmensleiter haben. Auf dieser Ebene gestaltet es sich jedoch schwierig, ständig auf dem neusten Stand zu bleiben und alle Aktivitäten selbst zu koordinieren, wenn Social Media als zusätzliche Aufgabe hinzukommt.

Aus diesem Grund wird in vielen Unternehmen der Bereich Social Media im ersten Schritt an eine Führungskraft im Marketing oder in der Unternehmenskommunikation angegliedert. Der Vorteil hierbei ist, dass bestehende etablierte Berichtsstrukturen genutzt werden können. Dieses Modell kann jedoch schnell an seine Grenzen stoßen, denn so kann zwar ein wichtiger und großer Bereich der Social-Media-Aktivitäten abgedeckt werden, eine ganzheitliche Steuerung des Unternehmens in Bezug auf Social Media ist bei einem derartigen Setting jedoch nahezu unmöglich. So können aus dem Marketing heraus schlecht alle Fragestellungen im Bereich Personal, Qualitätssicherung, Konzernsicherheit, Compliance oder Datenschutz bearbeitet werden. Dies hat zur Folge, dass sich unterschiedliche Berichtsstrukturen entwickeln, Fachbereiche unkoordiniert an das Top-Management berichten und in einigen Teilen der Organisation weiterhin Social-Media-Anarchie herrscht. In Unternehmen mit CDO-Struktur ist ein solcher zentraler Social-Media-Bereich oft dort angesiedelt.

3.2.3 Stabstelle mit Koordinationsfunktion

Die im englischen Sprachgebrauch als „Hub and Spoke" bezeichnete Variante der Eingliederung mittels einer zentralen Stabstelle mit einem Koordinationspunkt wird bei Unternehmen immer beliebter (s. Abb. 3.7). Hierbei organisiert sich das Social-Media-Team als zentrale Funktion, die Zugriff auf alle Unternehmensbereiche hat und diesen auch als interner Dienstleister zur Verfügung steht. Ähnlich wird in einigen Unternehmen auch das Thema Datenschutz verwaltet. Auf diese Weise kann sichergestellt werden, dass die Social-Media-Führungskraft vollumfänglich an das Top-Management berichten und das Thema unternehmensweit steuern und beobachten kann. Der Unternehmensleitung steht ein Instrumentarium zur Verfügung, um den Bereich Social Media zielgerichtet und strategisch zu führen. Idealerweise besteht dieser Bereich aus mindestens zwei Personen (Führungskraft und Stellvertretung), um auch in Urlaubssituationen einen reibungslosen und risikofreien Ablauf zu gewährleisten.

Eine derartige Kommandozentrale verbindet die Vorteile einer übergreifenden Instanz mit Berichtslinie an die Führungsebene, die Krisen vorbeugen und steuern kann mit dem für eine kreative Nutzung von Social Media notwendigen Spielraum für die einzelnen Bereiche. Empfehlenswert ist eine Kultur des Unterstützens und keine interne

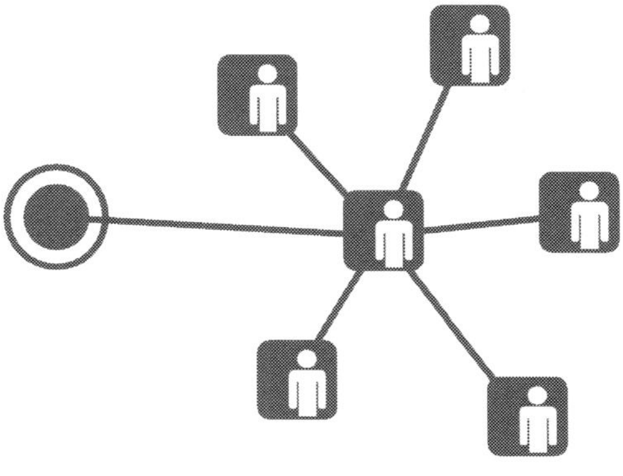

Abb. 3.7 Social-Media-Integration als Stabstelle mit Koordinationsfunktion nach Altimeter

„Social-Media-Polizei". Teilweise wird das Thema auch mit einem CDO als Stabstelle umgesetzt.

3.2.4 Stabstelle mit Team und Koordinationsfunktion mit weiteren Unterteilungen

In großen Unternehmen ergibt sich unter Umständen eine weitere Unterteilung in Koordinationspunkte in den einzelnen Geschäftsbereichen (s. Abb. 3.8). Eine solche Unterteilung als „Multiple Hub and Spoke" wird laut der genannten Studie der Altimeter Group bei Unternehmen immer verbreiteter. So gaben im Jahr 2013 bereits 23,6 % der Unternehmen an, in einer derartigen Struktur organisiert zu sein. Im Jahre 2010 waren es noch 18 %.

In einem solchen Setting ist es oft sinnvoll, in der übergeordneten Kommandozentrale ein Team mit Experten zu den einzelnen Social-Media-Bereichen aufzubauen, um diese als interne Berater für Social-Media-Themen zentral zu etablieren. Das spart in Hinblick auf die Gesamtorganisation Ressourcen.

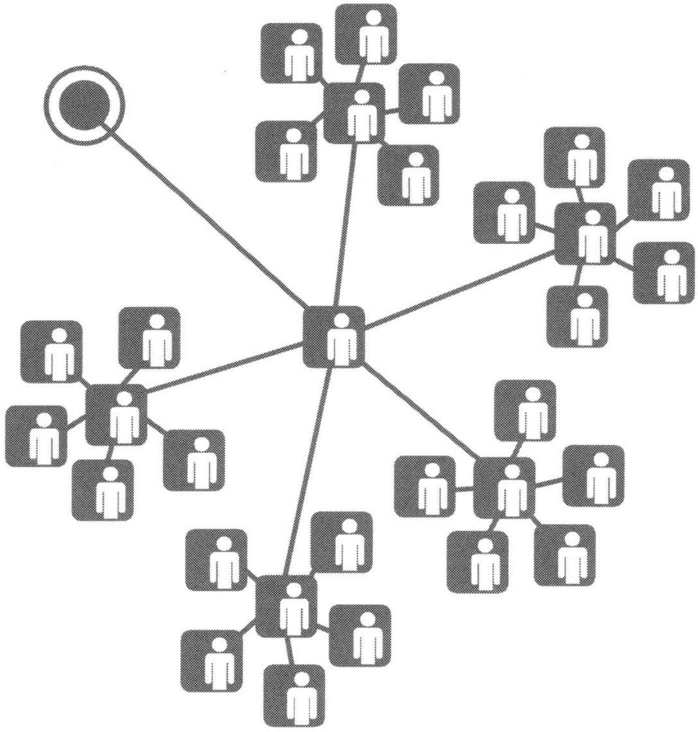

Abb. 3.8 Stabstelle mit Koordinationsfunktion und weiteren Unterteilungen nach Altimeter

Ein solches übergreifendes Team beinhaltet neben einer Social-Media-Führungskraft z. B. Spezialisten für

- Social-Media-Listening (Beobachtung und Auswertung der Social-Media-Gespräche)
- Social-Media-Monitoring (Community-Management)
- Social-Media-Krisenmanagement
- Blogger Relations (Steuerung der Bloggeransprache und Kontaktpflege)
- Social-Media-KPIs und -ROI (Kennzahlen und Erfolgsmessung)
- Social-Media-Content (Erstellung zentraler Materialien)
- Social Data (Harmonisierung der Daten mit bestehenden Datenbanken)
- Social-Media-Schulungen
- Enterprise 2.0

In den damit verbundenen Unterabteilungen können sich die Social-Media-Experten dann ganz auf die Spezifika ihres Bereichs konzentrieren.

Das sind dann z. B.:

- Social-Media-Verantwortliche in Tochtergesellschaften oder Geschäftseinheiten
- Social-Media-Verantwortliche in einzelnen Bereichen des Unternehmens (Marketing, PR, HR, IT, Interne Kommunikation etc.)
- Social-Media-Verantwortliche bei einzelnen Marken des Unternehmens

Social-Media-Manager haben in der Regel sehr viele Kontaktpunkte im Unternehmen. Verglichen wird die Arbeitsweise mit dem Laufen einer Spinne im Netz, die sich alle Informationen aus der Organisation zusammensammeln muss, und diese aber auch weitergibt und bearbeitet.

3.2.5 Ganzheitliche Social-Media-Organisation

Es gibt einige Unternehmen, vornehmlich aus dem IT Bereich, die es sich zum Ziel gemacht haben, Social Media ganzheitlich in das Unternehmen zu integrieren (s. Abb. 3.9). Alle Mitarbeiter:innen werden durch Schulungen und Vorgaben in die Lage versetzt, selbst und ohne Steuerung von oben strategisch sinnvoll mit Social Media umzugehen. Dieses Modell ist aber zweifelsohne nicht auf jedes Unternehmen übertragbar, da der Übergang zum dezentralen Modell mit Social-Media-Anarchie fließend sein kann. Die meisten Beispiele für ganzheitliche Social-Media-Organisation beziehen sich auch nur auf das Thema Kommunikation und lassen alle anderen Aspekte außen vor.

Abb. 3.9 Ganzheitliche Social-Media-Organisation nach Altimeter

Merke
Es ist empfehlenswert, einen zentralen Social-Media-Bereich mit Führungskraft zu etablieren. Eine solche Aufstellung ermöglicht dem Top-Management optimale Entscheidungsgrundlagen für den strategischen Umgang mit dem Thema. Auf dieser Position sind Social-Media-Expertise und langjährige Erfahrung in diesem Bereich unbedingt notwendig, um stets auf dem neuesten Stand zu sein. Aufgrund der Fülle der Informationen ist es kaum möglich, sich gleichzeitig die Grundlagen anzueignen und auf dem aktuellen Stand zu bleiben.

3.3 Abstimmungen und Freigabeprozesse

Sobald klar definiert ist, wer im Unternehmen welche Rolle in Bezug auf Social Media spielt und das sogenannte Governance-Modell steht, lassen sich davon Prozesse für Abstimmungen und Freigaben sowie eine Checkliste ableiten.

Abb. 3.10 zeigt beispielhaft eine Übersicht darüber, welche Abteilungen in welchem Schritt einbezogen werden sollten. Je nachdem, wie stringent die Social-Media-Führung im Unternehmen stattfinden soll, können die einzelnen Abstimmungsschritte als einfaches Informieren oder tatsächlich als formelle Freigabeschritte gestaltet werden. Es bietet sich ggf. an, Social-Media-Abstimmungen in bestehende Prozesse wie „Standard Operation Procedures" zu integrieren. Die Social-Media-Bereiche agieren hier als Center of Excellence (CoE).

SOCIAL-MEDIA-ABSTIMMUNGS- UND -FREIGABEPROZESS	Business / Fachbereich	Social Media CoE lokal	Social Media CoE global	IT	Public Relations	Datenschutz	Rechtsabteilung	Einkauf	Service	Betriebsrat (nur wenn Mitarbeiter betroffen)
PROJEKTDEFINITION **Social Media ja oder nein?** **ZIELE** **INHALTE** **KANÄLE / TOUCHPOINTS**	●	●								
Grobkonzept	●	●	●	●	●				●	●
Anbietersuche und Kostenschätzung	●	●		●				●		
Detailkonzept	●	●		●		●	●			●
Finale Kostenfreigabe & Beauftragung	●	●		●				●		
Setup und Test	●	●		●			●			
Go Live	●	●	●	●	●	●	●		●	●

Abb. 3.10 Social-Media-Abstimmungs- und -Freigabeprozess

3.4 Aufbau und Aktualisierung von Social-Media-Expertise im Unternehmen

> Laotse sagte einst: „Lernen ist wie Rudern gegen den Strom. Sobald man aufhört, treibt man zurück."

Auf Social Media bezogen ist das auf jeden Fall ein treffliches Sinnbild, denn **die Halbwertszeit des Social-Media-Wissens ist gering.** Was sie morgens über Social Media wussten, kann beim Mittagessen schon veraltet sein. Folglich sind stetiges Lernen und Auf-dem-Laufenden-Bleiben eine Notwendigkeit und zugleich eine große Herausforderung für die gesamte Unternehmung.

Aufgrund zunehmender Themenvielfalt bleibt dem Top-Management in der Regel immer weniger Zeit, sich neues Wissen und Fähigkeiten anzueignen. Es ist daher sinnvoll, regelmäßige Termine, Berichtsstrukturen und Trainings für das Thema Social Media zu etablieren. Diese können aber nur ein Grundgerüst sein.

Aufgrund der Kurzlebigkeit einiger Informationen sollten Neuigkeiten auch tagesaktuell zur Verfügung stehen. Dies kann beispielsweise über das Intranet geschehen und auch mittels Social Software wie Wikis, Blogs oder Podcasts umgesetzt werden. So kann die interne Social-Media-Gemeinde immer auf dem neusten Stand gehalten werden.

Das Top-Management wird aufgrund von Zeitmangel in der Regel nicht in der Lage sein, sich alle relevanten Informationen selbst aus derartigen Quellen zu ziehen. Ein möglicher Ansatz für einen zusätzlichen Austausch von Informationen ist daher das **„Reverse Mentoring“.** Es handelt sich dabei um ein umgekehrtes Mentorenverhältnis, bei welchem Mitarbeiter:innen dem Top-Management Wissen und Erfahrungen weitergeben. Unternehmen wie Lufthansa und T-Systems haben derartige Programme bereits erfolgreich durchgeführt. Wöchentliche Einzelsitzungen von 1 bis 1,5 h über einen Zeitraum von zwei Monaten haben sich offenbar als ein guter Rahmen herausgestellt (Heuser, 2011).

Aber auch langfristigere Programme, die sich einfacher in die vollen Terminkalender der Führungskräfte integrieren lassen, versprechen Erfolg. So könnte z. B. ein gemeinsamer Lunchtermin im Monat bereits einen wesentlichen Wissenstransfer im Bereich neuer Technologien und deren Implikationen bewirken.

Eine Möglichkeit, Expertise schnell ins Unternehmen zu bringen und gleichzeitig die eigene Wettbewerbsfähigkeit in diesem Bereich zu stärken, ist es, ein rotierendes System zur Weiterbildung anzubieten.

Nestlé beispielsweise bildet zum Aufbau von Expertise im Bereich Digital und Social Media im Unternehmen in einem Rhythmus von acht Monaten ein rotierendes interdisziplinäres und internationales „Digital Acceleration Team“. Die Teammitglieder kommen aus verschiedenen Ländern und Disziplinen und verlassen temporär ihren aktuellen Posten, um in der Zentrale für Digital und Social Media trainiert zu werden und strategische Projekte in diesem Bereich voranzutreiben (Nestlé, 2012). Das übergeordnete Digital Acceleration Team befindet sich am Hauptsitz in Vevey, aber es gibt auch in den Ländern Teams, die in derselben Weise funktionieren und die Expertise auch in den Regionen aufbauen (Nestlé, 2015).

Literatur

Altimeter. (2013). *The state of social business 2013: The maturing of social media into social business.* https://socialbusiness.hootsuite.com/rs/hootsuitemediainc/images/bd04-131013231549-phpapp02.pdf. Zugegriffen: 6. Okt. 2020.

Altimeter. (2015). *Priorities shift from scaling to integrating.* https://www.prophet.com/2015/07/the-2015-state-of-social-business-priorities-shift-from-scaling-to-integrating/. Zugegriffen: 7. Okt. 2020.

Altimeter. (2016). *The 2016 state of social business.* https://www.prophet.com/download/2016-state-of-social-business/. Zugegriffen: 7. Okt. 2020.

Fink & Fuchs. (2012). *Studie social media Delphi 2012: Endergebnisse.* http://www.ffpr.de/newsroom/2012/11/15/studie-social-media-delphi-2012-endergebnisse/. Zugegriffen: 07. Okt. 2020.

Heuser, M. (2011). Reverse mentoring. In K. Schwuchow (Hrsg.), *Jahrbuch Personalentwicklung 2011* (S. 343–348). Luchterhand.

Kienbaum. (2018). *Digitale Titeljagd.* https://media.kienbaum.com/wp-content/uploads/sites/13/2019/05/New_Kienbaum_Studie_Digitale_Titeljagd_2018.pdf. Zugegriffen: 7. Okt. 2020.

Krymalowski, M. (2019). *Die erste Generation der Chief Digital Officers zieht Zwischenbilanz.* EgonZehnder. https://www.egonzehnder.com/de/press-release/egon-zehnder-studie-die-erste-generation-der-chief-digital-officers-zieht-zwischenbilanz. Zugegriffen: 7. Okt. 2020.

Nestlé. (2012). *The first nestlé digital acceleration team (DAT).* YouTube. https://www.youtube.com/watch?v=ktsMa8hfgY0. Zugegriffen: 7. Okt. 2020.

Nestlé. (2015). *The fifth digital acceleration team (DAT).* YouTube. https://www.youtube.com/watch?v=gtjoSmesZKo Zugegriffen: 7. Okt. 2020.

Wikipedia. (o. J.). *Vasa (Schiff).* http://de.wikipedia.org/wiki/Vasa_%28Schiff%29. Zugegriffen: 7. Okt. 2020.

4 Social-Media-Strategie

Zusammenfassung

Dieses Kapitel beschreibt verschiedene Ansätze zur Social-Media-Strategiefindung. Es hilft Ihnen, sich und Ihren Mitarbeiter:innen die entscheidenden Fragen zu stellen, um eine geeignete Strategie zu definieren und entsprechende Maßnahmen abzuleiten.

Am Anfang steht meistens das Chaos. Social Media bricht gewollt oder ungewollt in einem Unternehmen aus, und Social-Media-Aktivitäten sprießen wie Pilze aus dem Boden. Es bedarf einer starken strategischen Führung des Themas Social Media in einem Unternehmen. Liegt das nicht vor, schleicht sich ein Zustand ein, den ich „Social-Media-Anarchie" nenne. Aufgrund der zahlreichen rechtlichen Fallstricke bergen Social-Media-Aktivitäten ohne strategische Basis hohe Risiken.

Meiner Erfahrung nach stellen sich die meisten Unternehmen ähnliche strategische Fragen, wenn sie sich initial mit Social Media beschäftigen. Diese wesentlichen Fragen zur Definition einer Social-Media-Strategie sind folgende:

▶ Die wichtigste Frage: Social Media aktiv betreiben oder nicht?

Um diese zentrale Frage zu beantworten zu können, müssen zunächst folgende Punkte geklärt sein:

- Bestehen bereits Social-Media-Aktivitäten?
- Wenn ja, waren sie strategisch aufgesetzt? Waren sie erfolgreich?
- Welche internen Erfahrungen mit Social Media gibt es bereits?
- Wer nutzt im Unternehmen Social Media und warum?
- Gibt es Befürworter und Treiber von Social Media?
- Gibt es Bedenkenträger oder gar Gegner von Social Media?

S. Babka, *Social Media für Führungskräfte*,
https://doi.org/10.1007/978-3-658-34247-0_4

- Welche Chancen und Risiken gibt es in Bezug auf Social Media?
- Kann Social Media einen Beitrag zur Erreichung der Unternehmensziele leisten?
- Was fehlt, um Social Media professionell betreiben zu können?
- Wie sollte das Unternehmen in Bezug auf Social Media aufgestellt sein?
- Welche Unternehmensziele können mit Hilfe von Social Media erreicht werden?

Diese initialen Fragen lassen sich am besten in einem interdisziplinären Kick-off-Workshop klären. Zu diesem Workshop sollten alle Bereiche des Unternehmens zusammenkommen, die von Social Media betroffen sind. Das sind z. B. PR, Marketing, Personalabteilung, Rechtsabteilung, IT, Datenschutz, Qualitätssicherung, Kundendienst oder Vertrieb. Selbst wenn die Antwort auf die initiale Frage lautet, dass sich das Unternehmen gegen ein aktives Betreiben von Social Media entscheidet, ist es notwendig, eine Governance-Strategie und Guidelines auszuarbeiten, da es externe Social-Media-Einflüsse im Unternehmen gibt, die nicht verhindert werden können. Dazu gehört z. B. die private Nutzung von Social-Media-Anwendungen seitens der Belegschaft.

▶ Die zweite Frage: Welche Haltung wollen wir bezüglich Social Media einnehmen?

Wollen wir eine Vorreiterrolle übernehmen oder eher erst einmal passiv beobachten und analysieren?

Folgende strategische Ansätze sind denkbar (s. Abb. 4.1):

Abb. 4.1 Vom Beobachter zum Vorreiter – Social-Media-Haltung im Unternehmen

- Nur beobachten und analysieren
- Beobachten, analysieren und gezielt in wenigen Bereichen adaptieren
- Beobachten, analysieren und möglichst schnell adaptieren
- In einigen fokussierten Bereichen Vorreiter sein
- Im gesamten Bereich Digital und Social Media Vorreiter sein

Wenn wir uns dafür entscheiden zu beobachten, stellen sich folgende weitere Fragen:

- Wen wollen wir beobachten?
- Was sind für uns gute Beispiele?
- Wer kann uns allgemein ein Vorbild sein?
- Welche Wettbewerber möchten wir beobachten?
- Welche Social-Media-Aktivitäten/-Kanäle sollten wir beobachten?

▶ Die dritte Frage: Wie wollen wir im Social Web wahrgenommen werden?

Wenn man sich das Unternehmen oder die Marke als Menschen vorstellen würde – wie wäre dieser Mensch? Dies lässt sich am besten durch Adjektive beschreiben.
Zum Beispiel: nett, zuvorkommend, zuverlässig, innovativ, traditionell ...

▶ Die vierte Frage: Wie soll unser Social-Media-Governance-Modell aussehen?

- Wie wollen wir uns aufstellen?
- Wer führt das Thema Social Media im Unternehmen?
- Welche Rollen gibt es?
- Wer ist für was verantwortlich?
- Welche Prozesse brauchen wir?
- Können wir ggf. bestehende Prozesse nutzen?
- Wie können wir im Unternehmen Social-Media-Expertise aufbauen?

▶ Die fünfte Frage: Welche Social-Media-Guidelines brauchen wir?

- Welche Vorgaben wollen wir machen?
- Welche Regeln stellen wir auf?
- Welche Verbindlichkeit wollen wir anstreben?
- Welche Maßnahmen sollen bei Verstoß getroffen werden?

▶ Die sechste Frage: Wie „social" kann und soll das Unternehmen sein?

Je mehr Social-Media-Elemente in Form von Social Software in den Betriebsablauf einfließen, desto mehr bewegt sich ein Unternehmen in Richtung „Enterprise 2.0".

- Sind wir dazu bereit, über Abteilungsgrenzen hinaus zu denken und arbeiten?
- Haben wir die entsprechende technische Infrastruktur?
- Was hindert uns daran, interne Social-Media-Anwendungen zu nutzen?

Exkurs: Von Enterprise 1.0 zu Enterprise 2.0

Der Begriff „Enterprise 2.0“ bezeichnet laut Wikipedia (o. J.) die Projektkoordination und das Wissensmanagement innerhalb von Unternehmen mittels sozialer Software (beispielsweise Wikis). Diese Werkzeuge fördern einen Wissenstransfer unter den Mitarbeiter:innen, funktionieren aber auch nur, wenn diese entsprechend mitmachen.

Als Beispiel wird in diesem Zusammenhang gerne die beeindruckende Arbeitsweise von Wikipedia genannt. Massen generieren zusammen die mittlerweile bedeutendste Enzyklopädie der Welt ohne jegliche Führung oder festgeschriebene Kontrollmechanismen. Aufgrund dieser veränderten Arbeitsweise wird mit dem Begriff „Enterprise 2.0“ auch ein gewisser Kulturwandel in den Unternehmen beschrieben, weil bestehende Hierarchiestrukturen aufgebrochen werden. Teams organisieren sich autonom und werden von den Führungskräften eher moderiert als gesteuert. ◀

In Abb. 4.2 sehen Sie verschiedene Modelle für das Wissensmanagement und Kollaboration in Unternehmen angelehnt an eine Grafik von David Armano, von der PR Agentur Edelman. Das kann man auf den Austausch innerhalb der Abteilungen und darüber hinaus beziehen oder aber auf den Austausch im gesamten Unternehmen und darüber hinaus.

Während Unternehmen in der Vergangenheit traditionell eher mit einem geschlossenen Informationsmodell gearbeitet haben, gibt es heute immer mehr kollaborativ oder gar zum Teil offen arbeitende Unternehmen. Viele Unternehmen in Deutschland experimentieren bereits mit dem Wandel zu einer sogenannten „Enterprise 2.0“. Harvard-Wissenschaftler haben errechnet, dass Unternehmen mit einer ausgeprägten Kollaborationskultur ihre Produktivität um bis zu 250 % steigern können. Einer McKinsey-Studie zufolge glauben 60 % der Unternehmen durch eine solche Veränderung Wettbewerbsvorteile zu erzielen (Haider, 2010).

Unternehmen wie SAP oder IBM nutzen Wikis beispielsweise bei ihrer Anwendungsentwicklung. Ein prominentes Beispiel für einen Austausch auch mit externem Wissenstransfer bietet das mobile Betriebssystem Android von Google, auf welches Programmierer beliebig zugreifen und es erweitern können.

▶ Eine weitere Frage: Welche Pilotprojekte sind sinnvoll?

Die Social-Media-Landschaft ändert sich stetig, und neue Funktionalitäten und Verhaltensweisen kommen hinzu. Daher ist es bei der Erarbeitung der Strategie wichtig, darauf zu achten, dass diese flexibel genug ist, um regelmäßig überprüft und angepasst zu werden.

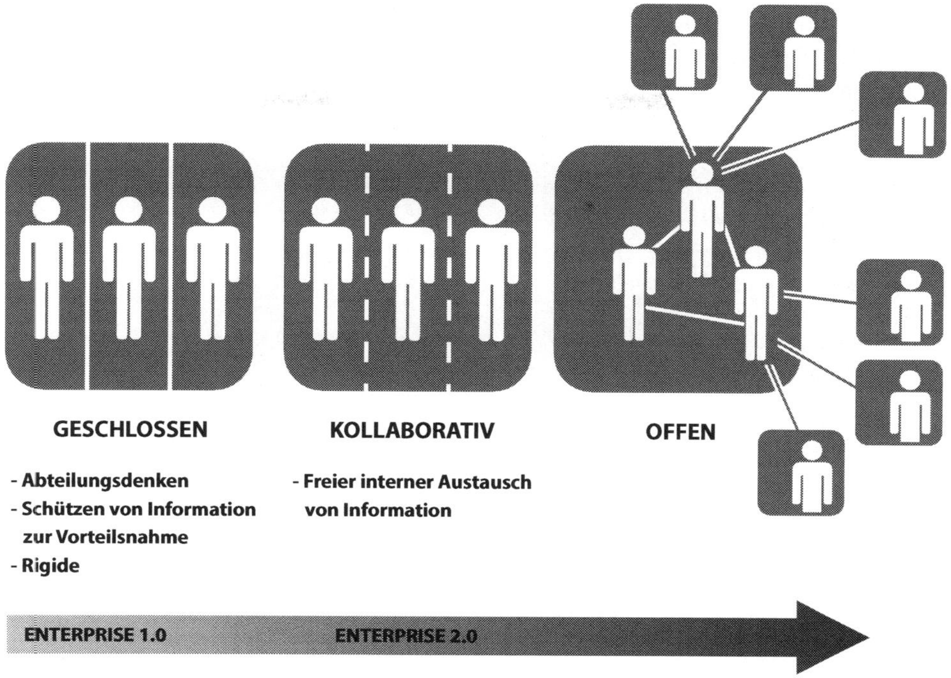

Abb. 4.2 Von Enterprise 1.0 zu Enterprise 2.0

Es bietet sich an, mit einem oder mehreren Pilotprogrammen zu starten und die Strategie anzupassen, sobald die Ergebnisse dieses Pilotprojektes ausgewertet werden können (vgl. Abb. 4.3).

Höchste Priorität bei allen Projekten muss immer der Fokus auf die übergeordneten Unternehmensziele sein. Die spannenden neuen Funktionalitäten sollten niemals den Blick für diese wesentliche Fragestellung trüben. Eine Facebook-Seite zu betreiben, weil alle eine haben, ist z. B. keine Strategie. Es ist nur ein Element, das eingebettet in eine Gesamtstrategie in verschiedenster Art und Weise dazu beitragen kann, dass ein Unternehmen seine Ziele erreicht. Es kann vielmehr auch eine Strategie sein, Facebook nach gründlicher Prüfung nicht einzusetzen.

Merke
Social Media verändert die Kommunikation innerhalb und außerhalb von Unternehmen. Nur die Führungsspitze kann den angestrebten Grad der Veränderung festlegen, Veränderungsprozesse anstoßen und einen Wandel in der Unternehmenskultur erwirken. Nur sie kann den „Social Business Plan" erarbeiten und die Strategie vorgeben.

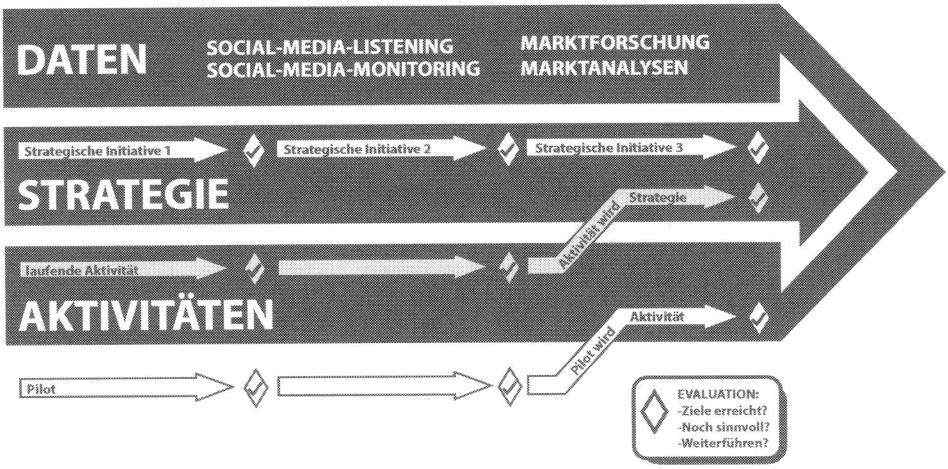

Abb. 4.3 Social-Media-Strategiefindung

Literatur

Haider, L. (2010). *Enterprise 2.0.* Wirtschaftswoche. https://www.wiwo.de/erfolg/trends/arbeitswelt-enterprise-2-0/5659974.html. Zugegriffen: 8. Okt. 2020.

Wikipedia. (o. J.). *Enterprise 2.0.* https://de.wikipedia.org/wiki/Enterprise_2.0. Zugegriffen: 8. Okt. 2020.

Weiterführender Link

Ein paar interessante Fallstudien zu Enterprise 2.0 finden. http://www.e20cases.org/. Zugegriffen: 8. Okt. 2020.

Social-Media-Guidelines

5

Zusammenfassung

Dieses Kapitel befasst sich mit den unterschiedlichen Formen von Social-Media-Vorgaben im Unternehmen. Es wird beschrieben, warum es sinnvoll ist, unterschiedliche Arten von Vorgaben für die betriebliche und private Nutzung von Social Media im Unternehmen zu erstellen und warum jedes Unternehmen eine Social-Media-Guideline haben sollte.

Für den sachgemäßen und professionellen Umgang mit Social Media im Unternehmen ist es notwendig, Vorgaben für die Nutzung von Social Media zu erstellen. Die Erstellung dieser Vorgaben, die im Zusammenhang mit Social Media oftmals „Guidelines" genannt werden, ist eine interdisziplinäre Aufgabe.

Für die PR-Abteilung ist es beispielsweise wichtig, durch diese Vorgaben den Informationsfluss nach Extern zu reglementieren, die Personalabteilung achtet unter anderem auf arbeitsrechtliche Aspekte, die Datenschutzbeauftragten auf die Einhaltung von Datenschutzrichtlinien, die IT etwa auf Sicherheitsstandards wie Passwortrichtlinien. Oftmals wird die Erstellung von Social-Media-Guidelines aus dem Marketing oder der PR-Abteilung getrieben. Für die Abstimmung mit dem Betriebsrat und die Verteilung an alle Mitarbeiter:innen ist aber auch eine sehr starke Mitarbeit der Personalabteilung notwendig.

Es gibt drei Arten von Vorgaben zum Thema Social Media im Unternehmen (Abb. 5.1):

- **Stufe 1: Allgemein** (sollte jedes Unternehmen haben)
- **Stufe 2: Betrieblich** (sollte jedes Unternehmen haben, das Social Media betreibt)
- **Stufe 3: Spezifisch** (sollte für alle relevanten Kanäle, Kampagnen, Produkte oder Marken vorliegen)

S. Babka, *Social Media für Führungskräfte*,
https://doi.org/10.1007/978-3-658-34247-0_5

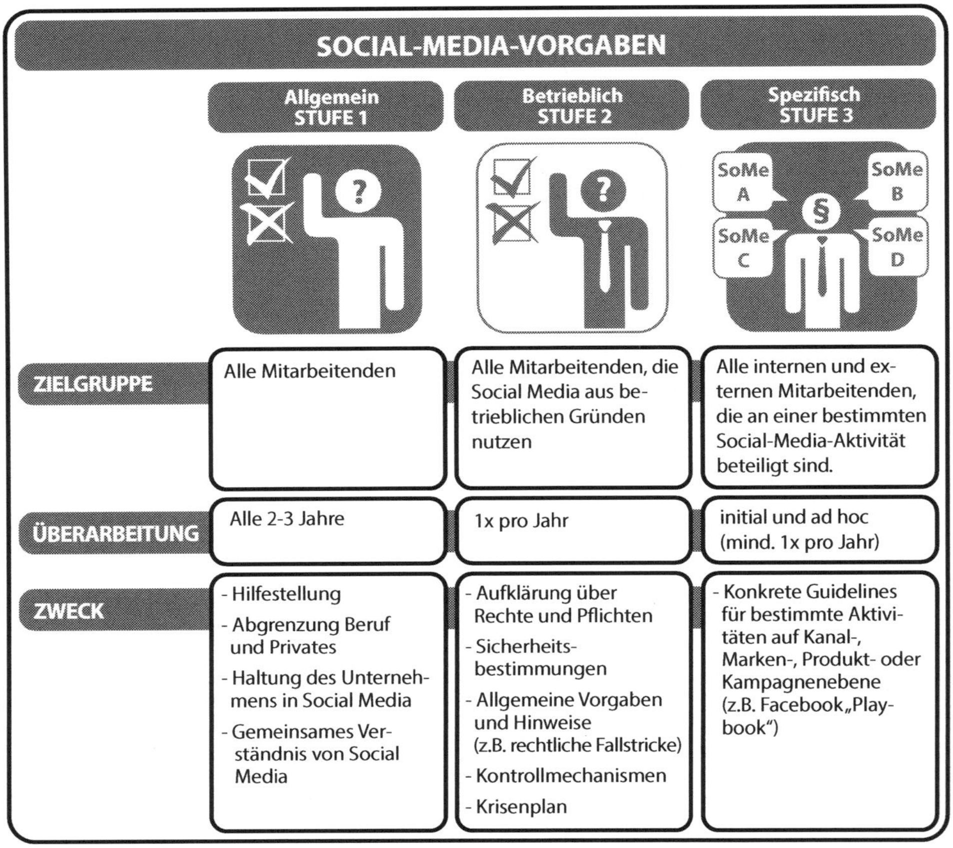

Abb. 5.1 Übersicht Social-Media-Guidelines

5.1 Allgemeine Social-Media-Vorgaben

Aufgrund der starken Verbreitung von Social Media ist es in jedem Fall ratsam, Vorgaben für die Mitarbeiter:innen zu machen. Viele Menschen unterschätzen die Dynamik im Internet. Was einmal seinen Weg ins Netz gefunden hat, kann später nur sehr schwer oder gar nicht wieder zu entfernt werden.

Ich habe bei der Einführung von Social-Media-Guidelines die Erfahrung gemacht, dass die Mitarbeitenden aufgrund der Überschneidungen von Privatem und Beruflichen einem Regelwerk meistens positiv gegenüberstehen. Sie fühlen sich oftmals unsicher und sind dankbar für Leitplanken, innerhalb welcher sie sich sicher bewegen können.

Der Betriebsrat sollte einbezogen werden, selbst wenn man sich für eine nicht-mitbestimmungspflichtige Variante entscheidet. Die Mitbestimmung hängt maßgeblich von der Verbindlichkeit der Vorgaben ab. Eine unverbindliche Handlungsempfehlung oder Leitsätze sind in der Regel wesentlich schneller zu realisieren als verbindliche Richtlinien oder Vorgaben in Form einer Dienstanweisung oder einer Betriebsvereinbarung. Beides kann Vor- und Nachteile haben, und die Entscheidung darüber, was besser ist, hängt von den individuellen Bedürfnissen im Unternehmen ab.

Der im Englischen gängige Ausdruck „Guideline" wird im Zusammenhang mit Social Media im betrieblichen Sprachgebrauch oftmals übergreifend verwendet und bezeichnet jegliche Art von Vorgaben, unabhängig von deren Verbindlichkeit. Eine „Social-Media-Guideline" muss also nicht zwingend eine verbindliche Richtlinie sein, was durch die direkte Übersetzung angenommen werden könnte.

Einige typische Fragen im Zusammenhang mit allgemeiner privater Nutzung von Social Media sind:

- Dürfen Social-Media-Kanäle während der Arbeitszeit genutzt werden, und wenn ja, wie lange?
- Dürfen dazu die betrieblichen Arbeitsmittel genutzt werden?
- Dürfen private Smartphones oder Tablets am Arbeitsplatz genutzt werden?
- Was muss bei Äußerungen über den Arbeitgeber beachtet werden?
- Was ist ein Betriebsgeheimnis und was nicht?
- Welche Sicherheitseinstellungen sollten gemacht werden?
- Darf ich in meinem Profil meinen Arbeitgeber nennen?
- Darf ich meinen Arbeitgeber im Social Web verteidigen?
- Darf ich ohne Handlungsauftrag für meinen Arbeitgeber im Social Web werben?
- An wen kann ich mich wenden, wenn ich kritische Kommentare zum Arbeitgeber sehe?

Abb. 5.2 zeigt die wesentlichen Inhalte einer allgemeinen Social-Media-Guideline für alle Mitarbeiter:innen auf.

Beispiel zur Nutzung der allgemeinen Vorgaben

Ein Mitarbeiter in der Buchhaltung hat keine betrieblichen Berührungspunkte mit Social Media, aber geht gerne ab und zu auf Facebook schauen, was seine Kinder dort posten.

In den Vorgaben findet er den Satz: „Es ist erlaubt, Social Media während der Arbeit in Maßen zu nutzen."

Die allgemeinen Vorgaben geben ihm Sicherheit darüber, dass er am Arbeitsplatz auf Facebook gehen darf, wenn er seine eigentliche Arbeit dabei nicht vernachlässigt. ◀

Folgende Punkte sollten bei Social-Media-Vorgaben für alle Mitarbeitenden enthalten sein:

- **Social-Media-Nutzung am Arbeitzplatz**
  private Nutzung ist erlaubt / nicht erlaubt / zeitlich begrenzt / eingeschränkt
- **Verhaltensgrundsätze im Social Web und „Nettiquette"**
  Höflichkeit, Wahrheit, keine verdeckte Handlung, kein Löschen oder nachträgliches Ändern, keine Manipulation, Umgang mit Kritik, Respekt vor Wettbewerbern, keine unternehmensschädigenden Aussagen, kein Cybermobbing
- **Vertraulichkeit**
  betriebliche Geheimnisse, vertrauliche Informationen Dritter, Hinweis auf betriebliche Vorgaben aus Arbeitsvertrag und Co.
- **Rechtliche Hinweise**
  Datenschutz, Wettbewerbsrecht, Urheberrecht, ggf. branchenspezifische Hinweise
- **Sicherheitsaspekte**
  Passwortvorgaben, Sicherheitsrichtlinien zur Vorbeugung von Trojanern und anderen Sicherheitsrisiken
- **Angaben zur Verbindlichkeit der Vorgaben und ggf. zu Folgen bei Verstoß**
- **Angaben zu Verantwortlichkeiten, Ansprechpartnern und Erstellungsdatum der Vorgaben**

Abb. 5.2 Allgemeine Social-Media-Vorgaben

5.2 Betriebliche Social-Media-Vorgaben

Wenn Social-Media-Kanäle betriebsbedingt genutzt werden, kommen noch weitere arbeitsrechtliche Aspekte hinzu, die geregelt werden sollten.

Einige typische Fragen im Zusammenhang mit betrieblicher Nutzung von Social Media sind:

- Kann es Mitarbeiter:innen zugemutet werden, sich auf externen Social-Media-Plattformen anzumelden?
- Welche Zustimmungen müssen erfolgen, bevor Bilder von Mitarbeiter:innen genutzt werden können?
- Wie gehen wir mit der 24/7-Mentalität und der Erwartungshaltung ständiger Erreichbarkeit um?
- Wie können Mitarbeiter:innen im Social Web vor Cyber-Angriffen und Cyber-Mobbing geschützt werden?
- Wem gehören die Kontakte in einem betrieblich genutzten Xing-Account?
- Was ist als Datenerhebung von Mitarbeiter:innen zu werten und wie wird dies reglementiert?
- Wo muss ich eine neue Social-Media-Aktivität im Unternehmen anmelden?
- Welche Voraussetzungen muss ich erfüllen (z. B. regelmäßige Überwachung der Inhalte)?
- Wo finde ich FAQs zu den wichtigsten Themen?

- Wie darf der Facebook-Like-Button in einer Webseite verwendet werden?
- Was muss ich beachten, wenn ich eine Reklamation im Social Web bearbeite (z. B. kein öffentliches Posten von individuellen Angeboten, sondern Umlenken in eine nicht-öffentliche Unterhaltung, um Produkthaftungsprobleme zu vermeiden)?
- Soll eine private oder die berufliche E-Mail-Adresse in meinem beruflichen Profil hinterlegt werden?
- An wen kann ich mich wenden, wenn ich ein Problem habe?

Abb. 5.3 zeigt die wesentlichen Inhalte einer allgemeinen „Social Media Guideline" betriebliche Social Media Nutzung auf.

Beispiel zur Nutzung der betrieblichen Vorgaben

Ein Mitarbeiter aus dem Vertrieb möchte auf LinkedIn aktiv werden und dort regelmäßig Informationen zu aktuellen Produkten und Aktivitäten posten. Außerdem möchte er eine Xing-Gruppe zu einem bestimmten Thema gründen.

In den betrieblichen Vorgaben erhält er Informationen darüber, was er zu beachten hat, wenn er Social Media betrieblich für Vertriebszwecke nutzen möchte. Er hätte

Folgende Punkte sollten bei Social-Media-Vorgaben zur betrieblichen Social-Media-Nutzung enthalten sein:

- **Art und Dauer der betrieblichen Nutzung**

- **Allgemeine Unternehmensvorgaben**
Verhaltensregeln bzw. „Netiquette", idealerweise aufbauend auf die allgemeinen Social-Media-Vorgaben für alle Mitarbeitenden

- **Rechtliche Rahmenbedingungen** (Plattformvorgaben und Gesetze)
  - Anmeldung, AGBs, Datenschutzrichtlinien und Nutzungsbedingungen auf *externen Plattformen*
  - Anmeldung, AGBs, Datenschutzrichtlinien und Nutzungsbedingungen auf *internen Plattformen*
  - Recht am eigenen Bild
  - Urheberrechte
  - Recht auf Löschung von Bildern
  - Kostenübernahme bei betrieblicher Nutzung (z.B. XING Premiummitgliedschaft)
  - Arbeitnehmerdatenschutz
  - Datenerhebungen
  - Information zur persönlichen Haftung bei Datenschutzverletzungen (Strafgesetzbuch)

- **Personenbezogene Regelungen und Vorgaben**
  - Vorgaben für Profilbild, Namensgebung, Inhalte eines persönlichen Profils (z.B. XING)
  - Umgang mit der 24/7-Mentalität im Social Web (ständige Erreichbarkeit)

- **Sicherheitsvorgaben**
  - Passwortrichtlinen, Compliance, Weitergabe von Accounts und Administration
  - Regelungen für das Ausscheiden aus dem Unternehmen (XING Kontakte eines Außendienstmitarbeiters, Twitter Follower eines PR-Mitarbeiters)
  - Passwortweitergabe und -änderung
  - Sicherheitsrichtlinien

Abb. 5.3 Betriebliche Social-Media-Vorgaben

sonst vielleicht nicht daran gedacht, ein Impressum anzulegen, oder er hätte versehentlich Inhalte Dritter gepostet oder ein unsicheres Passwort gewählt.

Er findet z. B. den Satz: „Alle betrieblich genutzten Social-Media-Anwendungen müssen mit der betrieblichen E-Mail-Adresse angemeldet sein. Die Verwendung von externen Adressen wie Hotmail oder GMX sind aus Sicherheitsgründen untersagt."

Er findet außerdem Angaben darüber, wo er intern die Erstellung der Xing-Gruppe melden muss. Bei dieser internen Anmeldung stellt sich heraus, dass es genau in diesem Bereich gerade eine kritische Situation gibt, die es nicht empfehlenswert macht, zu diesem Thema eine öffentliche Diskussionsplattform anzubieten. ◀

5.3 Spezifische Social-Media-Vorgaben

Neben den zuvor genannten allgemeinen und betrieblichen Social-Media-Guidelines sollten detailliertere Vorgaben für bestimmte Einsatzzwecke – beispielsweise für einzelne Kanäle oder Kampagnen – gemacht werden. Solche Vorgaben werden im betrieblichen Sprachgebrauch gerne „Playbook" oder „Cookbook" genannt, weil sie wirklich im Detail beschreiben, welche Schritte zu beachten sind und welche Verhaltensweisen eingehalten werden müssen.

Einige typische kanalspezifische Fragen im Zusammenhang mit betrieblicher Nutzung von Social Media sind:

- Gibt es Vorgaben für die Benennung einer Facebook-Seite?
- Wen darf ich als Administrator auf einer Facebook-Seite zulassen?
- Wie muss ein Impressum in der Facebook-Seite eingebaut sein?
- Wie kann ich das Facebook-Logo in anderen Medien (z. B. TV-Spot) einsetzen?
- Wo muss ich ein Impressum in Xing hinterlegen?
- Wie kennzeichnen wir Beiträge bei unterschiedlichen Protagonisten? (z. B. stand das Kürzel „/sb" im Twitter Account von Opel hinter Tweets, die ich abgesetzt hatte.)

Einige typische Fragen im Zusammenhang mit Kampagnen sind:

- Siezen oder duzen wir unsere Social-Media-Kontakte?
- Wer ist Ansprechpartner:in für was?
- Welche Servicezeiten wollen wir einhalten?
- Wie kann das Facebook-Logo in anderen Medien (z. B. TV-Spot) eingesetzt werden?

Einige typische Fragen im Zusammenhang mit Marken oder Produkten sind:

- Welche Persona bzw. Tonalitäten nutzen wir, um eine einheitliche Sprache sicherzustellen? (z. B. fiktive Person: Nicole, Mutter, 28)
- Welche Bildwelten sollen verwendet werden?
- Welche Bildwelten sollen vermieden werden?

Da es bei dieser dritten Form von Guideline sehr um Details von Kanälen, Produkten, Marken oder Kampagnen geht, sei an dieser Stelle auf eine Liste von Punkten, die unbedingt mit in diese Vorgaben einfließen müssen, verzichtet. Es kommt hier wirklich sehr stark auf die Spezifika der einzelnen Aktivität an.

Beispiel zu spezifischen Social-Media-Vorgaben

Der im Beispiel zu Abschn. 5.2 genannte Vertriebsmitarbeiter findet in den spezifischen Angaben zu Xing, also im „Xing Playbook" genaue Angaben dazu, wie er ein Impressum bei Xing einbinden kann und welche genaue Unternehmensbezeichnung er zu verwenden hat.

oder

Ein Mitarbeiter im Marketing in Italien möchte für seine Marke eine Facebook-Seite erstellen und findet im „Facebook Playbook" den Hinweis, dass alle Namen von Facebook-Seiten des Unternehmens die Logik „Marke-Land" aufweisen müssen, damit nach außen ein einheitliches Bild entsteht. Er nennt daraufhin seine Seite „Marke-Italia". ◀

Merke

Ob Sie Social Media betrieblich einsetzen oder nicht – eine allgemeine Social-Media-Guideline ist auf jeden Fall empfehlenswert, da Ihre Mitarbeiter:innen mit hoher Wahrscheinlichkeit Social Media nutzen und dort auch ihren Arbeitgeber angeben können. Wenn der Arbeitgeber im Profil angegeben ist, werden sie automatisch auch als Unternehmensvertreter angesehen. Je genauer das Regelwerk ist, desto besser können Risiken minimiert werden. Hat ein Unternehmen keine Social-Media-Regeln, entwickeln sich ggf. unkoordinierte Social-Media-Aktivitäten.

Social Media in Public Relations

6

Zusammenfassung

Das Kapitel Social Media in Public Relations zeigt auf, wie sich die Arbeit der PR-Abteilung durch Social Media verändert hat. Es werden einige Steuerungselemente vorgestellt, die es den PR-Verantwortlichen ermöglichen, trotz einer geringeren Kontrollierbarkeit der Kommunikation die Führung zu behalten. Es werden fünf strategische Schritte beschrieben, mit denen sich die PR-Abteilung auf die neue Herausforderung einstellen kann.

Als ich im Jahre 2006 mein Buch zum Thema „Chancen und Risiken für aktives Issues Management in Weblogs" veröffentlichte, war das eine der ersten Publikationen zum Thema Social Media und PR in Deutschland. Mittlerweile gibt es zahlreiche Abhandlungen und detaillierte Fachliteratur zu dem Thema, und ganze Kongresse befassen sich damit. Da sich die Ihnen vorliegende Publikation an Führungskräfte und Manager richtet, habe ich in diesem Kapitel das Thema Social-Media-PR bewusst aus einer übergeordneten Sichtweise dargestellt und dafür einige Begrifflichkeiten und Aussagen vereinfacht.

Statt um Details und Fachjargon geht es um die wesentlichen strategischen Hebel, die es ermöglichen, der neuen Kommunikationsrealität professionell zu begegnen. Ich spreche auch vereinfachend von der „PR-Abteilung" und der „PR-Arbeit", wohlwissend, dass es hier viele Unterstufen und Begrifflichkeiten gibt.

Mir geht es vor allem darum, die grundsätzlichen Mechanismen, Chancen und Risiken zu beschreiben. Die Details können Sie Ihren Mitarbeiter:innen überlassen. Am Ende dieses Kapitels finden Sie Hinweise zu weiterführender Literatur und Links.

S. Babka, *Social Media für Führungskräfte*,
https://doi.org/10.1007/978-3-658-34247-0_6

6.1 Wie hat Social Media die Unternehmenskommunikation verändert?

Stellen Sie sich die Kommunikationsmechanismen einmal bildlich vor. Früher war die Kommunikation von Unternehmen eine Einbahnstraße. Darauf fuhren Lkws mit einer Ladung schön aufgearbeiteter Informationen immer in eine Richtung. Heutzutage ist Kommunikation eine Schnellstraße mit sehr vielen unterschiedlichen Fahrzeugen und jeder Menge Gegenverkehr. Eine solche Schnellstraße erfordert ein vorsichtiges und vorausschauendes Fahrverhalten. Die wichtigsten Veränderungen der Kommunikationsmechanismen sind im Abb. 6.1 dargestellt.

Die Arbeit der Kommunikationsabteilung hat sich in vielerlei Hinsicht verändert. Dabei geht es aber vor allem darum, dass sich die Haltung der Öffentlichkeit verändert hat. Dadurch wird auch eine geänderte Haltung der Unternehmen erwartet. Einen Dialog zu führen, verlangt dem Unternehmen wesentlich mehr Flexibilität, Transparenz und Schnelligkeit ab.

Nicht alles hat sich verändert. Massenmedien sprechen immer noch eine große Menge Menschen an. Die Wirkung dieser Medien ist auf den ersten Blick sehr groß, aber kurzlebig. Nichts ist morgen älter als die Zeitung von heute. Aber auch Berichte aus den Massenmedien finden ihren Weg in das Social Web. Sie werden weitergeleitet und kommentiert.

Die PR-Zielsetzung in Bezug auf Social Media sollte es sein, die Verbreitung von positiven Beiträgen im Social Web zu forcieren und die Verbreitung von negativen Beiträgen zu minimieren bzw. kommunikativ zu begleiten.

Das Internet hat durch die Suchmaschinen ein sehr gutes Gedächtnis. So kann die Verbreitung einer Information zunächst im Internet im Vergleich zu Massenmedien gering aussehen. Über einen Zeitverlauf oder auch geografisch gesehen, ist das Ausmaß dann aber oft wesentlich höher und relevanter als bei der Ausstrahlung eines einzelnen TV-Beitrags oder bei dem Druck eines Zeitungsartikels. Gerade bei kritischen Themen ist es sehr entscheidend, dass in der Suchmaschine auch nach Jahren nicht nur der kritische Beitrag, sondern auch die Stellungnahme des Unternehmens unter den ersten Ergebnissen zu finden sein sollte.

PR-Arbeit vor der Ära Social Media

In einem traditionellen PR-Konstrukt geben die PR-Abteilungen Informationen an die Journalisten heraus, und diese fungieren dann als sogenannte „Gatekeeper". Sie filtern jene Informationen heraus, die sie für die Öffentlichkeit für relevant halten, recherchieren, ergänzen und veröffentlichen (s. Abb. 6.2).

Dieser Ablauf gilt auch in Zeiten von Social Media noch. Er wird jedoch ergänzt durch viele weitere Informationsflüsse, da Journalisten heutzutage nicht mehr die einzigen sind, die öffentlich kommunizieren können. Wie die Abb. 6.3 zeigt, gibt es jetzt viel mehr Dialoge und Austausch auch unter den entsprechenden Bezugsgruppen. Das macht die PR Arbeit an vielen Stellen wesentlich komplexer.

Abb. 6.1 Wie Social Media die Kommunikation verändert

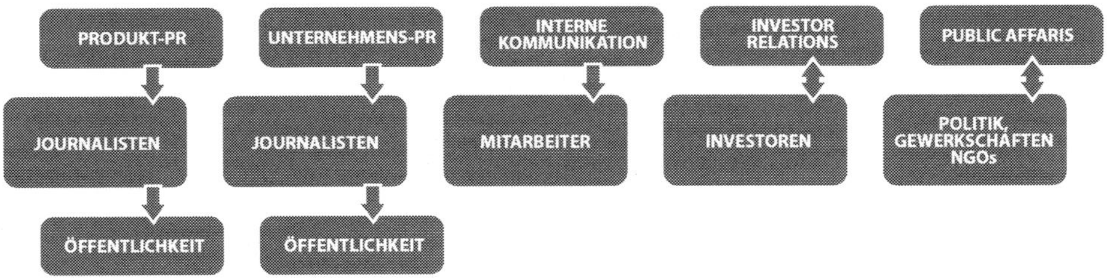

Abb. 6.2 Mechanismen traditioneller PR-Arbeit

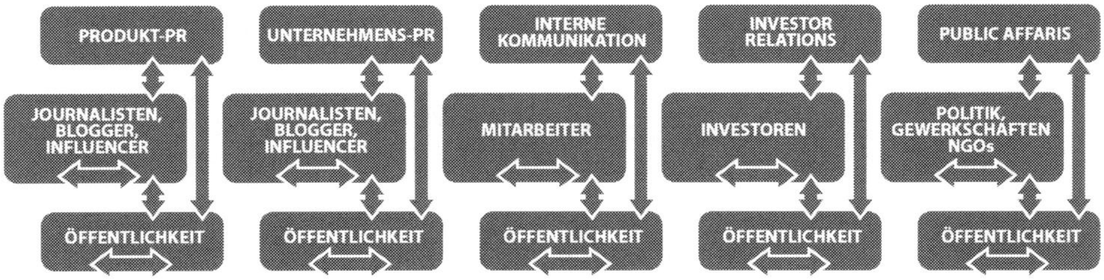

Abb. 6.3 PR-Arbeit in der Social-Media-Ära

6.2 Kontrolle abgeben, Führung behalten

Es gibt viele Berührungspunkte der PR-Abteilung mit Social Media. Zum einen gibt es innerhalb der einzelnen Kommunikationsaufgaben viele Möglichkeiten, Social Media positiv zu nutzen. Es bieten sich zahlreiche Chancen für die Kommunikation. Das beinhaltet z. B. die Möglichkeit, direkt mit der Öffentlichkeit zu kommunizieren oder gezielt Meinungsbildner einzubeziehen. Dabei ist zu beachten, dass Überschneidungen mit anderen Bereichen, insbesondere mit dem Marketing, entstehen können.

Der PR-Bereich sollte eine Art inhaltliche Führungsrolle übernehmen und die Themen aller Social-Media-Aktivitäten im Unternehmen überwachen, um unerwünschte Nebeneffekte zu vermeiden. Da die PR-Abteilung die Entwicklung von Themen in den klassischen Medien kennt, sollte dort auch die Informationshoheit liegen. Das bedeutet nicht, dass jeder einzelne Beitrag bis ins Detail abgesprochen werden muss.

Er sollte aber ganz klar sein, was erlaubt ist und was nicht, was eine geheime Information ist und was nicht und wer im Krisenfall zu involvieren ist. Ich habe diese übergeordnete Funktion in meiner Darstellung in Abb. 6.4 als eine Art doppelten Boden oder Auffangschirm dargestellt. Im Endeffekt ist es immer die PR-Abteilung, die misslungene Kommunikation oder andere Probleme wieder bereinigen muss und damit quasi den doppelten Boden aller Social-Media-Maßnahmen darstellt.

Die PR-Führungskräfte und die Kommunikationsabteilung sind dafür verantwortlich, diese Führungsrolle einzufordern. Davon ist auch abhängig, ob die PR-Mitarbeiter:innen

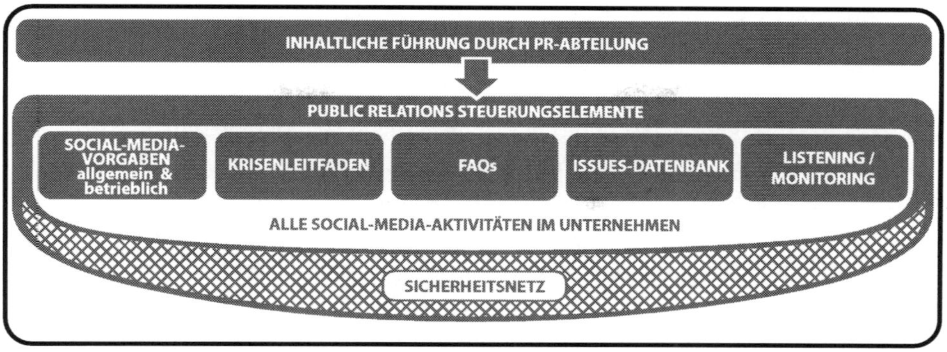

Abb. 6.4 Social-Media-Steuerungselemente der PR-Abteilung

nur eine Art „Feuerwehr“ sind, die gerufen wird, wenn es brennt, oder ob sie auch Brandprävention betreiben können.

Aus meiner Sicht ist es auf jeden Fall erstrebenswert, so wenig Brände bzw. Issues wie möglich im Social Web zu erleben, denn diese Vorfälle sind in der Regel sehr dringlich und machen das Arbeiten schlecht planbar. Die „Social-Media-Krisen-Feuerwehr“ wird im Zweifel immer erst dann gerufen, wenn es schon fast zu spät ist. In einem solchen Fall kann dann in der Regel nicht mehr agiert, sondern lediglich Schadensbegrenzung betrieben werden.

Weiterhin ist zu beachten, dass Social Media auch für Journalisten ein bedeutendes Werkzeug geworden ist. Die sozialen Medien haben laut der Journalistenumfrage „Recherche 2018“ der dpa-Tochter news aktuell Einzug in den journalistischen Alltag gehalten. 58 % der Journalisten nennen Social Media als wichtigste Recherchequelle. 59 % nutzen Inhalte aus Social Media für ihre Berichterstattung (news aktuell, 2018).

Die in Abb. 6.4 dargestellten Steuerungselemente der PR-Abteilung bieten die Basis für eine Krisenprävention in Social Media. Die Bereitstellung dieser Steuerungshilfen liegt ggf. nicht allein im Verantwortungsbereich der Disziplin Public Relations. Im Folgenden werden die einzelnen Elemente erläutert:

Social-Media-Guidelines und Krisenleitfaden

Bei den Social-Media-Vorgaben oder -Guidelines beispielsweise gibt es sehr viele beteiligte Abteilungen. Wenn es eine übergeordnete Social-Media-Abteilung gibt, dann sollte diese die Koordination für die Erarbeitung der Strategie und Guidelines übernehmen. Aus PR-Sicht, ist es wichtig, dass diese Vorgaben sehr deutlich und klar erläutern, welche Informationen nicht nach extern gegeben werden dürfen und wo die bereits kommunizierten Themen zu finden sind. Es sollte eine Kurzversion des Krisenleitfadens für Social-Media-Betreibende im Unternehmen geben. Diese sollte auch Bestandteil der Vorgaben für betriebliche Social-Media-Nutzung sein.

Übergreifendes FAQ-Dokument für wiederkehrende Fragen (Frequently Asked Questions)
Es ist ratsam, übergreifende FAQ-Dokumente für immer wiederkehrende Themen für alle Social-Media-Betreibende im Unternehmen zur Verfügung zu stellen. Darin kann z. B. stehen, was die Haltung zu Themen wie „Tierversuche", „Kinderarbeit", „Nachhaltigkeit", „Leiharbeit", „Datenschutz" oder „Frauenquote" ist. Idealerweise bestehen die Musterantworten aus zwei Versionen: einer sehr kurzen Version bis maximal 100 Zeichen und einer etwas längeren Version mit etwa drei bis fünf Sätzen. Ideal wäre, wenn dieses Dokument im Intranet für alle Mitarbeiter:innen aufrufbar ist.

Issues-Datenbank für tiefgreifende Informationen zu Issues und potenziellen Issues
Ergänzend zu den genannten FAQs bietet es sich, an eine detaillierte Datenbank mit Hintergrundinformationen zu kritischen Themen und potenziell kritischen Themen zur Verfügung zu stellen. Darauf sollte nur ein eingeschränkter Personenkreis Zugriff haben, da es sich auch um vertrauliche Informationen handeln kann. Diese Art von Datenbank ist vor allem für die PR-Verantwortlichen in anderen Ländern sehr nützlich.

Social-Media-Monitoring
Nur wer weiß, was über ihn gesprochen wird, kann mitreden und sich ggf. selbst verteidigen. Und nur wer die Themen kennt, die gerade im Netz im positiven oder negativen Sinne diskutiert werden, kann diese strategisch in seine Kommunikation einbinden. Daher ist ein unternehmens- und branchenübergreifendes Monitoring innerhalb der PR-Abteilung zur Beobachtung von Themen auf jeden Fall sinnvoll. Auch zur Erfolgsmessung kann ein übergreifendes Social-Media-Monitoring genutzt werden. Es ersetzt allerdings nicht ein spezifisches Monitoring auf Marken-, Kampagnen- oder Bereichsebene, das sich mit den einzelnen Unterthemen befasst und ebenfalls zum Issues-Management, aber auch zur Erfolgsmessung eingesetzt werden kann (s. Abb. 6.5).

Angesichts der veränderten Kommunikationssituation und der neuen Aufgaben für die PR ist es notwendig, die PR-Abteilung dementsprechend aufzustellen und auf die Herausforderungen vorzubereiten.

Ich habe in der Praxis die Erfahrung gemacht, dass die in Abb. 6.6 genannten fünf Erfolgsfaktoren maßgeblich entscheidend für den Erfolg Ihrer PR Aktivitäten im Zusammenhang mit Social Media sind.

6.3 In sechs Schritten für Social Media rüsten

In folgenden fünf Schritten stellen Sie Ihre PR-Abteilung optimal für die Herausforderungen durch Social Media auf:

Abb. 6.5 Unternehmensübergreifendes Social-Media-Monitoring

Abb. 6.6 Erfolgsfaktoren für Social-Media-Excellence in der PR-Abteilung

1. **Bauen Sie Social-Media-Expertise auf**
   Schulen Sie alle PR-Mitarbeiter:innen für Social Media, damit sie über die Möglichkeiten, aber auch die Risiken informiert sind. Vermeiden Sie undurchdachte Bauchgefühl-Aktivitäten und behalten Sie stets die übergeordneten Ziele im Fokus. Kaufen Sie ggf. externe Expertise ein oder erweitern Sie Ihr Team um einen erfahrenen Social-Media-Experten oder eine -Expertin.
2. **Verschaffen Sie sich einen Überblick**
   Machen Sie eine Nullmessung in Social Media, um den aktuellen Stand in den sozialen Netzwerken zu kennen und über vergangene und aktuelle Issues informiert zu sein. Setzen Sie anhand dieses Überblicks ein kontinuierliches Social-Media-Monitoring auf, um aktuelle Aktivitäten zu beobachten und über zukünftige Themen informiert zu sein. Beziehen Sie Influencer und Blogger in diese Beobachtung mit ein.
3. **Denken Sie bei allem, was Sie tun, an Social Media**
   Erstellen Sie alle PR-Materialien nach Möglichkeit von vornherein Social-Media-tauglich. Achten Sie auf kurze, aussagekräftige Überschriften und kaufen Sie generell unbegrenzte Rechte für Bild- und Videomaterialien ein. Beachten Sie die Besonderheiten von Online-Journalismus. In einem Online-Magazin oder Blog werden beispielsweise gerne Bewegtbildinhalte genutzt. Gegebenenfalls ist es sinnvoll, einen Pool von Inhalten anzulegen, um größtmögliche Synergien zu schaffen (s. Abb. 6.7). Denken Sie auch an versteckte Risiken. Zum Beispiel können mündliche Aussagen und Briefverkehr in soziale Netzwerke gelangen. Telefonate können mitgezeichnet und verbreitet werden. Beziehen Sie ggf. Blogger oder Influencer in ihre PR-Arbeit mit ein, und ergänzen Sie Ihre Presseverteiler dementsprechend, wenn Sie bereits Kontakt aufgebaut haben.
4. **Behalten Sie größtmögliche Kontrolle**
   Die Tatsache, dass jeder Unternehmensbereich und auch einzelne Mitarbeiter:innen sehr leicht und vielleicht unbedacht kommunizieren kann, macht es für die PR-Schaffenden im Unternehmen nicht gerade einfach, die Kontrolle über die internen und externen Informationsflüsse zu behalten. Stellen Sie im Unternehmen klare Regeln zur Kommunikationshoheit auf bzw. verdeutlichen Sie diese Regeln noch einmal im Zusammenhang mit Social Media, falls es diese schon gibt. Sorgen Sie außerdem für allgemeine, betriebliche und spezifische Social-Media-Vorgaben in Ihrem Unternehmen. Da es sich bei Social Media um ein Thema ohne geografische Grenzen handelt, ist es wichtig, die inhaltliche Kontrolle auch global zu behalten. Beziehen Sie Ihre internationalen Kolleg:innen also in jedem Fall ein. In jedem Land sollte die Informationshoheit bei den PR-Verantwortlichen liegen.
   Stellen Sie eine Issues-Datenbank zur Verfügung und FAQs zu den wichtigsten, immer wiederkehrenden Themen.
5. **Werden Sie schneller und effektiver**
   Wenn Sie inhaltlich die Oberhand behalten möchten, müssen Sie in der Lage sein, auf interne und externe Anfragen innerhalb kürzester Zeit zu reagieren. Aus meiner

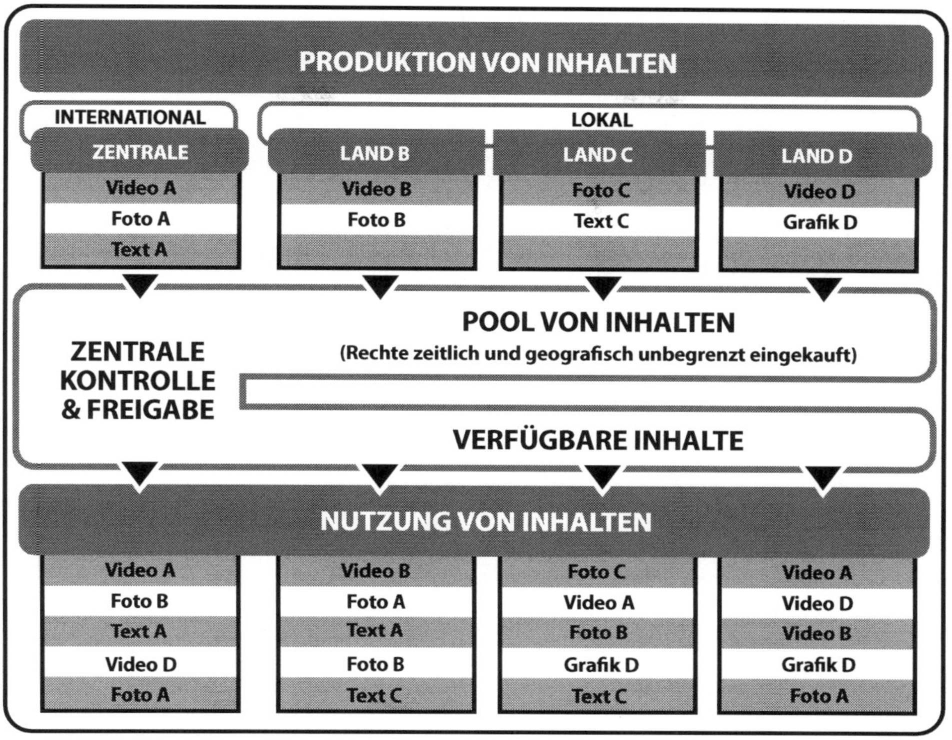

Abb. 6.7 Pool von Social-Media-Inhalten

Erfahrung lässt sich das am einfachsten mithilfe interner Social-Media-Kanäle organisieren, denn so können auch komplexere Fragestellungen mit mehreren Experten gleichzeitig besprochen werden. In Social-Media-Kanälen zählt Schnelligkeit oftmals mehr als die tatsächlichen Inhalte. Überschriften haben im ersten Moment mehr Gewicht als perfekt durchrecherchierte Hintergründe. Daher ist es in manchen Fällen sinnvoll, zunächst schnell und kurz zu antworten und Hintergründe und Details später nachzuliefern. Zum Beispiel kann das bei kritischen Themen der Fall sein, die sich durch eine schnelle Initialreaktion vielleicht noch deeskalieren lassen.

Je nach Kanal gibt es unterschiedlich dringliche Reaktionszeiten. Bei Twitter empfiehlt sich eine Reaktion in zwei bis 20 min, bei Facebook maximal zwei Stunden und bei Blogs maximal ein Tag. Bei kritischen Themen sollte in diesem Zeitrahmen eine erste Antwort erfolgen, auch wenn dann noch keine Lösung oder ein Statement verfügbar ist. Es reicht zunächst, eine Hinhalte-Stellungnahme zu schreiben: „Wir haben Ihre Nachricht erhalten, können diese aber noch nicht beantworten. Wir melden uns schnellstmöglich wieder bei Ihnen."

6. **Positionieren Sie die Sprecher und Ihre C-Suite**
   Achten Sie auf ein optimales Auftreten der PR-Verantwortlichen sowie Ihrer Top-Führungskräfte im Social Web. Stellen Sie sicher, dass Ihnen Experten zur Seite stehen, wenn Sie erstmals den Schritt in die sozialen Netzwerke wagen. Machen Sie sich Gedanken, zu welchen Themen Sie ein sogenanntes Thought Leadership übernehmen möchten und wie Sie die Themen auf einzelne Protagonisten verteilen möchten. Nutzen Sie die Führungskräfte, um die Key Messages zu platzieren und nach einem Storytelling-Ansatz die Geschichte in Ihren Worten zu erzählen. Seien Sie als Kommunikatoren im professionellen Social-Media-Umfeld für Journalisten und Blogger bzw. Influencer auffindbar und ansprechbar. In einer in den USA durchgeführten Studie der Firma Brandfog, die dafür 500 Mitarbeiter:innen aus unterschiedlichen Unternehmen befragte, gaben 90 % an, dass Social Media ein essentielles Werkzeug in der PR- und Kommunikationsstrategie für die Positionierung der C-Suite geworden ist (Brandfog, 2016).

6.4 Wie einzelne Kommunikationsdisziplinen Social Media nutzen

In den einzelnen PR-Bereichen gibt es unterschiedliche Social-Media-Berührungspunkte.

6.4.1 Social Media in Produkt- und Unternehmens-PR

Chancen
Es gibt zahlreiche Beispiele für Chancen im Bereich Social Media und PR (vgl. Abb. 6.8). Es ist empfehlenswert, alle Pressematerialien so aufzuarbeiten, dass sie

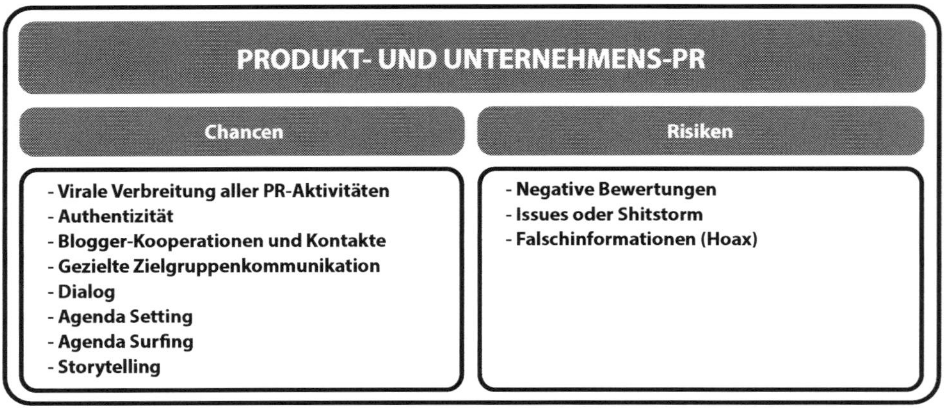

Abb. 6.8 Social Media in Produkt- und Unternehmens-PR

eine virale Verbreitung finden können. Im Produkt–PR-Bereich können Produktproben positive Effekte generieren, und persönliche Bloggerkontakte und Kooperationen können nicht nur für den Moment einen positiven Effekt generieren, sondern auch einen Rückhalt in Krisenzeiten schaffen. Gerade in schlechten Zeiten sind Markenunterstützer sehr viel wert. Durch die Nutzung von Blogs und sozialen Medien ist es möglich, sehr viel zielgruppengerechter zu kommunizieren als in den Massenmedien, und auch einen Austausch zu generieren.

Agenda Setting

Ein weiterer sehr wichtiger Aspekt ist das Thema „Agenda Setting". Durch ein strategisches Social-Media-Monitoring kann die allgemeine Themenlage sehr gut beobachtet werden. So können Themen sehr viel gezielter platziert werden. Ein sehr gelungenes Beispiel für Agenda Setting im Social Web ist die „ALS Icebucket Challenge" (Wikipedia, o. J. a). Hierbei handelt es sich um eine Kampagne aus dem Jahr 2014, die auf die seltene Erkrankung Amyotrophe Lateralsklerose (Abkürzung: ALS) aufmerksam machen sollte, um Forschungsgelder zu generieren.

Diese Aktion lief vor allem über Facebook und machte sich den Trend der Online-Nominierungen zunutze. Diese Nominierungen laufen nach dem Prinzip ab, dass man etwas tut, und dann einen anderen nominiert, ebenfalls etwas zu tun. Es ging bei der „Ice Bucket Challenge" konkret darum, sich entweder in einem kurzen, in Social Media veröffentlichten Video einen Kübel Eiswasser über den Kopf zu leeren oder alternativ einen Geldbetrag für die Forschung zur Krankheit ALS zu spenden.

In jedem Video sollten drei neue Leute nominiert werden, die dieses Spiel ebenfalls spielen sollten. Vor allem durch die Beteiligung zahlreicher Prominenter von Mark Zuckerberg über Bill Gates bis hin zu George W. Bush, Heidi Klum, Sigmar Gabriel oder Helene Fischer wurde die Kampagne auch in den klassischen Medien sehr bekannt (Wikipedia, o. J. b).

Agenda Surfing

Auch das Aufspringen auf gewisse Themen – das sogenannte „Agenda Surfing" – ist im Social Web weit verbreitet. Samsung hat im Jahre 2010 beispielsweise geschicktes „Agenda Surfing" betrieben, als viele Apple-Kund:innen sich über Empfangsprobleme mit ihrem neuen iPhone 4 beschwerten. Der koreanische Apple-Konkurrent antwortete gezielt und publikumswirksam einigen dieser Kund:innen auf Twitter und schenkte ihnen ein Galaxy S. Dadurch wurde mit sehr geringem Aufwand eine enorme Medienresonanz im Social Web, aber auch in traditionellen Medien erzielt (Wedekind, 2010).

Exkurs: Influencer Relations

Gastbeitrag von Wolfgang Würth, ehemaliger Sprecher Social Media Communication, Global Communications Mercedes-Benz Cars, Daimler AG

Influencer sind digitale Multiplikatoren, die im Verlauf des Medienwandels zunehmend an Einfluss gewonnen haben. Sie betreiben eigene Social-Media-Profile oder Blogs, in denen sie über ihre Leidenschaft wie z. B. Kochen, Fotografieren oder Reisen schreiben. Diese Leidenschaft kann sich aber auch auf Produkte und Marken beziehen. So stellen Beauty- und Mode-Influencer ihre Lieblingsprodukte und -outfits ausführlich vor. Autoblogger verfassen ihre persönlichen Rezensionen zu Sport- und Kleinwagen. Lifestyleblogs kündigen die neusten Sneaker (Turnschuhe) und die passende Musik an. Dabei nutzen sie die gesamte Bandbreite der Social-Media-Angebote.

Mit dieser subjektiven und individuellen Art der Berichterstattung erreichen Blogs ein spezielles Publikum, welches über die klassischen Medien (TV und Print) nicht mehr adressiert werden kann. Damit nehmen Influencer in der digitalen Welt die Rolle eines Gatekeepers ein, vergleichbar mit der bisherigen Rolle von Journalisten und Medienhäusern. Daher wird es für Unternehmen relevant, neben bisherigen „Public Relations“ auch spezifische „Blogger Relations“ oder „Influencer Relations“ aufzubauen. So haben Sie die Chance, Ihre Marken, Produkte und Services weiterhin an potenzielle Kund:innen zu kommunizieren, auch wenn diese keine Tageszeitung und Fachmagazine mehr konsumieren.

In der Theorie zu digitalen Kommunikationsmaßnahmen wird zwischen

- „owned Media“, also den eigenen Webseiten und Markenauftritten in Social Media,
- „paid Media“, den gekauften Media-Maßnahmen wie Onlinewerbebanner oder Advertorials, und
- „earned Media“, unbezahlbarer Berichterstattung auf Plattformen Dritter, unterschieden.

Mit nachhaltigen Influencer Relations haben Unternehmen die Chance, „earned Media“, in Form von redaktioneller Berichterstattung zu generieren.

Prämisse für Influencer Relations

Grundvoraussetzung ist die Bereitschaft zu akzeptieren, dass Influencer journalistisch tätig sind, auch wenn sie meist weder ein Volontariat noch eine andere journalistische Ausbildung absolviert haben. Man sollte Influencer mit dem gleichen Respekt behandeln und ihnen den gleichen Zugang gewähren, wie man das mit klassischen Vertretern der Print-Presse machen würde. Entsprechende Ressourcen sllten vorgesehen werden.

Auswahl von relevanten Influencern

Da es eine große Masse an Blogs und Influencern gibt, besteht die zweite Herausforderung in der idealen Auswahl der relevanten Meinungsmacher. Dies ist von Marke zu Marke und Unternehmen zu Unternehmen unterschiedlich.

Am besten erfolgt die Einteilung in drei Schritten:

1. Thematische Auswahl
2. Reichweite
3. Qualität & Relevanz

Zuerst werden thematische Rubriken gesichtet: Mode, Lifestyle, Beauty o. Ä. In Schritt zwei findet die Betrachtung der Reichweite statt. Viele professionellere Blogs veröffentlichen bereits ihre Mediadaten. Weitere Reichweiten von YouTube, Twitter & Co. sind öffentlich ablesbar. Vor der abschließenden Auswahl sollten die Influencer auf qualitative Aspekte untersucht werden, z. B.:

- Wie aktuell ist der Auftritt?
- Wie ist die Präsentationsqualität (Wort & Bild)?
- Welche Themen und Marken finden dort statt?
- Finden Kooperationen mit anderen Marken statt?

Ansprache und Aufbau der Influencer Relations

Da es nicht „den Blogger" oder „den Influencer" gibt, ist eine individuelle Ansprache jedes einzelnen Influencers notwendig. Der häufig plumpe Versuch, Produktproben oder Pressemitteilungen ohne Erstkontakt zu verschicken, zeigt, dass kein Interesse an einer „Beziehung" auf Augenhöhe besteht. Blogger und Influencer können ihren Blog oder ihr Profil sowohl haupt- als auch nebenberuflich betreiben. Entsprechend unterschiedlich muss eine Ansprache erfolgen.

Es ist wichtig zuzuhören, denn Influencer Relations funktionieren vor allem dann, wenn eine Win-win-Situation erzeugt werden kann, d. h. beide Seiten davon profitieren.

Influencer brauchen guten Traffic (hohe Besucherzahlen), um sich über Werbung („paid Media") zu refinanzieren. Unternehmen und Marken mit starken und aktuellen Inhalten haben so die Chance, Blogs zu unterstützen. Zugang zu Produkten und exklusiven Informationen treiben die Entwicklung des Traffic besonders positiv. Mehr Besucher bedeuten auch mehr Reichweite für die Themen des Unternehmens. Man muss sich die Frage stellen: Was kann meine Marke dazu beitragen, dass ein Blog-Beitrag erfolgreich wird?

Es spricht nichts gegen eine bezahlte Platzierung von Onlinewerbemitteln in Blogs oder Social-Media-Auftritten von Influencern. Das findet in Zeitschriften ebenfalls statt. Es sollte aber stets auf eine klare Trennung zwischen paid & earned Media geachtet werden und bezahlte Inhalte als solche gekennzeichnet werden.

Berichterstattung in Blogs
Blogger haben eine größere Bandbreite an Berichterstattung. Eine Zeitung hat einen Redaktionsschluss, nur begrenzten Platz im Blatt und nur eine nationale oder regionale Verbreitung. Blogs hingegen können sowohl live, weltweit, in unterschiedlichen Medienformaten (Text, Bild, Video, Animationen) als auch ganz persönlich berichten. Man sollte daher genau zuhören, was jedem einzelnen Blogger wichtig ist und wie er die besten Inhalte erstellen kann. Braucht er oder sie viel Zeit, um Videos zu produzieren? Müssen die Produkte an speziellen Orten sein?

Über Blogs hinaus
Blogs existieren seit über einem Jahrzehnt. Unternehmen müssen sich die Frage stellen, welche der neueren sozialen Netzwerke für ihre Zwecke am attraktivsten sind. Vor allem weil sich inzwischen neben Bloggern auch echte Experten der einzelnen Kanäle entwickelt haben. So gibt es YouTuber mit Millionen Abonnenten und Instagramer mit ähnlicher Gefolgschaft. Hier gelten die gleichen Prämissen und Vorgehensweisen wie beschrieben: Auswählen, Kennenlernen, Verstehen und dann die „Beziehung“ leben. ◀

Risiken
Die Risiken von Social Media für die Unternehmens- und Produkt-PR ergeben sich aus der Tatsache, dass sich negative Themen wie Produktbewertungen, aber auch Skandale oder kritische Themen sehr unkontrolliert verbreiten können.

Hoax
Das gilt auch für reine Falschinformationen, die als sogenannte „Hoax“ eine hohe Verbreitung finden können. Je schneller und überzeugender interveniert wird, desto besser stehen die Chancen, ein negatives Thema aus der Welt zu schaffen.

Ich selbst hatte in meiner Karriere schon mehrere Fälle eines sogenannten „Hoax“. Dabei kann es sich um gezielte Manipulation und versuchte Sabotage handeln, aber auch um zufällig entstandene Missverständnisse wie Übersetzungsfehler.

Der eindrücklichste Fall war sicherlich die Falschinformation über einen angeblichen Produktrückruf, die sich innerhalb kürzester Zeit rasend schnell im Social Web verbreitete. Insbesondere als eine prominente Schauspielerin mit einem einflussreichen Twitter-Account diese Falschinformation per Twitter weitergab, konnte nur durch eine sofortige Richtigstellung die explosionsartige Weiterverbreitung aufgehalten werden. Sie twitterte umgehend die Richtigstellung. Oftmals entscheiden wenige Minuten – wenn nicht gar Sekunden –, ob ein Thema im Social Web unkontrollierbar wird oder nicht. Mehr zum Thema Issues-Management finden Sie im Exkurs zum Thema „Shitstorm“ im Kap. 8.

6.4.2 Social Media in der internen Kommunikation

Auch in der internen Kommunikation gibt es Chancen und Risiken in Bezug auf Social Media (s. Abb. 6.9). Die interne Kommunikation hat im Wesentlichen drei Aufgaben. Sie

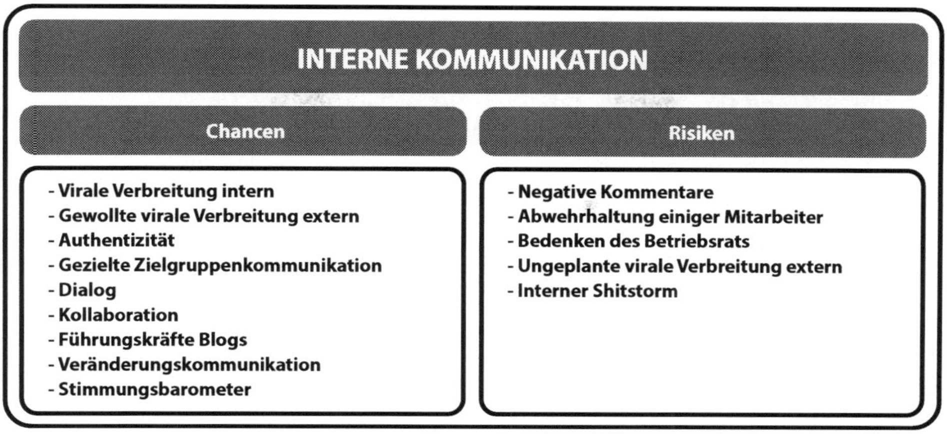

Abb. 6.9 Social Media in der internen Kommunikation

soll die Mitarbeiter:innen informieren und zur allgemeinen Motivation beitragen, und durch sie soll Wissen zu bestimmten Themen vermittelt werden. Auch in der internen Kommunikation gibt es derzeit einen Trend zu personalisierter Kommunikation, die weggeht von dem klassischen Top-down–Gießkannenprinzip, mit dem in den letzten Jahrzehnten kommuniziert wurde. Statt einer reinen Kommunikation von oben nach unten entwickelt sich eine dialoggeprägte vertikale, aber auch horizontale Kommunikation.

Mitarbeitende erwarten zunehmend, mitreden zu dürfen und Einfluss auf Entscheidungen nehmen zu können. Ein „Regieren“ von oben herab seitens der Geschäftsführung wird als negativ empfunden und die interne Kommunikation als Sprachrohr der Geschäftsführung ebenfalls. Daher ist es oftmals sinnvoll, die Mitarbeiter:innen bei unkritischen Themen frei diskutieren zu lassen – z. B. über eine Kommentarfunktion bei den digitalen Unternehmensnachrichten. Themen, die heikler sind und gerne heiß diskutiert werden, können in einen diskussionsfreien Kanal (z. B. einen internen Newsletter oder ein Townhall mit begrenzter Anzahl an Fragen) geschoben werden.

Grundsätzlich herrscht in vielen Unternehmen, deren Social Intranets ich gesehen habe, eine sehr offene Diskussionskultur. Diese interne offene Kommunikation muss seitens der Kommunikatoren erst einmal gelernt werden, denn die Rolle der Verantwortlichen für interne Kommunikation ändert sich. Während die Aufgabe früher eher journalistisch geprägt war, geht es mit Einbeziehung von Social Media vor allem auch darum, Impulsgeber zu sein und Gespräche und Themen zu moderieren. Das geht bis hin zu der Fähigkeit, mit einem internen Shitstorm umzugehen. Auch für Manager ist ein Social Intranet ggf. erst einmal eine Herausforderung, da es für sie unter Umständen auch bedeutet, sich mit anderen Ebenen als ihrer eigenen auszutauschen (Skip-Level-Kommunikation).

Ich kenne aus eigener Erfahrung, aber auch von befreundeten Unternehmen einige Fälle solcher interner Entrüstungswellen. In den meisten Fällen bleiben diese Vorfälle außerhalb der Öffentlichkeit. Ein öffentlich bekannt gewordener Fall ist der interne Shitstorm im Intranet der Allianz, an dem sich rund 300 Mitarbeiter:innen beteiligten (Versicherungsbote, 2014). Auslöser war eine Mitteilung von Vorstand Werner Zedelius, in der er ankündigte, dass der Konzern zum Jubiläum keine Sonderzahlung für die Angestellten plane. Insbesondere bei Themen, die viele Mitarbeiter:innen betreffen, sollte bei der internen Kommunikation auf einen derartigen Rückkopplungseffekt geachtet werden. Das gilt insbesondere für Themen, die oftmals unterschiedliche Meinungen hervorbringen, wie z. B. für die Erstellung eines neuen Firmenlogos.

Social Media birgt ein unglaublich hohes Potenzial für menschliche und authentische Kommunikation auf Augenhöhe mit den eigenen Mitarbeiter:innen. So können Führungskräfte-Blogs einen großen Beitrag zur internen Solidarität und zur Identifikation der Mitarbeiter:innen mit dem Unternehmen leisten. Ein Social-Media-basiertes Intranet kann außerdem dabei helfen, aktuelle Trends innerhalb der Belegschaft auch für das Top-Management sichtbar zu machen. Denn das, was sonst im sogenannten „Flurfunk" und bei Kaffeepausen und in der Kantine besprochen wird, ist hier im öffentlichen Raum sichtbar und wirkt wie ein Stimmungsbarometer.

Neben den immer mehr Verbreitung findenden Social Intranets hat die Corona-Pandemie auch das Arbeiten mit digitalen Tools für Social Collaboration, also eine neue Art der Zusammenarbeit mit Social-Media–Elementen, in vielen Unternehmen etabliert. Tools hierfür sind z. B. Microsoft Teams, Asana, Yammer oder Slack (Stand 2021). Das beeinflusst natürlich die Art, wie Informationen im Unternehmen ausgetauscht und auch diskutiert werden.

Daher ist es sehr empfehlenswert, eine interne Guideline für die Social-Media-Kommunikation in der Belegschaft zu erstellen. Wichtige Punkte einer solchen Guideline sind eine Netiquette, die beispielsweise beleidigende, sexuelle, rassistische oder politische Kommentare verbietet. Auch sollte es Regeln zum Mitarbeiter:innendatenschutz geben. Zum Beispiel sollte vor dem Posten von Bildern von der ausgelassenen Weihnachtsfeier immer das Einverständnis der auf dem Bild abgebildeten Kollegen eingeholt werden. Es sollten auch keine vertraulichen Infos über Mitarbeiter:innen gepostet werden z. B. Krankenfehltage oder das Geburtsjahr. Meiner Erfahrung nach ist es ebenfalls ratsam, in betrieblichen Social Networks mit Klarnamen zu arbeiten, sodass der Absender der Inhalte immer eindeutig zu identifizieren ist. Es ist außerdem sinnvoll, einen Kanal für das Melden von Verstößen zur Verfügung zu stellen.

Ein weiterer Punkt, der insbesondere bei der Nutzung von Drittanbieter:innen wie WeChat in China relevant ist, ist das Abgleichen der Nutzer:innen mit den aktuellen Mitarbeiter:innen, so dass regelmäßig (am besten täglich) Personen, die das Unternehmen verlassen haben, aus den Konversationen herausgenommen werden.

Exkurs: Der Shitstorm

Als Shitstorm wird eine Empörungswelle in Social-Media-Kanälen bezeichnet, bei der zahlreiche negative Kommentare oder Beiträge zu einem Thema verfasst oder geteilt werden. Derartige Stürme können zufällig entstehen oder bewusst provoziert werden. Sie können einfach irgendwo im Internet stattfinden oder sich an einer bestimmten Stelle, beispielsweise einer Unternehmenspräsenz im Social Web, bündeln. Aber ab wann spricht man von einem Shitstorm? Wenn plötzlich viele negative Stimmen gehäuft auftreten, neigt man dazu, dies überzubewerten. Zehn Tweets können im ersten Moment gefühlt eine riesige Welle darstellen. In Wirklichkeit ist das dann aber oftmals genauso schnell wieder vorbei, wie es gekommen ist.

Um das Ausmaß eines Shitstorms zu beurteilen, sind folgende Faktoren zu beachten:

Verbreitung – Ort – Empörungspotenzial – Hintergrund

- Wie hoch ist die „Windstärke" bzw. Verbreitung im Netz?
- Wo findet der Shitstorm statt?
- Wie hoch ist das Empörungspotenzial?
- Was ist der Hintergrund bzw. ist der Shitstorm berechtigt?

Erst ab einem Ausmaß von 10.000 involvierten Personen würde ich von einem Shitstorm sprechen. Im Laufe meiner Karriere habe ich etwa zehn größere Empörungswellen persönlich als Verantwortliche miterlebt. Nur zwei Shitstorms ergaben sich zufällig und unorganisiert. Die Mehrzahl war durch NGOs oder Enthüllungsjournalisten getrieben.

Abb. 6.10 stellt die verschiedenen Stärkegrade eines Shitstorms und die damit verbundene Verbreitung im Netz dar.

Je höher das Empörungspotenzial, desto höher ist auch die Wahrscheinlichkeit, dass ein viraler Effekt einsetzt. Daher wird bei gezielten Kampagnen diese Mechanik auch gerne genutzt. So kann ein Video eine weitere Verbreitung finden, wenn es mit einem Zusatz wie „Das ist das Video, das Firma xy verbieten will" betitelt ist.

Der Ort bzw. der Social-Media-Kanal, wo dieser Sturm stattfindet, ist ausschlaggebend für die Relevanz des Shitstorms im Zeitverlauf. Es gibt kurzlebige Kanäle, deren Inhalte wieder verschwinden, und sehr langlebige Kanäle, auf denen auch noch nach Jahren negative Inhalte einfach über Suchmaschinen gefunden werden können.

Bei allen Shitstorms gilt es, Ruhe zu bewahren und besonnen zu handeln.

Es gibt Situationen, in denen es besser ist, nicht zu handeln und den Sturm der Entrüstung einfach über sich ergehen zu lassen. In solchen Fällen würde jede Einmischung oder Wortmeldung die Empörung wieder anfachen und die Situation verschlechtern. Das ist z. B. der Fall, wenn von vornherein klar ist, dass Argumente nicht zu einer Abschwächung der Empörung führen würden. Veganer wird man beispielsweise niemals dazu bringen, Sympathien für ein fleischproduzierendes Unternehmen zu entwickeln.

Auf der anderen Seite gibt es oftmals die Möglichkeit, einen aufkommenden Sturm noch im Keim zu ersticken, wenn man nur schnell genug reagiert. Das ist

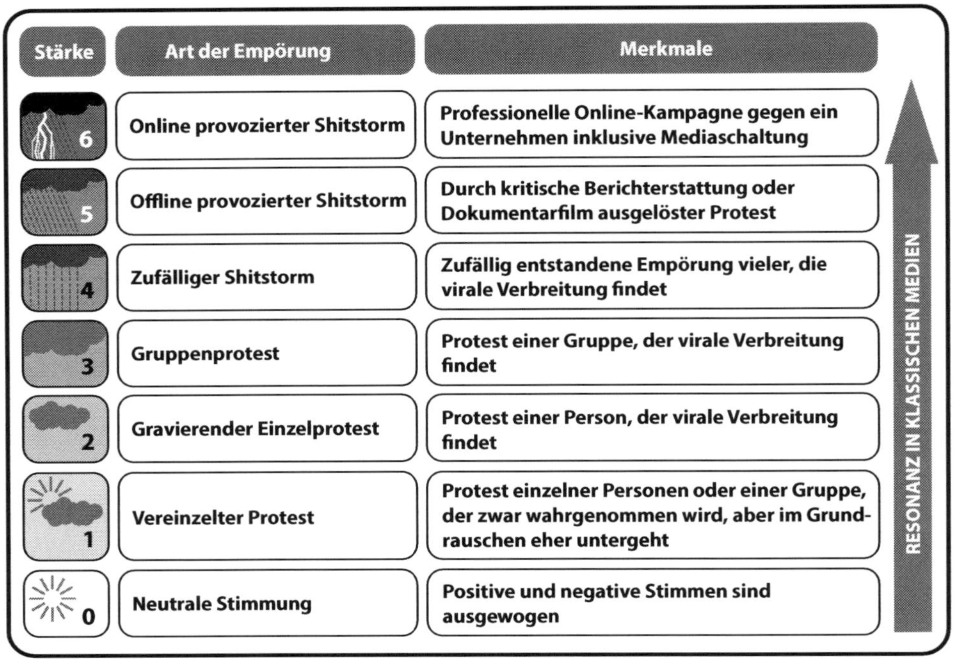

Abb. 6.10 Arten und Stärken von Shitstorms

vor allem immer dann der Fall, wenn eine gute Antwort auf die Vorwürfe vorliegt. Aber auch wenn die Lösung des Problems noch nicht greifbar ist, wirkt eine Wortmeldung im Sinne von „Wir haben euch gehört und kümmern uns darum" bremsend auf Empörungswellen.

Der Reaktionsspielraum nimmt im Issue-Lebenszyklus ab, daher ist eine schnelle Reaktion ratsam (s. Abb. 6.11). Bei Twitter bedeutet eine schnelle Reaktion ein Tweet innerhalb der nächsten zwei bis 20 min. Bei Facebook kann eine Antwort in den ersten zwei Stunden noch schnell genug sein.

Es ist außerdem zu beachten, dass ein Problem, das in den sozialen Netzwerken aufgetreten ist, auch noch nach Jahren in den Suchmaschinen gefunden werden kann. Das bedeutet, dass bei einer erneuten Empörungswelle wieder dort angeknüpft wird und diese zweite Welle dann direkt sehr aufmerksamkeitsstark ausfällt. ◄

Mögliche allgemeine KPIs für Social Media in Public Relations:

- Social-Media-Resonanzanalyse: Imagewert im Vergleich zu Vorjahr
- Anzahl der Bloggerkontakte
- Anzahl Owned Media-Posts
- Anzahl Earned Media-Posts (durch Blogger)

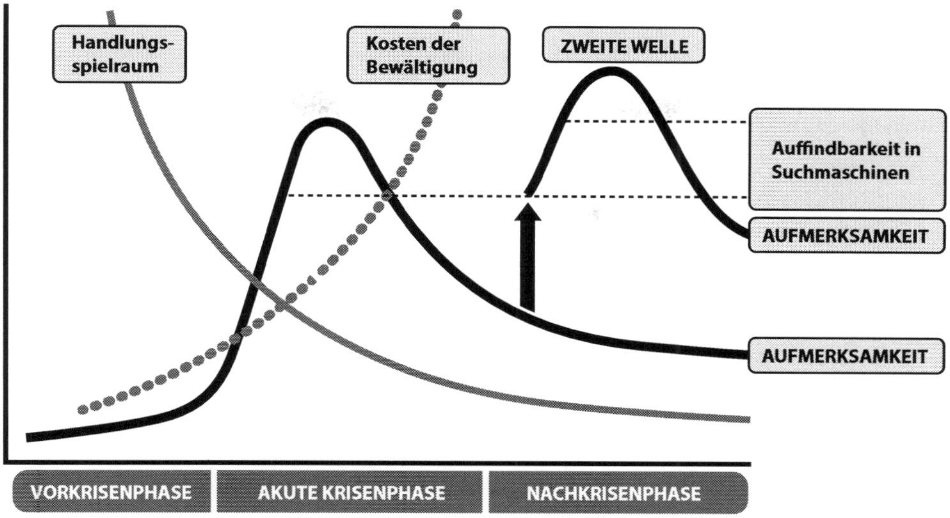

Abb. 6.11 Social-Media-Issues-Lebenszyklus angelehnt an Babka (2008)

- Anzahl Paid Media-Posts (durch bezahlte Blogger)
- Reichweite
- Interaktionsgrad
- Anzahl geteilter Inhalte

Merke
Durch Social Media erleben wir eine neue Kommunikationsrealität. Nur durch den gezielten Aufbau von Expertise im Bereich Social Media können PR-Verantwortliche das Thema vollumfänglich strategisch steuern und beeinflussen. Die PR-Abteilung sollte eine inhaltliche Führungsrolle einnehmen, um Kommunikationspannen zu vermeiden.

Literatur

Babka, S. (2008). *Weblogs – Chancen und Risiken für aktives Issues Management*. VDM Verlag Dr. Müller.

Brandfog. (2016). *Social media survey*. https://brandfog.com/BRANDfog2016CEOSocialMediaSurvey.pdf. Zugegriffen: 24. Jan. 2021.

News aktuell. (2018). *Recherche 2018*. https://www.newsaktuell.de/blog/recherche-2018-wie-journalisten-heute-arbeiten/. Zugegriffen: 10. Okt. 2020.

Versicherungsbote. (2014). *Allianz-Vorstand Markus Rieß kämpft gegen den Shitstorm.* http://www.versicherungsbote.de/id/4804055/Allianz-Vorstand-Markus-Riess-Shitstorm-Intranet/. Zugegriffen: 10. Okt. 2020.

Wedekind, K. (2010). *Für genervte iPhone-4-Besitzer. Samsung verschenkt Galaxy S.* http://www.n-tv.de/technik/Samsung-verschenkt-Galaxy-S-article1134706.html. Zugegriffen: 10. Okt. 2020.

Wikipedia. (o. J. a). *ALS ice bucket challenge.* https:/de.wikipedia.org/wiki/ALS_Ice_Bucket_Challenge. Zugegriffen: 10. Okt. 2020.

Wikipedia. (o. J. b). *ALS ice bucket challenge/Liste prominenter teilnehmer.* http://de.wikipedia.org/wiki/ALS_Ice_Bucket_Challenge/Liste_prominenter_Teilnehmer. Zugegriffen: 10. Okt. 2020.

Weiterführende Literatur und Links

Wenn Sie sich gerne vertiefend mit dem Thema Social Media und PR beschäftigen möchten, kann ich Ihnen aus der Vielzahl von Angeboten folgende weiterführende Literatur empfehlen:

Schindler, M.-C., & Liller, T. (2014). *PR im social web.* O'Reilly.

Jodeleit, B. (2012). *Social media relations.* dpunkt.verlag.

Ein guter Blog, um das Thema zu verfolgen, ist www.pr-blogger.de.

Eine gute Übersicht über Studien zu Social Media und Journalisten finden Sie unter https://dominikruisinger.com/studien-ueberblick-wie-nutzen-journalisten-social-media/.

Social Media und Investor Relations 7

Zusammenfassung

Das Kapitel Social Media und Investor Relations zeigt auf, wie sich die Ansprache von Investoren durch Social Media verändert hat. Neben Beispielen von Social-Media-Aktivitäten wird in dem Kapitel auch auf Cashtags und Stocktwits eingegangen.

Social Media ist auch ein Thema für Investor Relations (s. Abb. 7.1). Spätestens, seit Kleinanleger sich in Social Media zusammengetan haben und gemeinsam den GameStop-Aktienkurs beeinflussten, ist dieser Zusammenhang nicht mehr von der Hand zu weisen (Bain & Avis, 2021). Auch deutsche Unternehmen sind in Bezug auf Investor Relations in Social Media bereits aktiv.

Der Deutsche Investor Relations Verband hat zusammen mit JP|Kom beispielsweise eine Publikation namens „DIRK IR-Guide: Investor Relations im Social Web" herausgegeben, in der eine Art Werkzeugkasten für Investor Relations und Social Media vorgestellt wird (DIRK, 2014).

Die erzählerische Kunst, aus trockenen Zahlen packende Geschichten über das Unternehmen zu machen, lässt sich laut dieser Publikation sehr gut auf das Social Web übertragen. Auch die multimediale Aufarbeitung des Geschäftsberichts oder der Earnings-Präsentation lässt sich auf Social-Media-Kanälen gut realisieren und verbreiten. Einige Unternehmen setzen dabei z. B. auf Slideshare.

Durch Twitter lässt sich eine Live-Berichterstattung der Hauptversammlung in Echtzeit in die sozialen Medien übertragen und über Investor-Relations-Blogs können aktuelle Ereignisse dargestellt und thematisch eingeordnet werden. Da sich Anleger untereinander austauschen, ist es wichtig, entsprechende Inhalte „weiterleitbar" zu machen und Mechanismen anzubieten, die eine derartige virale Verbreitung unterstützen.

S. Babka, *Social Media für Führungskräfte*,
https://doi.org/10.1007/978-3-658-34247-0_7

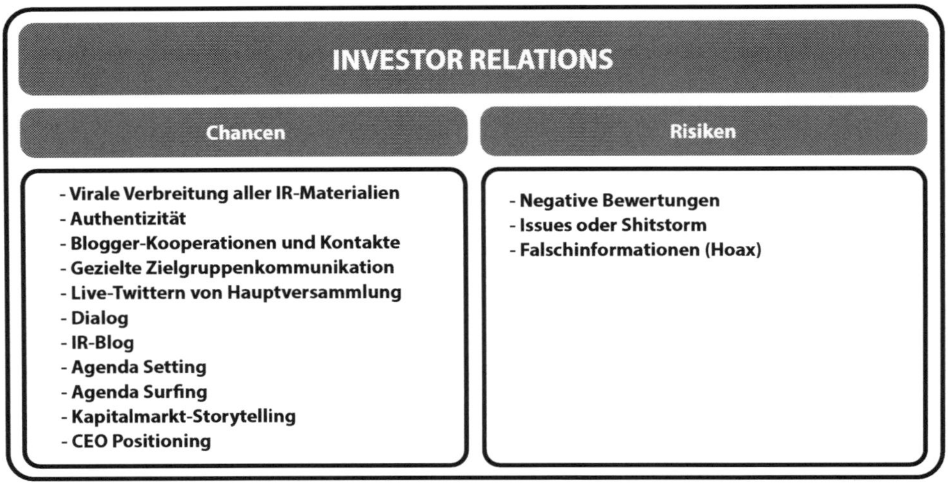

Abb. 7.1 Social Media in Investor Relations

Dass Twitter Einfluss auf den Finanzmarkt haben kann, ist spätestens nach der Einführung von Donald Trump als US-Präsident klar geworden, dessen Tweets schon das eine oder andere Börsenbeben ausgelöst haben (Lina, 2020). Nach deutschem Recht dürfen allerdings im Gegensatz zu den USA auf Twitter keine für Börsen relevante Informationen veröffentlicht werden, wenn diese vorher noch nicht offiziell auf traditionellem Weg veröffentlicht wurden. Nähere Infos hierzu finden Sie in einer Veröffentlichung vom Deutschen Investor Relations Verband zum Thema Best Practices in Internet und Social Media (DIRK, 2014).

Neben Hashtags werden auf Twitter auch sogenannte Cashtags verwendet, um Tweets als finanzmarktrelevant zu kennzeichnen.

In Ergänzung zu Twitter ist auch Stocktwits eine interessante Plattform für den Social-Media-Austausch mit Investoren, insbesondere mit Fokus auf Nordamerika. Die Plattform bietet eine Echtzeitübersicht über Gespräche von Investoren und Tradern in ähnlichem Stil wie Twitter und nutzt ebenfalls Cashtags.

Ein interessantes Beispiel für die Ansprache von Investoren im Social Web sind die Goldman Sachs Formate „The Daily Check-in", die z. B. auf Facebook und YouTube ausgespielt werden, sowie die „Talks at GS", die unter anderem als Apple Podcasts und auf Spotify und YouTube veröffentlicht werden. Diese finden Sie auch auf der Webseite www.goldmansachs.com.

Aber auch Unternehmen aus anderen Branchen nutzen Social Media für Investor Relations. BASF beispielsweise hat einen eigenen IR-Twitter-Account @BASF_IR, wo Informationen aus dem Finanzwesen getwittert oder für die Investoren-Zielgruppe relevante Unternehmens-Tweets von @BASF retweetet werden.

Literatur

Bain, B., & Avis, D. (2021). *SEC hunts for fraud in social-media posts hyping gamestop.* Bloomberg. https://www.bloomberg.com/news/articles/2021-02-03/sec-hunts-for-fraud-in-social-media-posts-that-drove-up-gamestop. Zugegriffen: 17. Febr. 2021.

DIRK. (2014). IR-Wissen. Neuigkeiten. *DIRK IR-Guide: Internet und Social Media für Investor Relations | wirDesign communication AG.* DIRK.

Lina, S. (2020). *Trump-Tweet belastet wall street.* BR24. https://www.br.de/nachrichten/wirtschaft/boerse-trump-tweet-belastet-wall-street,SCfa1fA. Zugegriffen: 10. Apr. 2021.

Social Media und Corporate Affairs

8

Zusammenfassung

Das Kapitel Social Media und Corporate Affairs geht auf die besonderen Zusammenhänge zwischen Social Media und Corporate oder Public Affairs ein. So werden beispielsweise das Zusammenspiel mit Nichtregierungsorganisationen und die Einflussnahme über Social Media in der Politik thematisiert und der Mechanismus von Microtargeting erläutert.

Public und Corporate Affairs gehören zu den Disziplinen, die am häufigsten mit negativen Effekten in Social Media konfrontiert werden (s. Abb. 8.1). Gesellschaftspolitische Themen bieten das höchste Empörungspotenzial und somit die besten Voraussetzungen für einen öffentlichen Angriff, beispielsweise in Form eines sogenannten Shitstorms. Es gibt aber auch zahlreiche positive Aspekte, die Social Media für die Arbeit in diesem Bereich bietet. Social-Media-Anwendungen können wunderbar dafür genutzt werden, Aktivitäten von Nichtregierungsorganisationen, politischen Akteuren oder Interessensgruppen zu beobachten und öffentlich oder nicht öffentlich in einen Dialog zu bestimmten Themen zu gehen.

Social Media in der Politik

Die Bedeutung von Social Media hat auch die Politik erkannt. 2017 sind in Deutschland **97 % der Parlamentarier in den sozialen Medien aktiv.** Fast alle Bundestagsabgeordneten sind auf dem sozialen Netzwerk Facebook vertreten, zwei Drittel beim Kurznachrichtendienst Twitter und ein Drittel setzt auf Bildinhalte auf Instagram (Bitkom, 2017). Laut einer Untersuchung von Hamburger-wahlbeobachter.de haben Stand September 2019 **76 % der Bundestagsabgeordneten einen Twitter-Account** und verwenden diesen passiv oder aktiv. Im Schnitt wurden von den twitternden Abgeordneten in den letzten drei Monaten vor der Untersuchung **165 Tweets** abgesetzt, durchschnitt-

S. Babka, *Social Media für Führungskräfte*,
https://doi.org/10.1007/978-3-658-34247-0_8

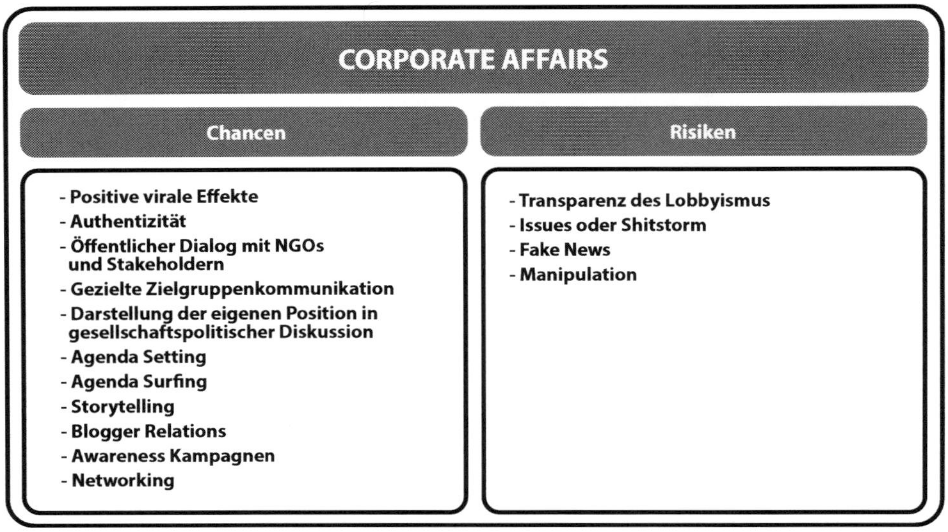

Abb. 8.1 Social Media in Corporate Affairs

lich haben sie **11.838 Follower** und **folgen selbst 811 anderen Accounts** (Storks & Ickstadt, 2019).

Dass der Einfluss auf das politische Geschehen und die Wählermeinung in den sozialen Netzwerken sehr hoch ist, belegt auch die Nutzung von Daten durch Unternehmen wie Camebridge Analytica. Im Jahr 2014 war das Unternehmen, das Wählerdaten für gezielte Ausspielungen im Social Web zur Verfügung stellt, laut eigenen Aussagen an 44 US-Wahlkampfkandidaturen beteiligt. Die unerwarteten Siege Donald Trumps in einigen „Swing States" waren entscheidend für das Gesamtergebnis der US-Präsidentschaftswahl 2016 und zogen weltweit eine Diskussion über den Einfluss von „Fake News" auf Wahlen nach sich. Angeblich nutzten auch Unterstützer der Brexit-Kampagne in Großbritannien die Dienste von Cambridge Analytica, was CA allerdings dementierte, nachdem die britische Datenschutzbeauftragte eine Untersuchung der Vorgänge eingeleitet hatte (Wikipedia, o. J.).

Auch wenn die Empörung beim sogenannten „Facebook Datenskandal" sehr groß war, sei an dieser Stelle erwähnt, dass Microtargeting in sozialen Netzwerken aus meiner Sicht nicht grundsätzlich zu verurteilen ist. Man sollte sich dabei allerdings ethisch korrekt verhalten und an den Grundwerten der Gesellschaft orientieren. Ich kann mir vorstellen, dass man eine solche Technik z. B. auch positiv nutzen könnte, um aufzuklären und echte Fakten bekannt zu machen. So könnte beispielsweise bestehenden Fake News entgegengewirkt werden.

Exkurs: Was ist Microtargeting?

Durch systematische statistische Analysen wird die Zielgruppe auf einer Social-Media-Plattform in einzelne demografische, geografische, religiöse oder politische und ggf. weitere Zielgruppen eingeteilt und die Botschaften zur Erreichung eines Kommunikationszieles werden an die unterschiedlichen Bedürfnisse der einzelnen Zielgruppen angeglichen. So kann ein und dieselbe Botschaft in unterschiedlicher Weise ausgespielt werden, um von der Zielgruppe optimal aufgenommen zu werden. Hier ein fiktives Beispiel:

Botschaft: *Die neue Webseite Kindersicherheit.xy bietet Informationen zur Sicherheit von Kindern im Netz.*

Social-Media-Ausspielung an:

- **Eltern:** *Schützen Sie Ihr Kind im Netz! Neue Webseite mit Informationen für Eltern.*
- **Lehrer:** *Sind Ihre Schüler sicher im Internet unterwegs? Alle Infos für Lehrer.*
- **Teenie mit Interesse Fußball:** *Ronaldo kennt die Tricks im Internet. Kennst du sie auch?*

Wie kann man einzelne Personen gezielt ansprechen?

Eigentlich kann man aufgrund der Datenschutzgesetze keine einzelnen Personen als Ziel für Social-Media-Werbung auswählen. Über geschicktes „Targeting" ist es aber doch möglich, relativ zielsicher eine einzelne Person anzusprechen, wenn man ein paar Informationen über diese Person hat. Nehmen wir als fiktives Beispiel einen Ministerpräsidenten. Er wohnt in der Landeshauptstadt, kommt aber ursprünglich aus einem kleineren Ort etwas entfernt. In einem Interview hat er gesagt, dass er gerne Golf spielt und eine Leidenschaft für alte VW Käfer hat. Diese Infos reichen schon, um ihn anzusprechen. Wenn man alle Personen ansprechen würde, die in der Landeshauptstadt wohnen, wäre die Zielgruppe sehr groß. Man könnte aber auch nur Männer wählen, oder noch genauer nur Männer in seinem Alter. Wenn man einen weiteren Kreis ziehen würde und nur die Personen in der Landeshauptstadt ansprechen würde, die Inhalte zu seiner Partei angesehen haben, wird die Schnittmenge der Kreise schon geringer. Ein weiterer Kreis könnte um die Personen gezogen werden, die mit Inhalten zu seinem Heimatort interagiert haben. Die Schnittmenge wird erneut kleiner. Und dann könnte man noch einen Kreis zum Thema Golf und einen Kreis zum Thema VW Käfer ziehen und dann hätte man relativ sicher nur diese Person im Visier. ◀

Auch in Deutschland lassen sich Wähler durch das Internet beeinflussen. Laut einer Bitkom-Studie halten **37 % das Internet für wahlentscheidend. 60 % aller**

Bundesbürger informieren sich online über Politik und ein Drittel nimmt im Web aktiv am Wahlkampf teil.
Social Media kann für die Politik auch herausfordernd sein. Man erinnere sich beispielsweise an das Wiki, in welchem über einen Crowdsourcing-Ansatz alle durch Nutzer:innen gefundenen Plagiate in der Doktorarbeit des ehemaligen CDU-Politikers Karl Theodor zu Guttenberg dokumentiert wurden. (GuttenPlag Wiki, o. J.) Eine für die meisten Beteiligten wohl sehr überraschende politische Beeinflussung passierte im Jahr 2019, als ein Video des YouTube-Influencers Rezo mit dem Titel **„Die Zerstörung der CDU"** eine hohe mediale Aufmerksamkeit erlangte. Bis heute ist das knapp einstündige Video, das ein **13-seitiges Quellenverzeichnis** hat, **über 17 Mio. Mal angeklickt** worden (Stand Oktober 2020). Zahlreiche nationale und internationale Medien berichteten darüber. Im Hinblick auf das schlechte Wahlergebnis für die CDU und SPD sprach das ZDF von einem „Rezo-Effekt" (Hofmann, 2019).

Social Media und Nichtregierungsorganisationen
Auch NGOs haben die sozialen Medien für Kampagnen entdeckt. Laut einer Untersuchung von PR Report, die auf der Messung der Zahl der Nutzerreaktionen auf Facebook und Twitter zwischen dem 1. März und dem 30. September 2019 beruht, sind die **Tierschutzaktivisten von Peta mit rund 1,5 Mio. Engagementaktivitäten** auf dem ersten Platz. Allein auf Instagram folgen der Organisation rund 1,3 Mio. Menschen (Stand Oktober 2020). Das NGO mit den zweitmeisten Interaktionen ist **Fridays for Future mit insgesamt knapp 1,3 Mio. Interaktionen.** Allein in Deutschland folgen dem lokalen Instagram-Account von Fridays for Future knapp über eine halbe Million User. Weltweit wurden unter dem **Hashtag #fridaysforfuture bei Instagram über 865.000 Beiträge** veröffentlicht (Stand Oktober 2020). Gemessen wurde für das Ranking die Summe aus Shares/Retweets, Likes und Kommentaren auf Facebook und Twitter (PR Report, 2019).

Eine der ersten großen NGO-Kampagnen in Deutschland war die Social-Media-Kampagne von Greenpeace zum Thema Palmöl, die sich gegen den Nahrungsmittelhersteller Nestlé richtete. Diese Kampagne aus dem Jahr 2010 arbeitete mit einem Schockvideo, in dem statt eines KitKat-Riegels der Finger eines Orang-Utans in der Packung lag (Trotz, 2010). Damals wurde die Reaktion von Nestlé kritisiert, da das Video gelöscht wurde und die vielen Verbraucher:innen mit ihren Fragen allein gelassen wurden. Das Unternehmen war auf eine solche Situation zu diesem Zeitpunkt nicht vorbereitet. Nestlé änderte daraufhin seine Strategie hin zu einem Dialog (Präkelt, 2012). Dialog ist ein sehr gutes Werkzeug der Kommunikation. Wer in einen Dialog geht, kann seine Position klar darlegen und aufzeigen, was vielleicht schon erreicht wurde. Und so ergeben sich auch viele Chancen im Social Web.

Die oft sehr sperrigen gesellschaftspolitischen Themen lassen sich auf unterhaltsame und informative Weise aufbereiten. Wichtig ist nur, dass die Berichte ehrlich sind und dass die Aufmachung nicht zu werblich ist und zum Weiterlesen anregt. Das bloße Verlinken eines CSR-Berichts (CSR = Corporate Social Responsibility) in einem Social-Media-Kanal wird mit Sicherheit keine weitere Reichweite generieren, weil die Form der Information einfach nicht zur Erwartungshaltung passt. Viel besser funktioniert es, einzelne Themen leicht verdaulich aufzuarbeiten und den Bericht in einer kleinen Themen-Serie zu kommunizieren.

Die wichtigste Präventionsmaßnahme für eine im Social Web eskalierende Kommunikationskrise ist eine gute Vorbereitung. So kann ein themenbezogenes Monitoring erste Anzeichen frühzeitig erkennen. Entsprechende FAQs für gesellschaftspolitisch relevante Themen stellen eine schnelle Handlungsfähigkeit sicher.

Gerade wegen dieses potenziell negativen Effekts ist es sehr wichtig, dass positive Themen ebenfalls prominent und zielgruppengerecht in den Social-Media-Kanälen platziert werden. Denn wenn man bereits Menschen von positiven Aspekten überzeugen konnte, stehen diese einem Unternehmen im Krisenfall vielleicht zur Seite.

Literatur

Bitkom. (2017). *Online-Kampagnen entscheiden die Bundestagswahl.* https://www.bitkom.org/Presse/Presseinformation/Online-Kampagnen-entscheiden-die-Bundestagswahl.html. Zugegriffen: 11. Apr. 2021.

GuttenPlag Wiki. (o. J.). *GuttenPlag – Kollaborative Plagiatsdokumentation.* https://guttenplag.wikia.org/de/wiki/GuttenPlag_Wiki. Zugegriffen: 11. Apr. 2021.

Hofmann, K. (2019). *Auswirkungen auf Berliner GroKo. Der Rezo-Effekt zeigt Folgen.* https://www.zdf.de/nachrichten/heute/was-die-wahlergebnisse-von-bremen-und-europa-fuer-groko-in-berlin-bedeuten-100.html. Zugegriffen: 11. Apr. 2021.

PR Report. (2019). *Die stärksten NGOs in Social Media.* https://www.prreport.de/singlenews/uid-902845/die-staerksten-ngos-in-social-media/. Zugegriffen: 11. Apr. 2021.

Präkelt, K. (2012). *Neuer Beruf Social Media Manager.* TAZ. https://taz.de/Neuer-Beruf-Social-Media-Manager/!5090988/. Zugegriffen: 11. Apr. 2021.

Storks, S., & Ickstadt, L. (2019). *Twitter-Analyse: Wie nutzen Bundestagsabgeordnete Twitter zur Vernetzung?* Hamburger-Wahlbeobachter.de. http://www.hamburger-wahlbeobachter.de/search/label/twitter. Zugegriffen: 11. Apr. 2021.

Trotz, S. (2010). *Kampagne: Kitkat – Süßes mit bitterem Beigeschmack.* https://www.greenpeace.de/themen/waelder/kampagne-kitkat-suesses-mit-bitterem-beigeschmack. Zugegriffen: 11. Apr. 2021.

Wikipedia. (o. J.). *Cambridge analytica.* https://de.wikipedia.org/wiki/Cambridge_Analytica. Zugegriffen: 11. Apr. 2021.

Weiterführende Literatur

Kaiser, B. (2020). *Die Datendiktatur. Wie Wahlen manipuliert werden.* HarperCollins (mit Fotos, Infografiken und Anmerkungen).

Social Media in der Marketingabteilung

9

Zusammenfassung

Das Kapitel „Social Media in der Marketingabteilung“ bietet einen Überblick über die von Social Media hervorgerufenen Veränderungen in der Marketingarbeit und gibt wertvolle Hinweise zur strategischen Ausrichtung innerhalb der Marketingabteilung. Sie finden in diesem Kapitel außerdem Ansätze zur Erfolgsmessung von Social-Media-Kampagnen sowie für die Nutzung von Social-Media-Monitoring zur Bewertung klassischer Kampagnen.

Alles, was wir tun, ist von Social Media beeinflusst. Das klassische Marketing ist eine der Disziplinen, die von dieser Revolution durch Social Media am meisten beeinflusst ist. Dabei geht es weniger um die Kanäle und technischen Möglichkeiten an sich, sondern um die neue Haltung der Konsument:innen. Kund:innen und Konsument:innen sind heute wesentlich emanzipierter und informierter als früher. Sie lassen sich nicht mehr so einfach beeinflussen, und sie möchten Marken nicht nur präsentiert bekommen, sondern diese erleben und mitgestalten. Das Spiel hat sich nicht verändert. Es geht immer noch darum, die richtige Zielgruppe zum richtigen Zeitpunkt am richtigen Ort anzusprechen. Es geht immer noch darum, Marken aufzubauen. Lediglich die Regeln sind durch Social Media etwas anders.

Die wesentlichen Veränderungen und Trends des Marketings durch den Einfluss von Social Media sind wie in Abb. 9.1 dargestellt.

Vertrauen als neue Basis für Markenwerte

Während es im alten Modell der monologischen Kommunikation noch möglich war, ein klares Markenbild zu schaffen und per sich wiederholenden TV-Spots im Unterbewusstsein der Zielgruppe zu manifestieren, ist das sogenannte „Brand Building“ heutzutage wesentlich komplexer. Die Kommunikation ist kleinteiliger geworden und holt

S. Babka, *Social Media für Führungskräfte*,
https://doi.org/10.1007/978-3-658-34247-0_9

Traditionelles Marketing	Von Social Media beeinflusstes Marketing
Hersteller allein reden über Marken	Alle können über Marken sprechen
Marken entstehen durch Werbung	Marken entstehen durch Empfehlung & Erlebnis
Massenkommunikation	Genaue Zielgruppenausrichtung
Massenprodukte	Individualisierung und Nischenmärkte
Werbung schafft Vertrauen	Weiterempfehlung schafft Vertrauen
Breite Zielgruppen	Spitze Zielgruppen
Beeinflussbare Kunden und Konsumenten	Emanzipierte Kunden und Konsumenten
Kaufprozesse linear (Verkaufstrichter)	Unterschiedliche Berührungspunkte
Erster Berührungspunkt beim Kauf	Erster Berührungspunkt online
Überschaubare Distributionskanäle	Sehr hohe Anzahl an Distributionskanälen
Wenige Mediapartner	Viele Mediapartner
Vergleichbare Mediazahlen	komplizierte Buchungsmethoden und Zahlen
Media gebucht und so durchgezogen	Mediaflight wird kontinuierlich angepasst
Mediaabrechnung über Agentur	Mediaabrechnung direkt und per Kreditkarte
Abgegrenztes Marketing möglich (z.B. regional)	Social Media kennt keine Ländergrenzen
Marketing Allrounder	Fachliche Spezialisten in Unterdisziplinen
Brachenspezialisten	Branchenallrounder
Geregelte Servicezeiten und Kanäle	24/7 und überall
Steuerung weniger Agenturen	Steuerung vieler Agenturen
Kanal bestimmt Inhalt	Inhalt bestimmt Kanal
Preisvergleiche mühsam	Preisvergleiche leicht und überall
AIDA (Attention, Interest, Desire, Action)	ASIDAS (Attention, Search, Interest, Desire, Action, Share)

Abb. 9.1 Traditionelles Marketing vs. Social-Media-Marketing

die Kund:innen wesentlich individueller auf ihrer sogenannten „Customer Journey" ab. Marken sind ein allgemeines Gut, welches öffentlich diskutiert wird. Hersteller:innen sind nicht zwangsläufig alleinige Kommunikator:innen zur Marke und unter Umständen auch nicht die „lautesten". Jeder kann sich zu Marken äußern und seine Wahrnehmung und Interpretation dieser in Social-Media-Kanälen mit der ganzen Welt teilen.

Ein Unternehmen kann seine Produkte noch so professionell bewerben und anpreisen, am Ende entscheidet beispielsweise beim Kauf auf Amazon die Anzahl der Sterne in der Kundenbewertung.

Während früher Werbung Vertrauen in sogenannte Markenprodukte geschaffen hat, wird Vertrauen heutzutage maßgeblich durch Weiterempfehlungen und glaubhafte Produktbefürworter gebildet. Natürlich spielt hierbei auch die Produktkategorie eine bedeutende Rolle. Bei Investitionsgütern wie Autos ist dieser Faktor sicherlich noch einmal höher als bei Konsumgütern. Aber auch Konsumgütergiganten wie Nestlé oder Procter & Gamble richten sich strategisch neu aus. Und der klassische 30-Sekünder im TV wird bereits als Auslaufmodell gehandelt (Campillo-Lundbeck, 2015).

Auch bei der Zielgruppenansprache hat sich einiges geändert. Zielgruppen können in digitalen Medien viel genauer angesprochen werden, als das bei klassischer Werbung der Fall ist. Es geht nicht mehr darum, möglichst viele Leute zu erreichen, sondern darum, genau die richtigen potenziellen Konsument:innen oder Kund:innen anzusprechen, und dies auch mit einer gezielten Ansprache.

Die neue Emanzipation der Kund:innen

In der traditionellen Marketingstrategie gab es einen Anreiz (z. B. durch einen TV-Spot), der beim Kauf zu einem ersten Berührungspunkt mit dem Produkt führte und anschließend zur Stunde der Wahrheit bei der ersten Verwendung des Produktes führte. Marketingverantwortliche sprachen dabei von „Stimulus" – „First" und „Second Moment of Truth". Der Kaufentscheidungsprozess konnte dargestellt werden als Verkaufstrichter, der jedem Kauf vorausgeht. Dieses lineare Bild hat sich mit dem Einfluss von Social Media verändert.

Durch Social Media hat sich nun zum einen ein „Zero Moment of Truth" eingeschlichen (s. Abb. 9.2) (Google, 2012). Dieser Moment findet noch vor den genannten Handlungen des Kaufs und des Produkterlebens statt und beschreibt die Online-Recherche nach einem Produkt. Da dies oft mithilfe einer Suchmaschine geschieht,

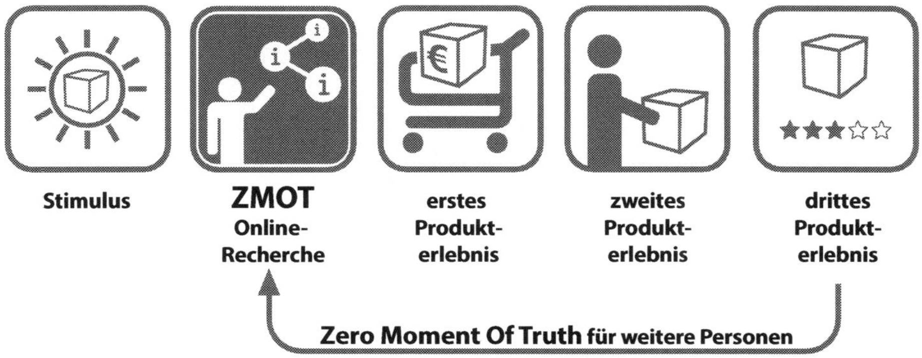

Abb. 9.2 Der Zero Moment of Truth angelehnt an Google

vermarktet Google diesen Ansatz gerne für sich. Zum anderen gibt es nach dem Produkterlebnis noch einen dritten „Moment of Truth“, nämlich die Entscheidung, ob das Produkt es wert ist, online bewertet zu werden, und falls ja, wie es zu bewerten ist. Diese beiden zusätzlichen Momente spiegeln sich auch in der Erweiterung des traditionellen AIDA-Modells auf das ASIDAS-Modell wider (Kreutzer & Land, 2013).

Von **Attention → Interest → Desire → Action**
zu **Attention → Search → Interest → Desire → Action → Share.**

Aus dem linearen Verkaufstrichter ist eine Art Flipperspiel geworden. Die Entscheidung für einen Kauf oder einen Wiederkauf verfolgt dadurch kein lineares Muster mehr, bevor eine Entscheidung getroffen wird. Dadurch sind die Kund:innen wesentlich emanzipierter und informierter als noch vor ein paar Jahren. Das betrifft sowohl Impulskäufe als auch größere Anschaffungen oder Dienstleistungen wie Hotelbuchungen. Insbesondere das Vergleichen von Preisen ist einfacher geworden. Kund:innen vergleichen Preise nicht nur beim Onlinekauf, sondern auch direkt im Laden auf ihrem Smartphone.

Ein höheres Maß an Komplexität erfordert eine entsprechende Struktur
Als ich von der Automobilbranche in die Konsumgüterbranche wechselte, war es für mich zunächst überraschend, wie generalistisch die Marketingverantwortlichen in dieser Branche aufgestellt sind. Aufgrund der hohen technischen Detailtiefe ist ein Produktmanager bei einem Automobilhersteller tatsächlich nur für das Produkt verantwortlich, während ein Produktmanager im Konsumgüterbereich neben den Produkteigenschaften alle Bereiche von TV-Spot bis zum Verpackungsdesign verantwortet. Bei einem Automobilhersteller gibt es für alle Kommunikationsdisziplinen Fachleute. So gibt es Fachleute für TV-Spots, einen Spezialbereich für Printprodukte, einen Bereich für Mobile Marketing und z. B. auch einen Bereich für Social Media. Derartige Kompetenzzentren verfügen natürlich über ein wesentlich fundierteres Fachwissen in den jeweiligen Bereichen als Allround-Produktmanager. Gerade im Bereich Social Media ist dies aufgrund der sehr geringen Halbwertszeit des Wissens ein enormer Vorteil. Die Dinge verändern sich so schnell, dass es schwer ist, den Überblick zu behalten. Wer Social Media dann nicht als Hauptbestandteil seiner Tätigkeit verantwortet, ist schnell überfordert. Der Trend geht aber in vielen Branchen mittlerweile zu solchen internen Expertenteams, denn anders ist die Herausforderung kaum noch zu bewältigen.

9.1 Das Social-Media-Mediamodell

Die Komplexität von Social-Media-Marketing entsteht durch die Schnelllebigkeit der technischen und rechtlichen Möglichkeiten in Social Media, aber auch durch die zahlreichen neuen Mediapartner:innen, die alle mit unterschiedlichen Mechanismen arbeiten und abrechnen. Es ist ein offenes Geheimnis, dass Online-Vermarkter absichtlich zu ihrem Vorteil nach unterschiedlichen Kriterien messen. Es gibt derzeit noch keinen übergeordneten Standard für Mediakennzahlen im Online- und Social-Media-Bereich.

Auch die Abrechnungssysteme unterscheiden sich maßgeblich. Der Branchenverband OWM (Organisation Werbungtreibende im Markenverband), der die werbetreibenden Unternehmen in Deutschland vertritt, kämpft seit Jahren für eine Vereinheitlichung der Kennzahlen. Ein weiteres Problem, das der OWM bekämpft, ist das Thema Ad Fraud. Dabei handelt es sich um Abrechnungsbetrug im Zusammenhang mit Onlinekampagnen. Ein Video auf der Webseite des OWM veranschaulicht die Problematik (OWM, 2020).

Auch die Abrechnungsmodelle unterscheiden sich stark. Manche Anbieter:innen akzeptieren beispielsweise ausschließlich Kreditkartenzahlungen, was in größeren Unternehmen zu Abrechnungsschwierigkeiten führt. Als Notlösung werden Mediabuchungen dann als Reisekosten abgerechnet. Auch klassische Agenturen scheitern oftmals an dem Detailgrad, sodass immer mehr Spezialagenturen eingebunden werden. Diese neuen Agenturkonstellationen erfordern seitens der Kund:innen einen höheren Koordinationsaufwand. Marketingverantwortliche sind daher gezwungen, sich selbst sehr intensiv mit der Materie zu befassen und die Zahlen und Angebote im Detail zu vergleichen. Nur so entsteht ein strategisches Bild.

POEM Ein neues Modell in der Marketingstrategie ist das Konzept POEM (Kreutzer, 2014) (s. Abb. 9.3). Die Social-Media-Medientypen werden unterschieden in „Paid“,

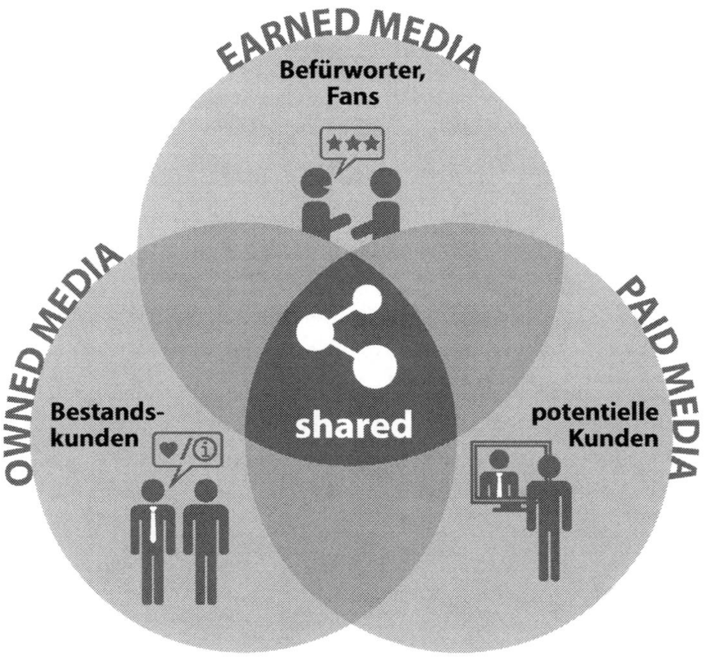

Abb. 9.3 Paid-Owned-Earned-Mediamodell

„Owned“ und „Earned Media“. „Paid Media“ sind bezahlte Medienformen wie auf Social-Media-Plattformen ausgespielte Werbeanzeigen. Mit „Owned Media“ sind die eigenen Social-Media-Kanäle wie ein Unternehmensblog oder eine Facebook-Seite einer Marke gemeint. Und „Earned Media“ sind die Inhalte, die durch Markenbotschafter verbreitet werden. Die Namen sind etwas irreführend, denn auch für Owned und Earned Media entstehen Kosten. Aus meiner Erfahrung ist die bei weitem teuerste Social-Media-Form das Betreiben einer eigenen Plattform, also Owned Media. Im Gegenzug bieten eigene Kanäle dann jedoch eine geeignete Plattform für bezahlte (Paid) und verdiente (Earned) Inhalte.

Inhalte bestimmen den Kanal, und nicht der Kanal den Inhalt
Content-Marketing, Storytelling, Branded Entertainment ... Es gibt viele Ansätze und Beschreibungen, wie Inhalte gestaltet sein müssen, um auf Social-Media-Kanälen erfolgreich zu sein. Einen TV-Spot auf YouTube zu stellen, wird in den seltensten Fällen viralen Erfolg bringen. Grundsätzlich kann man sagen, dass Inhalte in Social-Media-Kanälen besonders gut aufgenommen werden, wenn sie optimal zum Nutzerverhalten im Kanal passen. Daher ist die aktuelle Tendenz bei der Erstellung der Inhalte nicht mehr, zuerst den Kanal festzulegen und dann den Inhalt. Stattdessen soll erst die Geschichte ausgearbeitet werden, die transportiert werden soll. Daran kann entschieden werden, in welcher Umsetzung und auf welchem Kanal diese am besten funktionieren. Abb. 9.4 zeigt den Entscheidungsweg in einem Inhaltszirkel – angelehnt an den „Content Circle 2.0“ von Mirko Lange (Lange, o. J.).

9.2 Erfolgsmessung in Social Media

Sehr viel komplexer ist mit der Berücksichtigung von Social Media auch die gesamte Kampagnensteuerung. Denn es wird nicht mehr einfach eine Mediabuchung vorgenommen und erst einmal über einen längeren Zeitraum durchgezogen, sondern die Mediaplatzierung ist wesentlich flexibler und wird während der Kampagne teilweise täglich oder stündlich optimiert und verändert. Der Erfolg einer Social-Media-Kampagne hängt maßgeblich von den richtigen Entscheidungen im Kampagnenverlauf ab. Diese sind sehr kleinteilig, müssen aber trotzdem strategisch gut ausgewogen sein, weshalb diese Kampagnensteuerung auf keinen Fall in unerfahrene Hände gegeben werden sollte. Diese Aufgabe Praktikanten oder Trainees zu übergeben, ist daher nicht ratsam. Falsch durchgeführte Social-Media-Aktivitäten bringen keinen Erfolg und verbrennen Geld. Die Thematik ist leider derart schnelllebig und komplex, dass es kaum möglich ist, sich „nebenbei“ richtig damit zu beschäftigen.

Das ist auch der Grund, warum der ROI von Social Media so leidenschaftlich diskutiert wird. Die einen reden vom ROI als Return on Investment und stellen diesen im Zusammenhang mit Social Media infrage. Das ist natürlich die einfachste Art der Rechtfertigung,

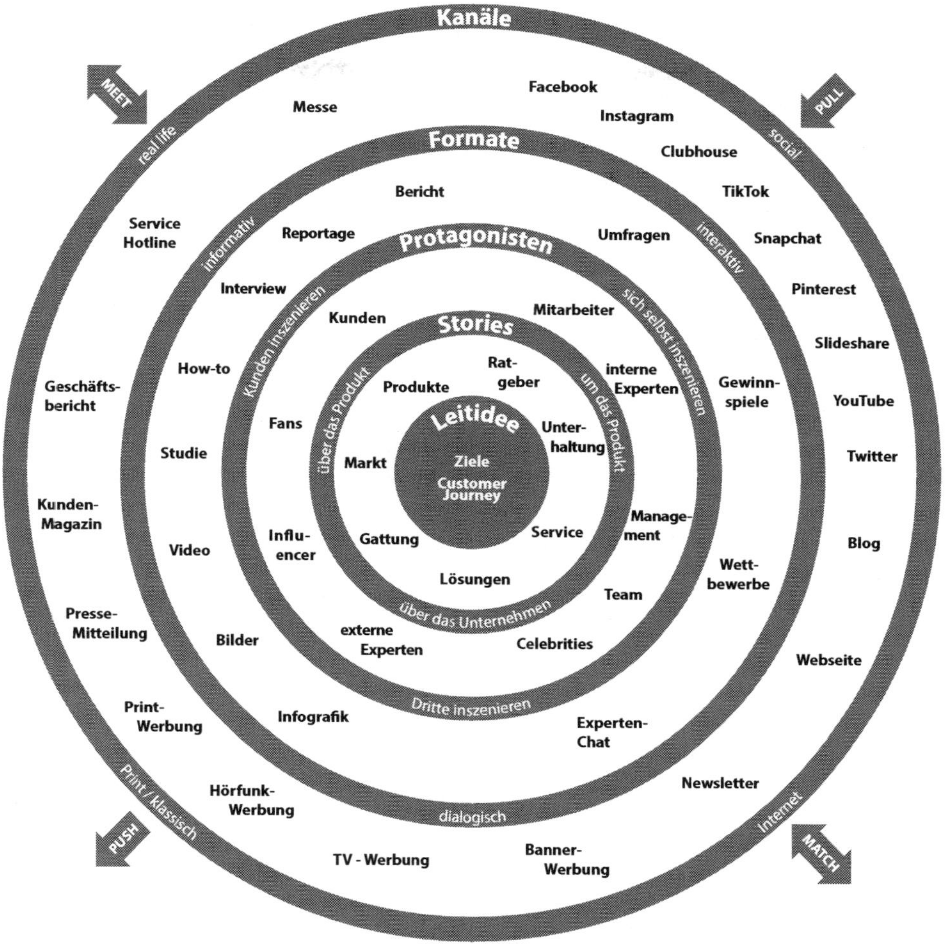

Abb. 9.4 Content Circle 2.0 vereinfacht nach Talkabout

wenn man sich damit nicht ausreichend auskennt. Es versteht sich von selbst, dass man keine Aktivitäten durchführen sollte, die keinen Erfolg bringen. Die anderen sprechen vom ROI als „Risk of Ignoration" und warnen davor, den Anschluss zu verpassen, wenn man Social Media nicht genug Beachtung schenkt. Eine Social-Media-Präsenz gilt teilweise schon als Hygienefaktor. Etwas, das man hat, egal ob es sich lohnt oder nicht. Aber nicht jede Marke muss in jedem Kanal vertreten sein. Das Resultat einer Social-Media-Strategie kann beispielsweise auch sein, keine Facebook-Fanpage zu erstellen. In manchen Fällen ist ein eigener Dialogkanal einfach nicht zielführend, auch wenn das bedeutet, dass sich dann der Dialog an anderer Stelle im Netz unkontrolliert bilden kann.

Eine Mediabuchung bei Facebook kann aber tatsächlich einen höheren ROI als alle anderen Mediakanäle haben. Ich selbst war in meiner Zeit bei Nestlé an einer Studie beteiligt, bei der wir zusammen mit Facebook und dem Marktforschungsinstitut GfK eine Cross-Media-Kampagne der Marke Maggi auf den ROI der einzelnen Kanäle untersucht haben. Die bezahlte Werbung auf Facebook hatte **einen 2,5-fach höheren ROI als TV.** Außerdem stellte sich heraus, dass **19 % der von der Kampagne ausgelösten Umsätze von Facebook stammten, obwohl nur 8 % der gesamten Kampagnenausgaben in diesen Kanal investiert wurden** (Facebook, o. J. a). Dieses Beispiel eines positiven ROI ist kein Einzelfall. Bei einer Kampagne von Vodafone Deutschland kam bei einer ähnlichen **Studie sogar ein 6,65-facher ROAS** (Return on Ad Spend) auf Facebook heraus (Facebook, o. J. b). Coca-Cola erreichte bei einer Kampagne in Großbritannien einen **ROI von 2,74 € pro 1 € Investition auf Facebook** (Facebook, o. J. c). **Cisco** hat nach eigenen Angaben bei einer Produkteinführung **durch den Einsatz von Social Media 100.000 € eingespart** (Fisher, 2011). In Branchen mit E-Commerce lässt sich der ROI besonders gut errechnen. In **einer Case Study für das Hotel Princess Andriana** auf Rhodos wurde der durch Social Media generierte **finanzielle ROI mit 656,11 %** berechnet (Buhalis & Mamalakis, 2015).

Reine Mediabuchungen können in Social Media also einen sehr guten ROI bringen. Eine weitere Kennzahl, die immer mehr Bedeutung erhält, ist der **Influencer Media Value.** Laut einer Schätzung von Mediakix.com beträgt im Jahr **2020 der Markt der Influencer-Werbung zwischen 5 und 10 Mrd. US$** (Mediakix.com, 2020). Die in den USA ansässige Beratung für Influencer-Marketing hat in einer Studie aus dem Jahr 2019 außerdem herausgefunden, dass Instagram mit Abstand der wichtigste Kanal in der Influencer Branche ist. 89 % der Werbebetreibenden gaben an, dass Instagram eine wichtige Rolle in ihrer Influencer-Marketingstrategie spielt. **Als die drei effektivsten Content-Formate wurden Instagram-Posts (78 %), Instagram-Stories (73 %) und YouTube-Videos (56 %) genannt** (Mediakix.com, 2019). TikTok gewinnt in diesem Markt ebenfalls an Bedeutung.

In Deutschland zieht laut einer BVDW-Studie aus 2018 die Mehrheit der Unternehmen Nischen-Influencer den großen Social-Media-Stars vor (BVDW, 2018). Die Bedeutung von Influencern ist im Jahr 2020 so hoch, dass bei einer Befragung von über tausend repräsentativ ausgewählten Deutschen durch den Bundesverband Digitale Wirtschaft (BVDW) e. V. **mehr als jeder fünfte Deutsche (21,6 %) angibt, schon einmal ein Produkt gekauft zu haben, weil er es zuvor bei einem Influencer gesehen hat** (BVDW, 2020).

Was aber auf jeden Fall sehr genau betrachtet und geprüft werden sollte, ist der Aufwand, der entsteht, um einen Social-Media-Kanal selbst zu betreiben. Da es sich hierbei um einen Dialogkanal handelt, müssen sehr viele Ressourcen eingerechnet werden. Der Grund ist, dass bei einem Dialogkanal ein hohes Maß an interner Koordination betrieben werden muss. Um die richtigen Experten zu involvieren, sollten diese internen Ressourcen vorab informiert und deren Verfügbarkeit sichergestellt werden. Je erfolgreicher eine Dialogkampagne im Social Web ist, desto teurer wird sie in

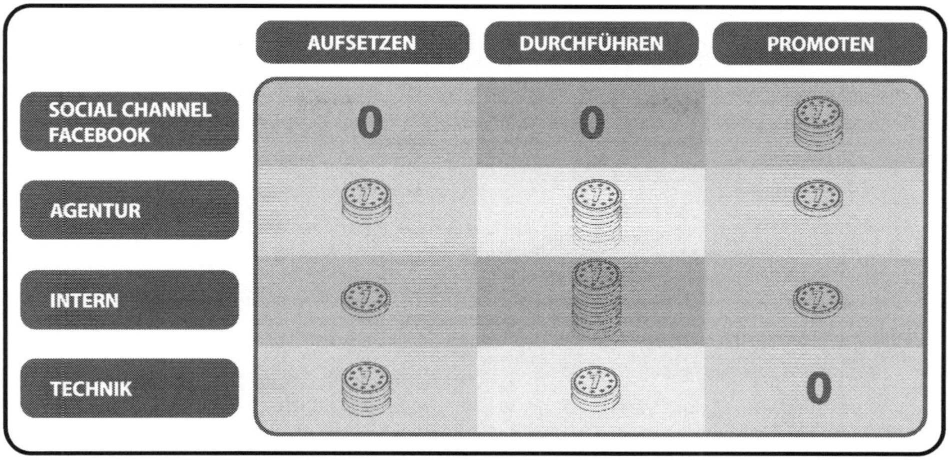

Abb. 9.5 Kosten von Social-Media-Aktivitäten

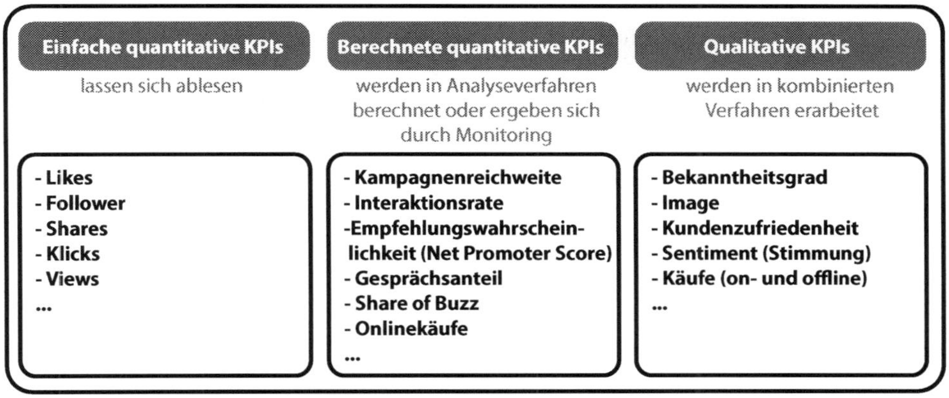

Abb. 9.6 Social-Media-KPIs

Bezug auf interne Ressourcen (s. Abb. 9.5). Denn mehr Interaktion bedeutet automatisch mehr Fragen. Diese können über die für die Aktivität vorbereiteten Standardfragen hinausgehen. Außerdem gilt es zu beachten, dass viele Social-Media-Kanäle sich zu sogenannten „Pay-to-play-Kanälen" entwickelt haben, d. h., Inhalte werden von den Abonnenten fast nur dann gesehen, wenn diese mit Mediabudget sichtbar gemacht werden.

Social-Media-Aktivitäten lassen sich mit zahlreichen Erfolgsfaktoren (KPIs – Key Performance Indicators) messen. Diese lassen sich grob in drei Kategorien unterteilen (s. Abb. 9.6).

1. **Einfache quantitative KPIs**
2. **Berechnete quantitative KPIs**
3. **Qualitative KPIs**

Die einfachen **quantitativen KPIs** werden von den Social-Media-Plattformen zur Verfügung gestellt und sind öffentlich oder im Administratorenbereich bzw. durch Tools ablesbar. Hierbei ist zu beachten, dass einige dieser KPIs absichtlich von den Betreibern so gewählt sind, dass sie insbesondere durch kostenpflichtige Mediabuchungen erhöht werden können. Das ist z. B. bei der Anzahl der Fans (Likes) einer Facebook-Seite der Fall. Diese Kennzahl wird gerne verglichen, ist aber für die Reichweite einer Facebook-Seite nicht ausschlaggebend, da nur ein Bruchteil der Fans einer Facebook-Seite einen ausgespielten Beitrag überhaupt sehen, wenn dieser nicht mit Mediabuchungen unterstützt wird. Das liegt daran, dass der Algorithmus von Facebook diese Beiträge automatisch herausfiltert. Schließlich sollen die Nutzer:innen nur die relevantesten Inhalte angezeigt bekommen (Kap. 2).

Aus diesem Grund ist es vernünftig, auch **verschiedene quantitative KPIs in Kombination** zu betrachten und eigene angepasste KPIs zu erheben, um beispielsweise eine Interaktionsrate zu berechnen.

Ein allgemeingültiges Set an KPIs für Social Media gibt es nicht. Man kann nicht pauschal sagen, eine Kampagne war erfolgreich, wenn x% mehr Likes oder y Kommentare erfolgt sind. Es kommt immer auf die übergeordnete Zielsetzung an. Orientieren Sie Ihre Ziele daher immer an den Marketingzielen. Wenn es Ihr Ziel ist, eine Marke bekannt zu machen, sollten in Ihrem KPI-Set Werte wie Reichweite, Gesprächsanteil oder Interaktionsrate vorkommen. Wenn Sie eine Preiserhöhung kommunikativ begleiten möchten, sind vielleicht dialogorientierte KPIs wie Kommentare wichtiger. Wenn Sie über bestehende Kund:innen neue Käuferschichten ansprechen möchten, sind die Anzahl der Empfehlungen bzw. die Bewertungen an sich relevant. Wenn das übergeordnete Ziel ein höherer Absatz ist, können KPIs eingegebene Rabattcodes oder abgeschlossene Onlinebestellungen sein. Wenn das Ziel Kosteneinsparungen im Call Center ist, könnte ein KPI die Anzahl an gelösten öffentlichen Kundenanfragen in Social Media und die dazugehörige Interaktion von Kund:innen, die das gleiche Problem hatten, sein.

Social Media sollte auch für die Erfolgsmessung klassischer Marketingaktivitäten einkalkuliert werden. Zum Beispiel könnte eine Kampagne damit bewertet werden, wie viel über sie gesprochen wird – wie viel „Social Buzz" die Kampagne generiert hat. Das kann detailliert bis hin zur einzelnen Ausstrahlung eines TV-Spots evaluiert werden.

Neben der Erfolgsmessung können dabei auch Kundenreaktionen betrachtet werden. In meiner Zeit bei Nestlé hatte ich z. B. bei Maggi den Fall, dass es in Social Media Reaktionen wegen einer Mediaplatzierung des TV-Spots für die Maggi-Pilzpfanne gab. Das lag daran, dass dieser TV-Spot direkt im Anschluss an eine Werbung für ein Produkt zur Behandlung von Fußpilz ausgestrahlt wurde.

9.3 In sieben Schritten für Social Media rüsten

Es ist unglaublich schwierig, vieles, was man einmal über Marken und Marketing gelernt und jahrelang praktiziert hat, auf einmal komplett zu überdenken. Ich habe die Erfahrung gemacht, dass folgende Schritte eine Adaption an Social Media wesentlich erleichtern:

1. **Sorgen Sie für Expertise in der Führung.**
   Um auf die neuen Gegebenheiten zu reagieren, reicht es nicht, digitale Vordenker und Social-Media-Experten im Team zu haben. Es ist vor allem wichtig, dass die Führung mit einer Expertise in diesem Bereich erfolgt. Strategische Entscheidungen hängen in hohem Maße von der richtigen Einschätzung der Situation ab. Wählen Sie daher Marketing-Führungskräfte mit digitalem Know-how oder bauen Sie dieses gezielt auf. Reverse Mentoring kann beispielsweise dabei helfen, in Bezug auf die neusten Trends auf dem Laufenden zu bleiben. Begleiten Sie den Aufbau von Expertise im Unternehmen mit einem Veränderungsprozess.
2. **Überprüfen Sie, ob die Struktur Ihrer Marketingabteilung noch zeitgemäß ist.**
   Stellen Sie sich die Frage, ob die aktuelle Aufstellung Ihrer Marketingabteilung flexibel genug ist, um auf neue Gegebenheiten einzugehen. Ist es unter Umständen angebracht, Expertenteams einzurichten, um das gestiegene Maß an Komplexität zu bewältigen? Welche Aktivitäten können gut gebündelt werden? Was sollte im Unternehmen bleiben und welche Bereiche können ausgelagert werden? Ist es beispielsweise sinnvoll, alle Dialogkanäle im Kundenservice zu bündeln? Stellen Sie durch zentrale Inhalte die rechtliche Unbedenklichkeit sicher (z. B. zentrales Impressum, datenschutzkonformes Gewinnspielformular etc.).
3. **Ermöglichen Sie eine Kultur des kontinuierlichen Lernens.**
   Setzen Sie Anreize, die es den Marketingmitarbeitern ermöglichen, in der schnelllebigen Social-Media-Welt am Ball zu bleiben. Ermöglichen Sie Messe- und Kongressbesuche, fördern Sie einen internen Austausch z. B. bei „Lunch and Learn"-Veranstaltungen oder „After Work Sessions" zu bestimmten Social-Media-Themen. Nutzen Sie auch intern Social-Media-Mechanismen, um Wissen zu teilen und in diesem Thema weitere Expertise aufzubauen. Was war erfolgreich und was nicht? Oftmals gibt es im Unternehmen mehr Wissen und Erfahrungswerte zu Social Media, als zunächst gedacht.
4. **Beachten Sie bei allen Kommunikationsmaßnahmen die Grundprinzipien der Social-Media-Kommunikation.**
   Social-Media-Marketing funktioniert am besten, wenn es authentisch und nicht beschönigend ist. Social-Media-Inhalte werden nur dann angenommen, wenn sie relevant sind. Dialogkanäle erfordern ständige Aufmerksamkeit. Vermeiden Sie daher temporäre Kampagnenkanäle oder weisen Sie diese ausdrücklich als solche aus. Sonst ist die Enttäuschung groß, wenn die Tür, die dort geöffnet wurde, wieder geschlossen wird.

5. **Orientieren Sie Ihre Social-Media-Erfolgsfaktoren (KPIs) an den übergeordneten Marketingzielen.**
   Definieren Sie ein für Ihr Unternehmen geeignetes KPI-Set und vergleichen Sie einzelne Aktivitäten miteinander. Einen sehr guten Überblick und auch vertiefende Informationen über geeignete KPI-Sets und Tools finden Sie z. B. im Buch „Der Social Media Manager" von Vivian Pein (2020, S. 137 ff.).
6. **Integrieren Sie Ihre Serviceabteilung (Kundendienst oder Verbraucherservice) in jegliche dialogbezogene Aktivitäten.**
   Um eventuell auftretende Kundenfragen und Anforderungen bearbeiten zu können, ist eine enge Verzahnung der Social-Media-Aktivitäten mit diesem Bereich von Vorteil. Nur so kann eine Weiterverarbeitung derartiger Anfragen gewährleistet werden.
7. **Überprüfen Sie Ihre 4 Ps im Hinblick auf Social Media (vgl. Abb. 9.7).**

Wie wird die Produktpolitik durch Social Media beeinflusst?

- Produktvariationen. Gibt es eine sinnvolle Social-Media-Erweiterung der Funktionalität (z. B. WLAN zum Posten von Fotos in Social-Media-Kanälen bei einer Fotokamera oder Sitzplatzauswahl im Flugzeug nach Übereinstimmung der Interessen der LinkedIn-Daten)?
- Produktinnovation. Gibt es in Social Media Hinweise auf unbefriedigte Kundenwünsche (z. B. eine Biovariante bei einer Schokolade)?
- Produktdifferenzierung. Wie wird Ihr Produkt im Vergleich zu Konkurrenzprodukten bewertet (z. B. bei Barcoo oder Ciao.de)?
- Produktservice. Wie kann Social Media helfen, Kosten im Service einzusparen?
- Produkteliminierung. Wie kann ein Social-Media-Monitoring eingesetzt werden, um den Markt zu beobachten und die Entscheidungsfindung zu einer Produkteliminierung zu unterstützen?
- Was wird über das Produkt in den sozialen Medien gesprochen?
- Wie sind die Produktbewertungen des Produkts im Social Web?
- Werden die Social-Media Nutzer:innen in die Produktentwicklung eingebunden (Co-Creation)?
- Schadet die in den sozialen Netzwerken angestrebte Transparenz dem Produkt?

Wie wird die Distributionspolitik durch Social Media beeinflusst?

- Wie werden Ihre Produkte an unterschiedlichen Orten angeboten? (Erscheint an dieser Stelle eine Produktbewertung?)
- Wie kann eine Social-Media-Analyse dabei helfen herauszufinden, wo Ihre Käufer sind?
- Wie können Sie Social Media nutzen, um in den entsprechenden Distributionskanälen Anreizsysteme zu schaffen (z. B. Rabattcodes)?

Abb. 9.7 Social Media in den 4 Ps

- Ist das Produkt an allen Distributionspunkten adäquat vertreten?
- Kann man in einer Social-Media-Analyse Hinweise auf Kaufhemmnisse in bestimmten Kanälen finden? (Gibt es z. B. Kommentare dazu, dass eine Produktbeschreibung unzureichend ist?)
- Gibt es in Social Media Hinweise auf sogenanntes „ROPO"-Verhalten (Research Online – Purchase Offline)?
- Wie kann der Vertrieb von Social-Media Mechanismen-profitieren?
- Können Social-Media-Kanäle (z. B. ein Facebook-Shop) als Distributionskanal dienen?

Wie wird die Kommunikationspolitik durch Social Media beeinflusst?

- Wie kann Massenkommunikation durch Social Media unterstützt bzw. ergänzt werden (z. B. synchrone Schaltung von TV-Spots und Facebook-Werbung)?
- Wie können Sie durch Social Media zielgerichteter auf Ihre Zielgruppen zugehen?
- Welche Zielgruppen lassen sich in der Social-Media-Analyse herauslesen?
- Wann sind die Zielgruppen besonders aufnahmefähig?
- Wie können Sie Produkttests nutzen, um Markenbotschafter aufzubauen?
- Welche Form von Dialog ist im Zusammenhang mit dem Produkt sinnvoll?
- Wie können durch Social Media Markenerlebnisse entstehen?
- Gibt es Influencer, die zu dem Produkt passen?

Wie wird die Preispolitik durch Social Media beeinflusst?

- Wie wird der Preis Ihrer Produkte mit denen der Wettbewerber in Social Media verglichen (z. B. Preisvergleich in Barcoo-App)?
- Ist es ggf. empfehlenswert, die Preise und Angebote stärker an Zielgruppen und Zahlungsfähigkeit zu orientieren (z. B. Social-Commerce-Daten als Basis)?
- Kommen durch Social Media neue Herausforderungen auf Sie zu, die Kosten treiben (z. B. höhere Einkaufspreise durch Anspruch auf nachhaltige Zulieferprodukte)?
- Sind Rabattkampagnen in den sozialen MediensSinnvoll (z. B. zum Black Friday)?

Merke
Der Einfluss von Social Media verändert den Marketing-Mix so maßgeblich, dass nicht nur ein Umdenken, sondern teilweise auch ein Umstrukturieren in der Marketingabteilung erforderlich ist, um den Herausforderungen gewachsen zu sein.

Literatur

Buhalis, D., & Mamalakis. E. (2015). *Social media return on investment and performance evaluation in the hotel industry context.* https://www.researchgate.net/profile/Dimitrios_Buhalis/publication/272576626_Social_Media_Return_on_Investment_and_Performance_Evaluation_in_the_Hotel_Industry_Context/links/54e9d4b80cf27a6de11107a6.pdf. Zugegriffen: 3. Mai 2021.

BVDW. (2018). Influencer Marketing: Mehrheit der Unternehmen zieht Nischen-Influencer den großen Social-Media-Stars vor/Budgets steigen 2019. https://www.bvdw.org/der-bvdw/news/

detail/artikel/influencer-marketing-mehrheit-der-unternehmen-zieht-nischen-influencer-den-grossen-social-media-star/. Zugegriffen: 2. Mai 2021.

BVDW. (2020). *Mehr als jeder Fünfte: Verkäufe durch Influencer Marketing nehmen laut BVDW-Studie 2020 nochmal zu.* https://www.bvdw.org/presse/detail/artikel/mehr-als-jeder-fuenfte-verkaeufe-durch-influencer-marketing-nehmen-laut-bvdw-studie-2020-nochmal-zu/. Zugegriffen: 2. Mai 2021.

Campillo-Lundbeck, S. (2015). *„Der 30-Sekünder wird in den nächsten 15 Jahren zum Auslaufmodell".* http://www.horizont.net/marketing/nachrichten/PG-Marketingkuerzungen-Der-30-Sekuender-wird-in-den-naechsten-15-Jahren-zum-Auslaufmodell-134363. Zugegriffen: 3. Mai 2021.

Facebook. (o. J. a). *Maggi.* https://www.facebook.com/business/success/maggi. Zugegriffen: 3. Mai 2021.

Facebook. (o. J. b). *Vodafone Deutschland.* https://www.facebook.com/business/success/vodafone-deutschland. Zugegriffen: 3. Mai 2021.

Facebook. (o. J. c). *Coca-Cola.* https://www.facebook.com/business/success/cocacola. Zugegriffen: 3. Mai 2021.

Fisher, L. (2011). *The ROI of social media: 10 case studies the next web.* https://thenextweb.com/socialmedia/2011/07/16/the-roi-of-social-media-10-case-studies/. Zugegriffen: 10. Okt. 2020.

Google. (2012). *ZMOT ways to win shoppers at the zero moment of truth handbook.* https://www.thinkwithgoogle.com/research-studies/2012-zmot-handbook.html. Zugegriffen: 3. Mai 2021.

Kreutzer, R. T., & Land, K.-H. (2013). *Digitaler Darwinismus.* Springer Gabler.

Kreutzer, R. T. (2014). *Praxisorientiertes online-marketing.* Springer Gabler.

Lange. (o. J.) *Von Social Media zu Content Marketing.* https://scompler.com/von-social-media-zu-content-marketing-wir-muessen-aufhoeren-vom-kanal-her-zu-denken/. Zugegriffen: 10. Okt. 2020.

Mediakix.com. (2019). *Influencer marketing 2019: Key statistics from our influencer marketing survey.* https://mediakix.com/influencer-marketing-resources/influencer-marketing-industry-statistics-survey-benchmarks. Zugegriffen: 2. Mai 2021.

Mediakix.com. (2020). *The influencer marketing trends to know for 2021.* https://mediakix.com/influencer-marketing-resources/influencer-marketing-trends/. Zugegriffen: 2. Mai 2021.

OWM. (2020). *Ad Fraud. Die OWM kämpft für Transparenz & klare Standards bei den Messverfahren des Werbemarktes.* https://www.youtube.com/watch?v=aIzr6ejDo5A. Zugegriffen: 10. Okt. 2020.

Pein, V. (2020). *Der social media manager.* Rheinwerk Computing.

Weiterführende Literatur und Links

Wenn Sie sich gerne vertiefend mit dem Thema Social Media und Marketing beschäftigen möchten, kann ich Ihnen aus der Vielzahl von Angeboten folgende weiterführende Literatur und Links empfehlen:

Kreutzer, R. T., & Land, K.-H. (2016). *Digitaler Darwinismus* (2. Aufl.). Springer Gabler.

Kreutzer, R. T. (2021). *Praxisorientiertes online-marketing* (4. Aufl.). Springer Gabler.

Pein, V. (2020). *Der social media manager.* Rheinwerk.

Decker, A. (2020). *Der Social Media Zyklus.* Springer Gabler.

http://mashable.com/social-media/.

http://www.thomashutter.com/.

http://t3n.de/.

Social Media und Kund:innen 10

Wer auf andere Leute wirken will, der muss erst einmal in ihrer Sprache mit ihnen reden. – Kurt Tucholsky

Zusammenfassung

Dieses Kapitel beschreibt die neue Emanzipation von Kund:innen, die maßgeblich durch Social Media getrieben bzw. überhaupt erst ermöglicht wurde. Es werden verschiedene Formen der strategischen Einbindung des Service in bestehende Social-Media-Aktivitäten diskutiert und die Besonderheiten von Social Service und Social CRM vorgestellt.

Kund:innen und Verbraucher:innen fordern durch den Einfluss von Social Media ein weitaus höheres Maß an Service. Während man früher von **Customer-Relationship-Management** (CRM, Kundenbeziehungsmanagement) sprach und damit die Verwaltung von Kundendaten und das Beziehungsmanagement mit diesen meinte, ist heute von **Customer-Managed Relationship** (CMR) die Rede. Die Kund:innen und Konsument:innen bestimmen selbst, wie und wo sie in Kontakt treten möchten. Sie erwarten zu jeder Zeit an jedem Ort, eine Frage zu posten zu können und eine Antwort zu erhalten.

Die Kund:innen von heute erwarten auch, dass ihre Hinweise zu Bedienschwächen von Produkten in Social-Media-Kanälen ernst genommen werden. Daher ist neben der reinen Beantwortung von Fragen auch eine echte Interaktion gefragt, um im Sinne der ganzheitlichen Kundenorientierung die erlangten Informationen auch in das Unternehmen hineinzutragen und nutzbar zu machen.

Social Media werden oft als Eskalationskanäle genutzt. Kund:innen, die vielleicht bei einem anderen Servicekanal unzufrieden waren, weil sie beispielsweise bei der Telefonhotline lange in der Warteschleife hingen oder im Kontakt mit dem Händler oder

S. Babka, *Social Media für Führungskräfte*,
https://doi.org/10.1007/978-3-658-34247-0_10

der Händlerin keine Hilfestellung erhalten haben, nutzen Social Media als Möglichkeit der Eskalation. Da auf Social-Media-Kanälen jegliche Interaktion publikumswirksam ist, sollte eine Reaktion des Unternehmens in dieser Umgebung umso besser und professioneller erfolgen. Daher ist es erstrebenswert, im Bereich Social-Media-Service gut aufgestellt zu sein.

Social Media und Service
Social-Media-Kundenkontakte und -Servicekanäle können in folgende Kategorien unterteilt werden (s. auch Abb. 10.1):

1. Kund:innen helfen Kund:innen
2. Service in bestehende Social-Media-Aktivitäten integriert
3. Eigener reaktiver Service Kanal
4. Eigener proaktiver Service Kanal

In den Branchen, in denen ich gearbeitet habe, gibt es sehr unterschiedliche Modelle des Kundenservice, daher folgt in den nächsten Abschnitten ein kurzer Überblick.

10.1 Der Kunde im Fokus: Customer-Experience-Management in der Automobilindustrie

In der Automobilbranche nennt sich der Bereich, der sich mit Bestandskund:innen beschäftigt, klassischerweise „Aftersales". Dieses „Verkaufsfolge-Management", wie man es auf Deutsch nennen würde, bezeichnet sämtliche Maßnahmen, die nach dem Kauf ergriffen werden, um Kund:innen an das Produkt und die Marke zu binden. Es geht z. B. darum, Kund:innen in der Markenwerkstatt weiter betreuen zu können, Originalteile und Zubehör zu verkaufen und im Idealfall nach Ablauf des Produktzyklus wieder ein Folgefahrzeug zu verkaufen.

Abb. 10.1 Kund:innen und Servicekanäle

Es gibt enge Verzahnungen zwischen Aftersales und Marketing, und es wird aus einer gemeinsamen Kundendatenbank geschöpft, in der Bestandskund:innen und potenzielle Neukund:innen aufgeführt und nach Kaufwahrscheinlichkeit in unterschiedliche Kategorien unterteilt werden.

In einem solchen Umfeld, in dem man seine Kund:innen abgesehen vom Gebrauchtwagenmarkt zu großen Teilen namentlich kennt und in der Datenbank hat, ist es natürlich sehr interessant, diese Kundendaten mit den Social-Media-Informationen zu verzahnen, um den Kund:innen einen besseren Service zu bieten. Neben Aspekten wie Wiederkaufwahrscheinlichkeit oder Stadium im Produktlebenszyklus können dann auch Weiterempfehlungswahrscheinlichkeit und Grad des Social-Media-Einflusses (Net Promotor Score) der Kund:innen und Interessent:innen eine Rolle spielen.

General Motors z. B. hat sich nach eigenen Angaben zum Ziel gesetzt, der kundenorientierteste Automobilhersteller der Welt zu werden. Bei GM ist sogar ein eigener globaler Bereich „Customer Experience“ entstanden, der den Kund:innen absolut in den Fokus stellt und alle Berührungspunkte mit dem Unternehmen orchestriert. Die klassischen Call-Center wurden in „Customer Engagement Center“ ausgeweitet, die nicht nur auf jegliche Kundenanfragen reagieren, sondern auch über alle möglichen Kontaktkanäle proaktiv auf diese zugehen (General Motors, o. J.).

10.2 „Die größte Fokusgruppe der Welt“: Social-Customer-Engagement in der Konsumgüterindustrie

In dieser Branche wird traditionell zwischen Kund:innen (Handel), Verbraucher:innen (nutzen das Produkt) und Käufer:innen bzw. „Shoppern“ (kaufen das Produkt) unterschieden. Die Unterscheidung von Verbraucher:innen und Käufer:innen wird bei einem Produkt wie Katzennahrung besonders deutlich. Konsumgüter werden teilweise auch für andere eingekauft. Diese einzelnen Zielgruppen werden unterschiedlich angesprochen. In der Regel geschieht das auch durch unterschiedliche Unternehmensbereiche im Marketing und Vertrieb. Klassischerweise ist der Verbraucherservice für jegliche Fragen rund um die Produkte zuständig. Auch in der Konsumgüterindustrie hat man die Bedeutung der Kund:innen und Verbraucher:innen und ihrer individuellen Bedürfnisse erkannt und teilweise Prozesse daraufhin angepasst. Bei Nestlé wurde ein globales „Customer Engagement Center“ in der Firmenzentrale in Vevey (Schweiz) eingerichtet, das von einem alle acht Monate wechselnden „Digital Acceleration Team“ betrieben wird. In sozialen Netzwerken bekommen Alltagsmarken wie KitKat, Wagner Pizza, Nescafé oder Maggi sehr viele positive Rückmeldungen, aber auch Kritik. Bei Nestlé bezeichnet man das Internet als „Die größte Fokusgruppe der Welt“ (Reuters, 2012). Um in solchen Fällen eingreifen und unterstützen zu können, werden alle Konversationen zu den Marken kontinuierlich überwacht. Auch hier ist eine enge Verzahnung mit dem Verbraucherservice sehr wichtig.

10.3 B2B im „Zeitalter der Kund:innen"

Auch in Unternehmen, die andere Unternehmen als Kund:innen haben oder wie die Pharmaindustrie nicht direkt mit den Endverbraucher:innen, sondern mit Ärzt:innen oder anderen Instanzen interagieren, wird der Einfluss von Social Media im Service-Bereich immer stärker.

So hat Cisco beispielsweise ein Kund:innen zugewandtes „Social Listening Center" speziell als Informationszentrum für seine Führungskräfte eingerichtet, um das Unternehmen kundenorientierter auszurichten. Wenn Kund:innen sich im Social Web unterhalten, haben sie ggf. genau in diesem Moment ein Problem. Es ist wichtig, ihnen zur Seite zu stehen. Daher spricht Blair Christie, Senior Vice President und Chief Marketing Officer von Cisco, auch davon, dass auch B2B im „Zeitalter der Kund:innen" angekommen ist (Koscielniak, 2012).

Merke
Alle genannten Bereiche und Beispiele haben eines gemeinsam: Egal ob Kund:innen, Verbraucher:innen, Käufer:innen oder Geschäftspartner:innen – alle Anspruchsgruppen agieren in unterschiedlicher Weise auch in Social Media. Sowohl der Service als auch das Kundenbindungsmanagement (CRM) müssen daher auf die Herausforderungen von Social Media vorbereitet und die Aktivitäten orchestriert werden.

Insourcing bei Social-Media-Service
Der generelle Trend im Social-Media-Bereich ist es, die servicebezogenen Elemente im Community-Management (die also auf eigenen Kanälen auftreten) und auch im Social-Media-Monitoring (die auf externen Kanälen auftreten) in das Unternehmen hinein zu verlagern. Die Fragen auf eigenen Dialogkanälen zu beantworten, ist ein erster Schritt. In einem umfassenden Monitoring aufgefundene Fragen proaktiv zu beantworten, ist bisher nur in den fortgeschrittenen Social-Media-Branchen wie Automobil oder Luftfahrt etabliert. Abb. 10.2 zeigt ein Beispiel, wie eine solche Social-Media-Service-Zentrale funktioniert.

Die interne Zentralisierung als Social Service hat folgende Vorteile:

- Wissen über die Kundenwünsche und Bedürfnisse wird im Unternehmen behalten bzw. dort aufgebaut (Know-how).
- Synergien über alle Social-Media-Aktivitäten im Unternehmen hinweg werden geschaffen (Kosteneinsparungen).
- Die Qualität der Antworten wird gesichert.
- Zentrales Wissensmanagement wird gewährleistet (immer wiederkehrende Fragen etc.).

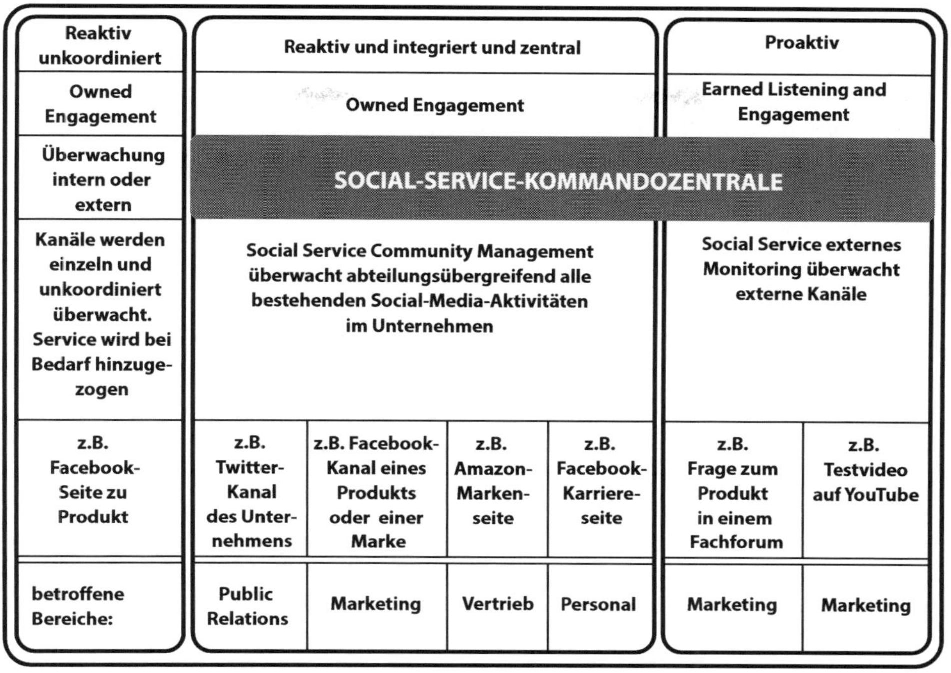

Abb. 10.2 Social-Media-Service-Zentrale

- Unbequeme Themen aus Plattformen, die für positive Inhalte gedacht waren, werden umgeleitet.
- Synergien bei der Sicherstellung von 24/7-Service werden genutzt (auch abends, an Feiertagen und Wochenenden).
- Der Schulungsaufwand in Hinblick auf Richtlinien und Vorgaben seitens des Unternehmens wird zentralisiert.

10.4 Sechs Handlungsempfehlungen, um Ihren Servicebereich Social-Media-fähig zu machen

1. **Evaluieren Sie den Bedarf an Social Service in Ihrem Unternehmen.**
   Gibt es viele Bereiche, die in ihren Social-Media-Aktivitäten auf eine Serviceeinheit angewiesen sind? Können hier Synergien geschaffen werden? Lohnt es sich, eine zentrale Social-Service-Einheit aufzusetzen? Welche Abteilungen sind betroffen?
2. **Erarbeiten Sie ein Governance-Modell, in dem Sie Verantwortlichkeiten und Prozesse klar definieren.**
   Wer antwortet wo auf was und wer muss wann wie involviert werden? Dieser Satz hört sich so einfach an. Die Verantwortlichkeiten für Social Media klar zu definieren,

ist aber aufgrund der Vielschichtigkeit der Anfragen und der Tatsache, dass viele Fragen im Zusammenspiel mehrerer Abteilungen beantwortet werden können, nicht so ganz einfach. Daher ist es wichtig, diese Zusammenhänge in einem Modell zusammenzufassen und dieses als Grundlage aller Aktivitäten zu sehen.

3. **Schulen Sie Ihren Social Service initial und kontinuierlich bezüglich**
   - Engagement und Community-Management
   - Nutzung und Auswertung von Social-Media-Monitoring
   - Verhaltensregeln im Social Web
   - Krisenmanagement/Eskalationsprozessen
4. **Bauen Sie ein unternehmensübergreifendes Wissensmanagement und FAQ-System auf.**
   Nur durch ein übergreifendes System können Sie sicherstellen, dass auf allen Kanälen einheitlich geantwortet wird.
5. **Sorgen Sie für Austausch und Vernetzung der einzelnen Abteilungen untereinander.**
   Um ein einheitliches Bild nach außen zu gewährleisten, ist es sinnvoll, regelmäßigen Austausch zu Redaktionsplänen und in den sozialen Netzwerken aufkommenden Themen zu forcieren. Dies kann durch interne Social-Media-Anwendungen, regelmäßige Treffen oder auch Spezialsoftware stattfinden.
6. **Evaluieren Sie, welche Social-Media-Werkzeuge und Software Sie benutzen wollen.**
   Meine persönliche Erfahrung ist, dass es bei komplexen Unternehmensstrukturen empfehlenswert ist, alle Anforderungen zunächst zu dokumentieren. Bisher habe ich bei Berücksichtigung aller Anforderungen noch nie den Fall, dass ein einziges Werkzeug bzw. eine Software das alles abdecken kann. In der Regel ergibt sich ein Mix aus einer klassischen Software für Kundenkontakte, einem CRM-System, einer Wissensdatenbank, einem Social-Media-Content-Management-System und einem Social-Media-Monitoring-System.

Exkurs: Was genau ist Social Service?

Gastbeitrag von Prof. Dr. Alexander Decker, Technische Hochschule Ingolstadt, THI Business School

User nutzen vermehrt die sozialen Medien, um Antworten auf ihre Serviceanfragen zu bekommen. Dem Social-Media-Trend-Report von Buffer (2018) zufolge können es sich Unternehmen nicht mehr leisten, diese Art der Kundenserviceanfragen auf sozialen Medien zu ignorieren. Nutzen Unternehmen die sozialen Medien proaktiv für Service-Zwecke, wird dies als „Social Service" bezeichnet (Decker, 2019, S. 155). Darunter versteht man ein besonders fundiertes Social-Media-Marketing, bei dem die Beziehung mit und der Service für einzelne Kund:innen bzw. Fans in den Vordergrund gestellt wird. Firmen, die so agieren, werden dann gerne als „socially devoted“ bezeichnet. Hierbei handelt es sich um eine Art Auszeichnung des Portals „socialbakers.com“ (Social Bakers ist einer der führenden Anbieter:innen von Social-Media-Analyse- und -Statistik-Tools). Unternehmen, die auf mindestens 65 % der Anfragen ihrer Kund:innen auf Facebook und/oder Twitter antworten, werden als besonders engagiert ausgezeichnet (wenn sie zudem noch mindestens 50 Anfragen von Fans oder Followern innerhalb eines Quartals erhalten (Social Bakers, 2020)). Diese Marken verstehen es, sich auf die beschriebene neue Haltung der Konsument:innen konsequent auszurichten. Sie haben verstanden, dass diese Kunden keine einseitige Kommunikation mehr wollen, sondern im dynamischen Dialog mit dem Unternehmen ihre Fragen und Probleme auf den von ihnen präferierten (sozialen) Kanälen beantwortet haben möchten. Dabei gilt das sogenannte ICH-ALLES-IMMER-ÜBERALL-Prinzip: Kund:innen möchten mehr denn je eine individuelle Antwort, bei gutem Service, guter Qualität und gutem Preis, zu jeder Zeit, an jedem Ort.

Zu den Unternehmen, die bei Social Bakers in Deutschland regelmäßig unter den Top 3 zu finden sind, zählen beispielsweise die Deutsche Bahn, DHL Paket oder die Deutsche Telekom (über Telekom-hilft).

Best Practice-Beispiel: Telekom-hilft

„Telekom-hilft“ ist ein speziell auf Twitter und Facebook ausgerichteter Servicekanal der Deutschen Telekom, über den monatlich bis zu 20.000 Fragen und mehr von Fans und Konsument:innen beantwortet werden. Dabei weist „Telekom-hilft“ seit Jahren eine Responserate von über 80 % auf Twitter und 98,5 % auf Facebook auf. Im Schnitt antwortet man in zwei Stunden auf die Anfragen. Vor dem Hintergrund, dass es sich bei den Anfragen häufig um komplexe technische Probleme handelt, ist dies beachtenswert, zumal man von der Deutschen Telekom auf den anderen Servicekanälen (Telefon, E-Mail) durchaus anderes gewohnt ist. Beachtenswert ist bei „Telekom-hilft“ die Umsetzung der sogenannten Case-Ownership. Dies bedeutet, das Teammitglied, das einen Kundenfall aufnimmt, kümmert sich auch bis zum Schluss um dessen Lösung. Dieses Teammitglied sorgt nicht selbst beispielsweise für die Behebung eines Problems, sondern stellt sicher, dass ein kompetenter Mitarbeiter dies übernimmt. Der Case Owner bleibt so lange am Kundenfall, bis dieser zur Zufriedenheit des Kunden gelöst ist (was auch meistens funktioniert, Ausnahmen gibt es natürlich auch hierzu). Dies lässt sich beispielsweise auch daran feststellen, dass man bei der Betrachtung verschiedener Servicefälle auf „Telekom-hilft“ immer wieder lesen kann, dass der aufnehmende Kundenbetreuer Rückfragen beim Kunden stellt, ob etwa der Techniker schon da war, ob er das Problem final lösen konnte usw., bis es dann auch abschließend geklärt ist.

Besonders hervorzuheben ist in diesem Zusammenhang die Feedback Community. „Telekom-hilft“ bündelt hier die zahlreichen Fragen und Antworten, die häufig in gleicher Form gestellt werden, an einer Stelle und verringert damit den Wiederholungsfaktor, ohne die individuelle Ansprache aufzugeben. Von Facebook und Twitter wird auf die jeweils passenden Einträge zu den Fragen verlinkt. Besonders aktive Fans dürfen zudem (natürlich zusätzlich zum Telekom-hilft-Team) anderen Kund:innen Fragen beantworten – eine Technik, die auch als Peer-to-Peer-Service bzw. „kollaborativer Social Service" bekannt ist.

Unabhängig vom Beispiel „Telekom-hilft" ist, dass die Servicementalität der Mitarbeiter im Social Service häufig sehr viel höher ausgeprägt ist, als man das bei den vielen anderen Unternehmen in der sogenannten Servicewüste Deutschland, die über die herkömmlichen Kanäle Kundenservice betreiben, wahrnehmen kann.

Was machen nun diese besonders Social-Media-orientierten Unternehmen, um Social Service gut zu betreiben? Neben der Tatsache, dass sie Mitarbeiter:innen gewinnen konnten, die sich dem Kundenservice in den sozialen Kanälen und den Kund:innen im Speziellen besonders verpflichtet fühlen, sowie schnell und kompetent Anfragen öffentlich beantworten können, ist das sogenannte Social-Media-Monitoring häufig eine wichtige Voraussetzung, um herausragenden Social Service zu liefern. Über das Social-Media-Monitoring gelingt es den Firmen, Kundenäußerungen und -probleme, die auf den verschiedensten sozialen Plattformen geäußert wurden, unter Zuhilfenahme einer Software, die diese Plattformen automatisiert nach bestimmten Schlüsselbegriffen „durchkämmt", schnell zu erkennen.

Das Besondere dabei ist, dass die Unternehmen dann proaktiv auf getätigte Äußerungen reagieren. Dies gilt vor allem für die Beiträge, die nicht direkt an das Unternehmen gerichtet wurden (z. B. auf Verbraucherportalen wie ciao.com oder in den einschlägigen Foren auf Reddit). Hier sei als Best Practice auf die Lufthansa USA verwiesen. Die Airline war einer der Pioniere des Ansatzes, externes Social-Media-Monitoring mit hervorragendem öffentlichen Social Service zu kombinieren. Während des 2009er/2010er Pilotenstreikes in den USA suchte das Team aktiv nach verunsicherten Gästen auf Twitter, Facebook und Flyertalk – um ihnen dann ein individuelles Update zuzuschicken, wie es um ihren Flug steht. „Lieber Herr X – Du schaffst es nach Seattle" war genauso ein typischer Tweet wie „Liebe Frau Y, Ihr Flug fällt tatsächlich aus … dürfen wir Sie auf United umbuchen?" Als Resultat auf diesen „gelebten Service" erntete Lufthansa USA Zehntausende von Dankensbezeugungen zufriedener Kund:innen, die sich erstklassig informiert und wie VIPs behandelt fühlten – und einen nicht unerheblichen Anstieg der Imagedimension „Premiumservice".

Neben derartigen Informationen, um Probleme frühzeitig zu lösen, liefert die Social-Media-Monitoring-Auswertung von Äußerungen zu Produkten und Dienstleistungen im Social Web auch wichtige Informationen zur Verbesserung der Unternehmensleistungen (Decker, 2019, S. 159).

Vor diesem Hintergrund ist es erstaunlich, dass in Deutschland bislang nur eines von vier Unternehmen einen verbesserten Kundenservice als Ziel für seine Social-Media-Aktivitäten angibt (Deutsches Institut für Marketing, 2018, S. 8). Da die Serviceanfragen über Social Media in Zukunft eher zu als abnehmen werden, bietet Social Service auch noch heute Unternehmen eine gute Möglichkeit, um sich von ihren Wettbewerbern zu differenzieren. ◀

Social Media und Kundendaten

Exkurs: Was genau ist Social CRM?

Gastbeitrag von Prof. Dr. Alexander Decker, Technische Hochschule Ingolstadt, THI Business School

Um als Unternehmen erfolgreich zu sein, verfolgte man in den letzten zwei Jahrzehnten u. a. den Ansatz des Kundenbeziehungsmanagements (Customer-Relationship-Management – CRM). Dabei versuchen Unternehmen, ihre Kund:innen langfristig zu binden und zu profitabilisieren, indem sie die kundenbezogenen Unternehmensprozesse an den Bedürfnissen der Kund:innen ausrichten. Die Hauptrolle spielen dabei die (systematisch) gewonnenen Daten über die Kundenbeziehung (Decker, 2016, S. 32).

Die Digitalisierung, vor allem über die sozialen Netzwerke, generiert eine schier unendliche Masse an Daten über Kund:innen und User sowie deren Interessen, Meinungen und Freundschaftsbeziehungen und bietet so ganze neue Chancen. Kund:innen werden über ihre digitalen und v. a. sozialen Aktivitäten zu kontinuierlichen Datenlieferant:innen. Das CRM erhält somit eine „soziale" Komponente und stellt somit die konsequente Weiterführung der Idee des Social Services mit dem sog. Social CRM dar.

Zum Begriff **Social CRM** gibt es eine fast babylonische Sprachverwirrung. Aus der Vielzahl an Definitionen konnte nachstehende Definition als Quintessenz abgeleitet werden (in Anlehnung an Decker, 2019, S. 159):

Social CRM ist eine **unternehmensweite Strategie, die Kund:innen in den Mittelpunkt rückt** und im Dialog Mehrwerte für beide Parteien schafft. Dabei ist es Ziel, unter Berücksichtigung v. a. rechtlicher und technischer Aspekte die Daten aus dem CRM mit den Daten aus Social Media in Verbindung zu bringen. Social CRM stellt somit eine Unterdisziplin des allgemeinen CRM dar.

Die Philosophie hinter Social CRM entspricht also der von Social Media allgemein (beiderseitig von Vorteil, auf Augenhöhe kommunizieren, Kunde übernimmt immer mehr die Kontrolle). Im Folgenden wird aber vor allem auf den Aspekt der Verwertung der Informationen aus Social Media eingegangen, da er den zusätzlichen Wert, den dieser Ansatz liefern kann, am deutlichsten hervorhebt. Er stellt den Kern von Social CRM aus Unternehmenssicht dar (Decker, 2016, S. 34).

Wie bereits dargestellt, steigen durch Social Media die Bedeutung und der Einfluss von Empfehlungen und Bewertungen. Unternehmen können sich zudem nicht mehr wie früher auf dem Minimum, den zufriedenen Kund:innen, ausruhen und sich freuen, wenn diese Kunden loyal bleiben. Sie müssen sich aktiver denn je um die Gunst ihrer Kund:innen bemühen und eine bessere und gezieltere Kundenkommunikation ermöglichen. Um hier Ansatzpunkte zu gewinnen, bedarf es weitergehender Informationen über die jeweiligen Kund:innen.

Bislang basierten alle Informationen im CRM auf den Kundentransaktionen und den Daten, die die Kund:innen, z. B. zum Vertragsabschluss, zur Verfügung gestellt haben. Vielleicht konnte auch noch die eine oder andere Kommunikation z. B. aus dem Support genutzt werden (Ueberholz, 2013). Wie zuvor schon angedeutet, reichert man im Rahmen des Social CRM nun die Kontakt- und Transaktionsdaten der Kund:innen durch Interaktionen, Informationen und Unterhaltungen aus den Social-Media-Plattformen an. Hierzu zählen beispielsweise die Interessen der Kund:innen, die über das Liken oder der Teilen von Inhalten geäußert werden, oder Inhalte aus Beiträgen, die von Nutzer:innen selbst gepostet wurden. Aus der Kombination der beiden Datenquellen (CRM und Social Media) ergibt sich förmlich ein Eldorado für jeden Kundenmanager anhand sehr konkreter Kundenprofile, die man dann eben zur Ausgestaltung zielgerichteter Angebote und Informationen nutzen kann. Man spricht in diesem Zusammenhang auch gerne von „Big Data". Die sozialen Medien wirken zudem wie ein Perpetuum mobile: Kund:innen fungieren durch ihre eigenen Aktivitäten im sozialen Web als kontinuierliche Datenlieferant:innen, sie sorgen selbstständig und freiwillig für die Aktualisierung ihrer Informationen. Eine Aktualität, die man ansonsten im CRM nie erreichen würde (Decker, 2016, S. 35). Negativ gesehen nimmt dadurch die Vision der gläsernen Kund:innen konkretere Formen an.

Was hier so einfach und für Unternehmen verheißungsvoll klingt, ist in der Realität deutlich komplizierter. Zum einen hält der Datenschutz seine Hand über die personenbezogenen Daten. Personenbezogene Daten dürfen grundsätzlich nur dann erhoben, verarbeitet oder an Dritte weitergegeben werden, wenn eine gesetzliche Erlaubnis oder Einwilligung durch die Kund:innen vorliegt. Im Rahmen des herkömmlichen CRM muss diese Einwilligung gemäß der DSGVO grundsätzlich vorliegen. Allerdings erlaubt eine solche Einwilligung noch nicht, die Daten aus dem CRM mit den Daten aus den sozialen Medien in Verbindung zu bringen, da nach der DSGVO weiterführende Informationen über Kund:innen und Interessen nicht gespeichert, zusammengeführt und verarbeitet werden dürfen. Folglich können aus Datenschutzgründen Konversationen und Informationen in sozialen Netzwerken nicht ohne die Zustimmung der Nutzer:innen erfasst und verarbeitet werden. Die handelnden Unternehmen müssen im Rahmen des Social CRM über Opt-in-Marketing diese spezifischen Einwilligungen der Kund:innen erst einholen. Nun stellt sich die Frage, wie man Menschen dazu bringt, ihr Einverständnis zu geben. Neben den dargestellten rechtlichen Aspekten ist darüber hinaus auch die Technik herausgefordert. Denn es gilt, die User, die in sozialen Netzwerken teilweise anonym mit „Nicknames" unterwegs oder mit anderen E-Mail-Adressen registriert sind, mit den im CRM-System des Unternehmens bekannten Kund:innen zusammenzuführen (Können Facebook-Nutzer:innen direkt in der CRM-Datenbank des Unternehmens identifiziert werden?).

Zu beiden Aspekten bietet sich ein Beispiel an, um zu zeigen, wie Unternehmen Vorteile für die Kund:innen ausloben, um an die benötigten Einwilligungen zu kommen, und wie dabei die technischen Herausforderungen gelöst wurden. Auch hier zeigt sich die Lufthansa als einer der Vorreiter.

Best-Practice-Beispiel: Lufthansa Mileonaire Case

Auch wenn dieser Case bereits einige Zeit zurückliegt, so war er doch wegweisend für viele weitere, ähnlich gelagerte Ansätze, wie z. B. von Payback, Amazon oder Maerican Airlines. Im November 2011 veranstaltete die Lufthansa auf ihrer Facebook-Seite ein Gewinnspiel mit dem Namen **Mileonaire,** bei dem bis zu 1 Mio. Miles & More-Meilen zu gewinnen waren. Die Nutzer:innen mussten auf einer eigens dafür programmierten Facebook-Applikation nur eine Wette auf eine der drei angebotenen Optionen setzen: Man setzte entweder auf den Gewinn der 1 Mio. Meilen, der nur einmal vergeben wurde, oder man setzte auf den Gewinn von 250.000 Meilen, den es viermal gab, oder man setzte auf 100.000 Meilen, die zehnmal vergeben wurden. Nachdem man seine Wette platziert hatte, konnte man noch Freund:innen zum Gewinnspiel einladen. Nahm ein Freund die Einladung an, konnte ein User bis zu vier weitere Lostickets platzieren, um so seine Chancen zu vergrößern. Über 110.00 Nutzer:innen aus 179 Ländern nutzen die Mileonaire-App. Im Schnitt lud jede/r Nutzer:in weitere sechs Freund:innen ein.

Um diese App zu nutzen, mussten Nutzer:innen zuvor einwilligen, dass Lufthansa die Daten von Facebook in Zusammenhang mit der jeweiligen Miles & More-Nummer und somit mit den in der CRM-Datenbank gespeicherten Informationen zu Kund:innen in Verbindung bringen durfte. Dazu fragte man bei Aufruf der App auch gleich die Miles & More-Nummer ab. Nutzer:innen, die bislang noch kein Miles & More-Konto hatten, konnten sich über die App gleich dort anmelden. Mit dem eindeutigen Zuordnungsmerkmal der Miles & More-Nummer löste die Lufthansa das technische Problem, wie man die Daten aus mehreren unterschiedlich strukturierten Datenquellen in einer Zieldatenbank abgleicht, transformiert und lädt, um diese schließlich zu einem Datensatz zusammenzufassen und auch zu analysieren. Auf diese Weise erhielt Lufthansa die Genehmigung, die CRM-Daten mit den Informationen aus Facebook bei 110.000 Nutzer:innen zusammenzuführen.

Ist diese Hürde erst einmal genommen, lässt sich ein Prozess zum Social CRM aufbauen (siehe Abb. 10.3), mit dem Informationen generiert, Daten erfasst und integriert, die Informationen genutzt und später zur gezielten Kommunikation mit den Kund:innen herangezogen werden können (Eisenbeis et al., 2012). ◀

Zusammenspiel der Abteilungen

Es ist gar nicht so leicht, sich vorzustellen, wie das Zusammenspiel der einzelnen Abteilungen in der Praxis funktioniert. Ein fiktives Beispiel für das Zusammenspiel unterschiedlicher Abteilungen mit Social Service und Social CRM bei Social-Media-Konversationen soll diese Zusammenhänge verdeutlichen (s. Tab. 10.1).

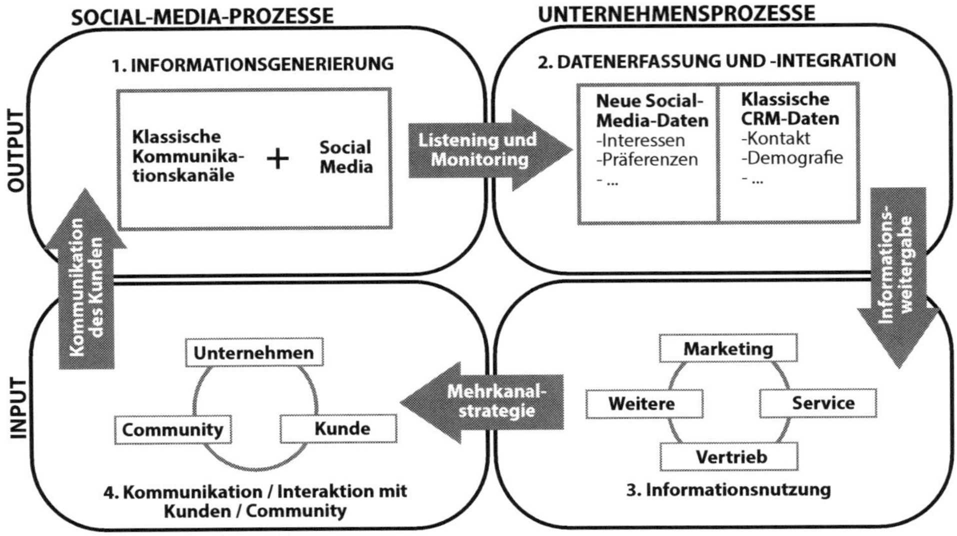

Abb. 10.3 Social-CRM-Prozess in vier Phasen angelehnt an Eisenbeis et al. 2012

Tab. 10.1 Zusammenspiel der Abteilungen für Social Service

Beispielhafte Konversation auf von PR-Abteilung betriebenem Social-Media-Kanal	Gepostet von	Was im Hintergrund abläuft
„Hier ein Bild unseres neuen Fahrzeugs.“	PR Abteilung	Pressebild wird gepostet
„Toll sieht es aus! Leider habe ich mit den Scheinwerfern des Vorgängermodells ein Problem. Sie gehen nicht mehr aus.“	Kunde 1	Social Service gleicht Social-Media-Account des Kunden mit Kundendatenbank ab und findet Kunden- und Fahrzeuginformationen
„Ihr Fahrzeug gehört zu einer Baureihe, die wegen dieses Fehlers zurückgerufen wurde. Bitte melden Sie sich bei Ihrem Händler oder Ihrer Händlerin. Sie erhalten kostenlos neue Scheinwerfer.“	Social Service	Information an Aftersales und das betreuende Autohaus, dass der Scheinwerfer ausgetauscht werden muss und sie sich beim Kunden melden sollten
„Bei mir geht der Scheinwerfer trotz neuer Batterien nicht mehr an.“	Kundin 2	Social Service gleicht Social-Media-Account des Kunden mit Kundendatenbank und FAQ ab und findet keine Übereinstimmung
„Dieses Problem ist uns nicht bekannt, aber wir schauen uns das gerne an. Könnten Sie uns bitte dazu eine E-Mail an service@fahrzeughersteller.de schicken?“	Social Service	Standardantwort für Fragen, die nicht direkt beantwortet werden können

(continued)

Tab. 10.1 (continued)

Beispielhafte Konversation auf von PR-Abteilung betriebenem Social-Media-Kanal	Gepostet von	Was im Hintergrund abläuft
„Wird es das Fahrzeug auch in Rot geben?“	Kundin 2	
„Ja, es wird auch ein feuriges Rot geben.“	PR Abteilung	Antwort steht im FAQ-Dokument
„Kann ich das Handy XY mit dem Fahrzeug verbinden?“	Kunde 3	Rücksprache mit Produktmanagement, Abgleich mit Kundendatenbank ergibt: Kunde 3 fährt das Vorgängermodell und ist potenzieller Käufer des neuen Modells
„Ja, das geht. Das Entertainment-System XY lässt eine Verknüpfung zu.“	Social Service	Antwort von Produktmanagement erhalten Vermerk in Datenbank, dass Kunde an Entertainmentsystemen interessiert ist

Literatur

Buffer. (2018). *2018 Social media trends report.* https://www.slideshare.net/Bufferapp/2018-social-media-trends-report?ref=https://blog.bufferapp.com/social-media-trends-2018. Zugegriffen: 27. Okt. 2020.

Decker, A. (2016). Connected Customer: Eine digitale (R)Evolution. *Managementkompass*, Customer Experience Management, Q2/2016 (S. 32–35). F.A.Z. Fachverlag.

Decker, A. (2019). *Der Social-Media-Zyklus. Schritt für Schritt zum systematischen Social-Media-Management im Unternehmen.* Springer Gabler.

Deutsches Institut für Marketing. (2018). *Social Media Marketing in Unternehmen 2018.* https://www.marketinginstitut.biz/fileadmin/user_upload/DIM/Dokumente/DIM_Kurzzusammenfassung_Studie_Social_Media_Marketing_2018_April_2018.pdf. Zugegriffen: 27. Okt. 2020.

Eisenbeis, S., Tachilzik, T., & Zimmermann, J. (2012). *Social CRM in 4 Phasen. In Social Media 341 Magazin* (Hrsg.). http://www.tachilzik-consulting.de/downloadbereich. Zugegriffen: 27. Okt. 2020.

General Motors. (o. J.). *GM's focus on customer experience goes global.* http://media.gm.com/media/us/en/gm/news.detail.html/content/Pages/news/us/en/2013/Jun/0626-boler-davis.html. Zugegriffen: 12. Okt. 2020.

Koscielniak, B. (2012). *Blog „New Cisco Social Media Listening Center #CiscoListens“.* Cisco. https://blogs.cisco.com/socialmedia/new-cisco-social-media-listening-center-ciscolistens. Zugegriffen: 12. Okt. 2020.

Reuters. (2012). *Nestle: Engagement in a hostile digital world.* YouTube. https://www.youtube.com/watch?v=HD_W3EMuC1U. Zugegriffen: 7. Nov. 2020.

Social Bakers. (2020). *Social devoted meter.* http://sociallydevoted.socialbakers.com/certificate/methodology. Zugegriffen: 27. Okt. 2020.

Ueberholz, O. (2013). *Social CRM.* Der Social Media Manager. http://der-socialmediamanager.de/social-crm/. Zugegriffen: 2. Mai 2021.

Weiterführende Literatur

Alt, R., & Reinhold, O. (2016). *Social Customer Relationship Management, Grundlagen, Anwendungen und Technologien*. Springer Gabler.

Social Media in der IT

11

Zusammenfassung

Dieses Kapitel gibt Einblick in die wesentlichen Herausforderungen, die Social Media für IT-Abteilungen mit sich bringt. Es werden typische Anfragen seitens des Business aufgeführt. Außerdem werden mögliche Ansätze, um Synergien zu erzeugen und sich organisatorisch auf diese Anforderungen einzustellen, erläutert.

Die IT-Abteilung ist zwangsläufig eine der von Social Media am meisten betroffenen Abteilungen im Unternehmen. Sie ist einer der Treiber der digitalen Transformation in Unternehmen. Durch die immer stärker werdende Ausbreitung von Kollaborationsanwendungen mit Social-Media-Elementen gewinnt Social Media auch im Arbeitsalltag innerhalb von Unternehmen immer mehr an Bedeutung. Gleichzeitig wird auch extern immer stärker über Social-Media-Anwendungen kommuniziert. So gibt es in der Praxis mehrere „Social-Media-Baustellen", bei denen die IT gefragt ist.

- Bereitstellung interner Social-Media-Anwendungen (z. B. Microsoft Teams)
- Bereitstellung externer Social-Media-Anwendungen (z. B. selbst gehosteter Unternehmensblog)
- Bereitstellung von Social-Media-Software (Social Listening, Social Media Publishing Tool)

Gleichzeitig gilt es, dem Wildwuchs durch externe Anwendungen, die intern oder extern genutzt werden, zu begegnen (z. B. WhatsApp, Zoom).

Wenn einzelne Bereiche im Unternehmen mit Social-Media-Aktivitäten beginnen, dann kommen sie in der Regel unkoordiniert und einzeln mit ihren individuellen Bedürfnissen und Anforderungen zur IT, und es werden zunächst Einzellösungen erstellt. Je mehr Social-Media-Aktivitäten es gibt, umso mehr Koordinationsaufwand entsteht

S. Babka, *Social Media für Führungskräfte*,
https://doi.org/10.1007/978-3-658-34247-0_11

und umso praktikabler ist es, zu zentralisieren und die IT-Strukturen an die neuen Anforderungen anzupassen. Dabei wird die Bedeutung von Daten immer größer.

Eine der größten Herausforderungen besteht darin, die IT-Arbeit aufgrund der veränderten Anforderungen wieder agiler zu gestalten, nachdem sich alle Bestrebungen der letzten Jahrzehnte eher in die Richtung Standardisierung und Automatisierung bewegt haben. IT-Abteilungen sind heutzutage auf Qualitätsstandards wie z. B. ISO 9001 oder ITIL getrimmt und können daher Unsicherheit in der Planung nur schwer in ihre Prozesse einbinden. Denn auch Methoden wie Scrum bieten keine Antwort auf den Wildwuchs von nicht durch die eigene IT betreuten Anwendungen von Drittanbieter:innen.

Ein ganz einfaches Beispiel hierzu ist das Blockieren von YouTube in Firmennetzwerken. Es gibt zahlreiche Gründe, YouTube auf Firmenrechnern zu blocken. Ein sehr häufig genannter Grund ist die Unplanbarkeit der benötigten Bandbreite. Die Risikofreudigkeit seitens der IT, was unabsehbare Datenvolumen und Schwankungen im Netzwerk angeht, ist in der Regel eher nicht sehr hoch. Man könnte natürlich langsam vorgehen und erst einmal 5000 User freischalten und dann evaluieren, wie das funktioniert, und eine Wahrscheinlichkeit für Datenvolumenaufkommen errechnen. Eine solche Herangehensweise muss aber erst einmal in die bestehenden IT-Standardprozesse übertragen werden.

Ein aktueller Trend einiger IT-Abteilungen ist, „Enabler vor Business" zu sein, d. h. genau zu evaluieren, welche Prozesse und Probleme im Geschäftsablauf durch IT-Lösungen verbessert werden können, sodass diese von der IT bereitgestellten technischen Lösungen einen Mehrwert entlang der Wertschöpfungskette bilden. Gerade bei dieser IT-Strategie sind Social-Media-Ansätze sehr reizvoll, weil sie die Zusammenarbeit im Unternehmen, aber auch mit Kund:innen, Lieferant:innen, Konsument:innen oder Geschäftspartner:innen verbessern können.

Da Social Media so viele Abteilungen und Bereiche betrifft, ist die IT-Abteilung oftmals koordinierend tätig, damit gemeinsame Lösungen angestrebt werden können.

Folgende drei übergreifende Aufgabengebiete entstehen im IT Bereich im Zusammenhang mit Social-Media-Verwendung im Unternehmen (vgl. Abb. 11.1):

1. Koordination
2. Datenmanagement
3. Systemmanagement

Wie bei dieser Aufstellung sichtbar wird, gehen viele Business-Anforderungen über mehrere IT-Bereiche hinweg, daher ist es ggf. sinnvoll, innerhalb der IT ein Koordinations-Team zu gründen, das sich genau diesen Koordinationsaufgaben und dem Service für das Business widmet. Dieses Team ist dann idealerweise für das Projektmanagement bei der Implementierung und den laufenden Support sowie die Zulassung und Schulung neuer Nutzer:innen zuständig.

In vielen der Anfragen geht es zunächst darum, den genauen Bedarf zu ermitteln, Lastenhefte zu erstellen und dann nach passenden Anbieter:innen zu suchen. Da es sich

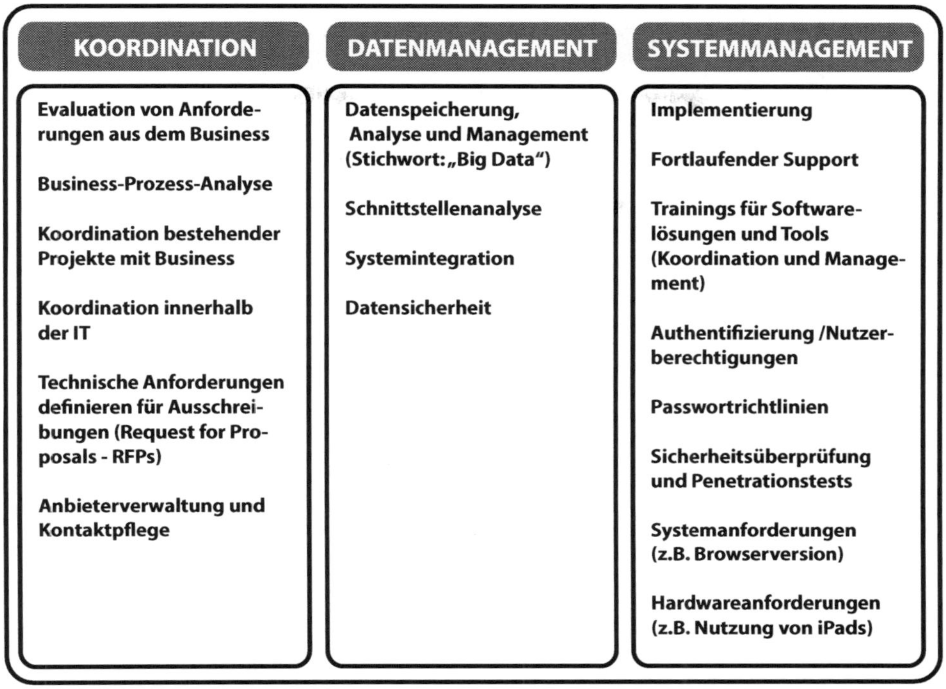

Abb. 11.1 Social-Media-Aufgabenbereiche in der IT

hierbei um einen sehr schnelllebigen und umtriebigen Markt handelt, kann es angebracht sein, dafür ein eigenes Innovationsteam innerhalb der IT zu etablieren, das sich damit regelmäßig beschäftigt. Im klassischen IT-Projektmanagement werden Anforderungen an Systeme initial erfasst und dann für einen bestimmten Zeitrahmen umgesetzt. Es findet in der Regel eine jährliche Budget- und Ressourcenplanung statt.

Im Social-Media-Bereich sind die Zyklen für die Anpassungen wesentlich kürzer, und die Anforderungen und Anbieter:innen ändern sich ständig. Ein heutiger Marktführer kann morgen schon nicht mehr aktuell sein. Außerdem laufen die initialen Gespräche oftmals über das Business, und es ist IT-seitig eine Herausforderung, saubere Anforderungsprofile für die einzelnen Anwendungen vom Business zu erhalten. Obwohl manche Tools sehr mächtig sind und viele Anwendungsgebiete abdecken, ist es meistens notwendig, mehrere Tools zu kombinieren, um allen Anforderungen gerecht zu werden. Die richtig großen Social-Media-Monitoring-Anwendungen sind beispielsweise so komplex, dass sie für Social-Media-Daten-Spezialisten ein gutes Werkzeug sind, andere Anwender aber vollkommen überfordern. Daher wird in der Praxis oft die Kombination einer komplexen Software mit einer einfacheren, teilweise kostenlosen Software gewählt.

Die Herausforderung ist es, mehrere Werkzeuge zu verbinden und einen sauberen Datenfluss zwischen den verschiedenen Systemen sicherzustellen. Am besten mit einer übergreifenden Anmeldung (Single Sign-on). Das können z. B. die Integration eines Knowledge-Management-Systems, eines Vertriebsinformationssystems, Kundendatenbanken oder Beschwerdemanagement-Software mit Social-Media-Daten sein. Bei vielen Fragestellungen geht es auch um die Entscheidung, ob proprietäre Systeme selbst aufgebaut werden sollen oder bestehende Systeme vom Markt direkt oder angepasst übernommen werden können.

Eine weitere Herausforderung besteht darin, dass externe Social-Media-Anwendungen häufig ohne Involvierung der IT Abteilung aufgesetzt werden, da sie oftmals nichts kosten und leicht zu initiieren sind. Aspekte der IT-Sicherheit bleiben oftmals außen vor, wenn der IT-Bereich nicht involviert ist. Im Folgenden sind einige beispielhafte Anfragen aufgelistet.

Typische Anfragen in Bezug auf Social-Media-Software aus dem Business

- **Social Intranet**
  Anreicherung des Intranets durch Social-Media-Elemente.
- **Social Collaboration Tools (z. B. Microsoft Teams, Yammer, Slack, Miro, Zoom)**
  Nicht zuletzt durch die Corona-Pandemie wurde das Thema interne Kollaboration durch digitale Anwendungen ein fester Bestandteil der Arbeitsweise in vielen Unternehmen.
- **Social-Media-Monitoring-Software**
  Diese Softwarelösungen helfen, relevante Quellen und Nutzer:innen im Internet zu identifizieren, zu beobachten, zu speichern und zu analysieren.
- **Social-Media-Content-Management-Software**
  Eine Social-Media-Content-Management-Software ermöglicht es Social-Media-Redakteuren, einen Überblick über geplante Aktivitäten und den Bearbeitungsstatus von Anfragen zu erhalten. Wenn mehrere Abteilungen und Personen auf einem Kanal arbeiten, ist es wichtig nachvollziehen zu können, wer gerade an was arbeitet.
- **Intern gehostete Social-Media-Aktivitäten für externe Anwendung**
  Zum Beispiel ein externer Unternehmensblog auf Basis einer Blogsoftware wie Wordpress in eigener Hostingumgebung.
- **Intern gehostete Social-Media-Aktivitäten für interne Anwendung**
  Zum Beispiel ein interner Unternehmensblog, der nur über das Intranet aufrufbar ist auf Basis einer Blogsoftware wie Wordpress in eigener Hostingumgebung.
- **Ergänzende Software für externe Plattform**
  Zum Beispiel ergänzende App auf Facebook für ein Gewinnspiel.
- **Anpassung bestehender Systeme zur Integration von Social Media**
  Zum Beispiel Online-Shop mit Social-Commerce-Funktionalitäten wie „Teilen“ oder „Bewerten“ anreichern oder Ergänzung des CRM-Systems um Felder mit Social-Media-Daten.

- **Wissensmanagement-Software**
  Wenn es in Ihrem Unternehmen bisher keinen Bedarf an einem übergreifenden Wissensmanagement gab, dann kann dieser bei Einführung von Social-Media-Aktivitäten schnell entstehen. Ein solches Tool bietet die Möglichkeit, Wissen auch über Abteilungsgrenzen hinaus zugänglich zu machen und zu strukturieren.

Typische Eigenaktionen des Business ohne Involvierung der IT

- **Unternehmensauftritt auf externer Plattform**
  Zum Beispiel ein Unternehmensprofil auf Facebook.
- **Externe Plattform als interne Kollaborationsplattform genutzt**
  Zum Beispiel Außendienst nutzt WhatsApp-Gruppe oder Mitarbeiter:innen kommunizieren einfach abteilungsübergreifend über Yammer.
- **Kostenlose Social-Media-Monitoring-Systeme**
  Social-Media-Beobachtungen werden über externe Tools wie z. B. Hootsuite gemacht und diesen Tools dafür Zugriffsberechtigungen auf die Kanäle gegeben.
- **Zusammenarbeit über intern nicht freigegebene Tools**
  Zum Beispiel Nutzung von Zoom, Trello, Slack oder Yammer ohne Unternehmenslizenz.

Handlungsempfehlungen

Folgende Handlungsempfehlungen sind für die Aufstellung der IT-Abteilung aus Sicht des Business zu beachten:

1. **Werden Sie nicht zum Getriebenen, sondern befassen Sie sich mit dem Markt**
   Geben Sie einem oder mehreren Innovations-Mitarbeiter:innen die Verantwortung für die Themen Social-Media-Integration und Big Data und richten Sie ihnen die zeitliche Freiheit ein, sich regelmäßig auf Kongressen, Webinaren oder Schulungen eingehend mit diesem Thema und bestehenden Trends und neuen Anwendungen zu befassen. Sorgen Sie dafür, dass dieses Wissen auch im IT-Bereich übergreifend verfügbar gemacht wird. Wenn die IT hier selbst proaktiv handelt, wird die Wahrnehmung der Abteilung gegenüber dem Business und der Unternehmensführung gestärkt. Zudem wird eine gut vorbereitete IT nicht aufgrund von zahlreichen neuen Anforderungen zum Getriebenen des Business.
2. **Behalten Sie das Ruder in der Hand**
   Aufgrund der Tatsache, dass im Zusammenhang mit Social Media viele Daten auf externen Plattformen und in Clouds lagern, wird ein Stück weit auf Kontrolle verzichtet. Das bedeutet aber nicht, dass die IT ihre Führungsrolle in diesem Aspekt

aufgeben sollte. Geben Sie genaue Richtlinien vor, um eine größtmögliche Sicherheit zu gewährleisten. Dazu gehören z. B. Passwortrichtlinien, aber auch Angaben zur Verwendung von Social Plug-ins, Impressum und Datenschutzrichtlinien sind wichtig. Ebenso empfehlenswert ist eine Richtlinie für die Vergabe von Nutzer-Accounts an Dritte wie Agenturpartner:innen oder innerhalb von Social-Media-Community-Management-Software. Sorgen Sie für regelmäßige Sicherheitsüberprüfungen und Penetrationstests solcher Anwendungen. Geben Sie im Idealfall ein Framework für die Nutzung von Anwendungen innerhalb des Unternehmens vor. Eine Governance für interne und externe Social-Media-Anwendungen hilft, halbwegs die Kontrolle zu behalten.

3. **Zentralisieren Sie, um Synergien zu schaffen**
   Prüfen Sie, welche Dinge Sie sinnvoll zentralisieren können. Eine zentral gepflegte, übergreifende Datenschutzerklärung und ein zentrales Impressum verhindern Übertragungsfehler und stellen sicher, dass alle Social-Media-Aktivitäten immer den aktuellsten Stand verlinken. Ein zentral verwaltetes und gesichertes Gewinnspielformular, das auf eigenen Servern läuft, bietet eine höhere Datensicherheit bei Gewinnspielen im Social Web als individuelle Lösungen direkt auf den Social-Media-Plattformen. Alle externen Entwicklungen wie z. B. für Apps oder Social Games sollten Sie unbedingt mit Source Code einkaufen, damit dieser für alle Bereiche zur Verfügung gestellt kann. Immer wiederkehrende Dinge wie eine Profanitätenliste, die bestimmte Begriffe bei der Eingabe von Nutzertexten ausschließt, können Sie ebenso zentralisieren.
4. **Bilden Sie ein Social-Media-Koordinationsteam für alle Bereiche**
   Dieses Team sollte aus verschiedenen IT-Funktionen bestehen und das Business bei der Implementierung und beim Betrieb von Social-Media-Anwendungen unterstützen. Es sollte eine proaktive Beratung anbieten und Empfehlungen aussprechen und idealerweise auch aktiv am Social-Media-Projektmanagement beteiligt sein, z. B. als IT-Vertreter in einer Arbeitsgruppe. Auch Anwenderfragen, Schulungen und Nutzerverwaltung sollten über dieses Team laufen. Je besser die IT diesen Service ausführt, umso einfacher wird es sein, das Ruder in der Hand zu behalten und unkontrollierten Wildwuchs zu bekämpfen. Durch eine zentrale Koordination können konkurrierende Tools ausgeschlossen werden.
5. **Behalten Sie den Überblick über Ihre Daten**
   Die riesigen Datenmengen, sogenannte „Big Data", sind eine ganz wesentliche Herausforderung, die Social Media mit sich bringt. Diese Daten haben ein sehr hohes Potenzial. Dieses auszuschöpfen, ist aber gar nicht so einfach. Es ist ein hoher Aufwand damit verbunden, diese Daten zu analysieren, zu strukturieren und zu speichern. Stellen Sie sicher, dass allen Daten immer ein Datenbesitzer („Owner") aus dem Business zugeordnet wird. Wenn jemand den Arbeitsbereich wechselt oder aus dem Unternehmen ausscheidet, muss diese Datenhoheit an einen Nachfolger übertragen werden, sonst geht der Überblick schnell verloren.

Geben Sie bei internen Social-Media-Anwendungen bei der Möglichkeit von Datenablage am besten Taxonomien vor, aus denen gewählt werden kann. So können die erzeugten Daten später besser weiterverarbeitet werden.
Fördern Sie das Verständnis für vertrauliche Daten im Business. Streben Sie eine Datenklassifizierung an und stellen Sie dem Business genaue Anweisungen zur Verfügung wie die Daten zu klassifizieren und in den einzelnen Klassen abzulegen sind.
Insbesondere durch die Nutzung von Cloud Services entstehen ggf. Sicherheitsrisiken. Beziehen Sie Social Media in ihre DLP-Lösung (zur Überwachung von Datenraub) ein. Weitere Informationen zum Thema Social Media und Sicherheit finden Sie in Kap. 17.

Social Media im Personalwesen 12

Zusammenfassung

Dieses Kapitel beschreibt die Auswirkungen von Social Media auf die Arbeit in der Personalabteilung. Im Grunde ist ein Unternehmen ein soziales Netzwerk. Aufgrund der Vermischung von Beruflichem und Privatem in Social-Media-Anwendungen gibt es jede Menge Fallstricke zu beachten. Neben arbeitsrechtlichen Aspekten werden auch Chancen für die Personalbeschaffung, Personalentwicklung, Personalservice und das Employer Branding aufgezeigt.

Der Unternehmensbereich Personal beschäftigt sich mit den Menschen in einem Unternehmen. Und überall, wo Menschen zusammenkommen, entstehen soziale Strukturen und Netzwerke. Im Grunde ist ein Unternehmen nichts anderes als ein betriebliches Netzwerk von Menschen, die gemeinsam agieren. Es gibt zahlreiche innerbetriebliche Kontakte in dem Netzwerk der Mitarbeitenden, aber auch externe berufliche Kontakte.

In der Vergangenheit gab es eine klarere Trennung zwischen dem beruflichen Netzwerk und dem privaten Netzwerk. Mit Social Media können diese Grenzen teilweise fließend sein. Aus diesem Grund gibt es zahlreiche Berührungspunkte mit dem Thema Arbeitsrecht. Auch der Betriebsrat verfolgt mit Interesse die Entwicklung von Social Media im Unternehmen. Außerdem hat Social Media auch für andere Personalbereiche Relevanz. Für die Personalbeschaffung und das Aufbauen einer positiven Arbeitgebermarke können Social Media Anwendungen wie LinkedIn eine wertvolle Unterstützung sein (s. Abb. 12.1). In der Personalentwicklung können Social-Media-basierte Lernformen eine bedeutende Rolle für informelles Lernen spielen. Und auch interne Personaldienstleistungen können von Social Media profitieren.

S. Babka, *Social Media für Führungskräfte*,
https://doi.org/10.1007/978-3-658-34247-0_12

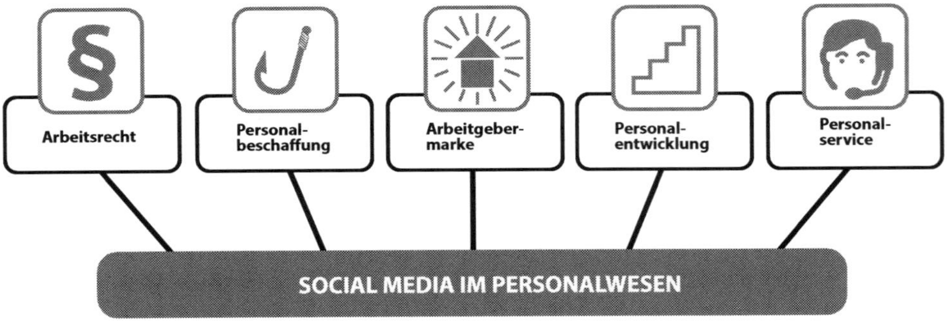

Abb. 12.1 Social Media im Personalwesen

12.1 Social Media und Arbeitsrecht

Die wichtigsten Berührungspunkte von Social Media und Arbeitsrecht sind zweifelsohne die Vorgaben zur privaten und zur betrieblichen Nutzung von Social Media (s. Abb. 12.2). Aber auch der Arbeitnehmerdatenschutz spielt eine wichtige Rolle. Es gibt drei Arten von „Guidelines" zum Thema Social Media im Unternehmen: privat, betrieblich und spezifisch. Dabei sind arbeitsrechtliche Fragestellungen sehr wichtig. Das fängt schon bei der Benennung der in der allgemeinen Social-Media-Terminologie „Guidelines" genannten Vorgaben an. Es macht einen Unterschied, ob es sich um Handlungsempfehlungen oder Richtlinien handelt und welchen Grad der Verbindlichkeit diese Richtlinien haben. Daher sollten sich die Arbeitsrecht-Verantwortlichen in jedem Fall bei der Entwicklung dieser Vorgaben beteiligen. Nähere Informationen finden Sie in Kap. 5.

Exkurs: Was ist Cyber Mobbing?

Als Cyber Mobbing werden digitale Aktivitäten bezeichnet, die das Ziel haben, eine Person zu beleidigen, bloßzustellen oder deren Ansehen zu schwächen. Das Verbreiten von peinlichen Inhalten wie Fotos oder Videos ist durch Smartphones und

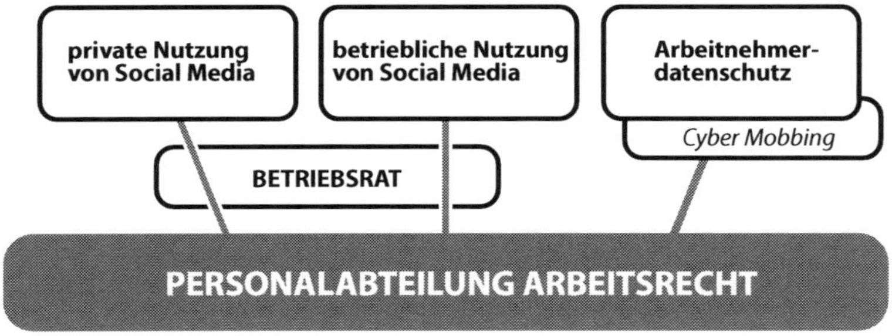

Abb. 12.2 Social Media und Arbeitsrecht

Social-Media-Anwendungen sehr einfach geworden. Cyber Mobbing wird in den Medien vor allem im Zusammenhang mit Kindern und Jugendlichen thematisiert.

Doch es gibt durchaus auch eine hohe Relevanz für Unternehmen, auch wenn das weniger an die Öffentlichkeit gelangt. Denn wer einem Menschen schaden möchte, der zielt unter Umständen auch darauf ab, ihm in seiner beruflichen Umgebung zu schaden. Dabei kann es um externe Streitigkeiten gehen, die beabsichtigt oder unbeabsichtigt in Zusammenhang mit dem Unternehmen gebracht werden können. Es kann sich aber auch um innerbetriebliche Probleme handeln, die auf Social-Media-Plattformen ausgetragen werden und so ein schlechtes Bild des Unternehmens verbreiten.

Das Spektrum reicht von Schmähkritik bis hin zu regelrechten Hetzkampagnen. Während sich die meisten Cyber-Mobbing-Fälle auf normale Arbeitnehmer und Angestellte konzentrieren, können sich organisierte Angriffe durch politisch motivierte Akteure auch gezielt gegen öffentlich bekannte Personen wie Vorstände richten. Ich habe in der Praxis die Erfahrung gemacht, dass mit Abstand die meisten Fälle im Angestelltenverhältnis mit niedrigem Bildungsniveau stattfinden, aber Cyber Mobbing grundsätzlich auf allen Unternehmensebenen zu finden ist. Oftmals werden die Vorfälle nur per Zufall bekannt.

Einige mögliche Beispiele

- **Externe Streitigkeiten, die in den Unternehmenskontext gezogen werden:**
  - Ein verprellter Ex-Freund verbreitet Nacktfotos einer Mitarbeiterin zusammen mit dem Link zu ihrem Facebook-Profil im Internet. Im Facebook-Profil ist der Arbeitgeber genannt und wird somit automatisch mit kommuniziert.
  - Eine eifersüchtige Ehefrau erfährt vom Seitensprung ihres Mannes und verbreitet eine Falschinformation über die Geliebte, bei der sie ihr unterstellt, Kunden wie ihren Mann mittels Sex zum Kauf von Produkten zu überzeugen. Sie verlinkt das Xing-Profil der Mitarbeiterin und die Unternehmenswebseite.
- **Interne Streitigkeiten, die durch Social Media öffentlich werden:**
  - Zwei Mitarbeiter streiten sich um ein prestigereiches Projekt. Nachdem einer der beiden den Zuschlag erhält verbreitet der andere verärgert Schmähkritik über ihn im Internet.
  - Eine Mitarbeiterin, die bei Kolleg:innen grundsätzlich sehr beliebt ist, erhält von einer unbekannten Person Drohungen über Facebook mit dem Hinweis, sie solle sich nicht so einschleimen.
- **Sonderfall: Angriff einzelner Mitarbeiter:innen aufgrund von Unternehmenskritik:**
  - Nach der Ausstrahlung eines Dokumentarfilms über den Arbeitgeber wird ein Mitarbeiter auf seinem Social-Media-Profil angegriffen und verhöhnt.

Fazit

Mitarbeiter:innen sollten möglichst vor Cyber Mobbing geschützt werden und im Fall eines Angriffs unternehmensintern zuverlässige Hilfe finden. Eine derartige Situation löst bei Opfern einen sehr hohen psychischen Druck aus, der ggf. ihre Lebensqualität und Arbeitsleistung stark einschränkt. Unabhängig davon, ob bei dem Cyber-Mobbing-Fall das Unternehmen mit betroffen ist oder nur der Mitarbeiter, kann eine Hilfestellung seitens des Unternehmens einen sehr positiven Effekt haben. Allerdings kann man als Unternehmen nur seine Hilfe anbieten. Ob sie angenommen wird, ist eine andere Sache. Oftmals melden sich die Mitarbeiter:innen aus Scham über den Vorfall gar nicht oder bevorzugen es, allgemeine Fragen zu stellen, die ihnen dann bei der Bewältigung ihres individuellen Problems helfen. Ich habe die Erfahrung gemacht, dass eine interne Hilfestelle für Social-Media-Probleme jeglicher Art von den Mitarbeiter:innen dankbar angenommen wird. Eine der häufigsten Fragen, die mir gestellt wurden, war, welche Sicherheitseinstellungen auf Plattformen wie Facebook gemacht werden sollten. Es ist für alle Beteiligten von Vorteil, wenn Mitarbeiter:innen sich im Umgang mit Social Media sicher und wohl fühlen. Ein Monitoring und proaktives Herantreten an Mitarbeiter:innen würde ich aber nicht empfehlen, weil das als Eingriff in die Privatsphäre aufgefasst werden kann. ◀

Handlungsempfehlungen

- Sorgen Sie für eine gute arbeitsrechtliche Basis im Umgang mit Social Media in Ihrem Unternehmen.
- Machen Sie Vorgaben zur privaten Nutzung von sozialen Netzwerken am Arbeitsplatz in Form einer Empfehlung oder einer verbindlichen Richtlinie, um den Mitarbeiter:innen Anleitung und Sicherheit beim Umgang mit dem Thema zu geben, sofern es keine allgemeine Internetrichtlinie im Unternehmen gibt.
- Wenn Sie Social Media betrieblich nutzen, erstellen Sie Vorgaben zur betrieblichen Nutzung von Social Media in Form einer Empfehlung oder einer verbindlichen Richtlinie.
- Führen Sie grundsätzlich kein mitarbeiterbezogenes Social-Media-Monitoring oder eine Online-Recherche durch, es sei denn, es gibt dringende Gründe wie den Verdacht auf eine Straftat.
- Schulen Sie Mitarbeiter:innen, die betrieblich mit Social-Media-Anwendungen arbeiten, auf mögliche Fallstricke, und gehen Sie sensibel mit deren Arbeitnehmerdaten um.
- Bieten Sie Ansprechpartner:innen im Unternehmen für jegliche Fragen rund um das Thema Social Media (Prävention von Sicherheitsrisiken, Anwendungsfehlern sowie Hilfestellung bei Cyber Mobbing).

Mögliche KPIs

- Erstellung von Social-Media-Vorgaben
- Kommunikation von Social-Media-Vorgaben

- Anzahl dokumentierter Cyber-Mobbing-Fälle
- Anzahl der Mitarbeiter:innen, die Social Media betriebsbedingt nutzen
- Anzahl der geschulten Mitarbeiter:innen, die Social Media betriebsbedingt nutzen

12.2 Social Media in der Personalbeschaffung (Recruiting)

In der Personalbeschaffung (Recruiting) gibt es drei große Handlungsfelder im Zusammenhang mit Social Media. Social Media bietet zum einen die Möglichkeit einer Recherche, um während des Einstellungsprozesses mehr über den Kandidaten zu erfahren, und das Profil besser einschätzen zu können. Auch die Beschaffung von Personal mit gutem Social-Media-Fachwissen ist eine wichtige und neue Herausforderung. Des Weiteren können Social-Media-Anwendungen genutzt werden, um mögliche Kandidaten aller Fachbereiche aktiv anzusprechen. Eine direkte Form der Ansprache seitens eines Unternehmens oder eines von einem Unternehmen beauftragten Dienstleisters wird als „Active Sourcing“ bezeichnet. Diese neue Form der Personalbeschaffung gewinnt vor allem deswegen immer mehr an Bedeutung, weil viele Kandidaten über die klassischen Kanäle nicht mehr zu finden sind. Und in Zeiten, in denen Schlagworte wie „Fachkräftemangel“, „War for Talents“ oder die gehobenen Ansprüche der „Generation Y“ die Personalbeschaffung prägen, bietet es sich an, Social Media zu nutzen, um aktiv nach Kandidaten zu suchen.

Über berufsorientierte Social-Media-Anwendungen wie Xing oder LinkedIn, aber auch über Lebenslaufdatenbanken bei Anbieter:innen wie Monster, StepStone oder Experteer können interessante Kandidaten direkt kontaktiert werden. Die Nutzung von Active Sourcing hat zahlreiche Vorteile. Wenn das Unternehmen selbst aktiv wird, können beispielsweise hohe Kosten für Headhunter und Personalbeschaffungsagenturen eingespart werden. Es können gezielt passende Kandidaten angesprochen werden und mit diesen direkt, offen und transparent kommuniziert werden. Es steht ein großer Bewerberpool mit zahlreichen Recherchemöglichkeiten zur Verfügung, und auch Kandidaten für schwierige Positionen können gezielt gesucht und gefunden werden.

Allerdings hat die Verwendung von Social Media im Rekrutierungsprozess auch einige rechtliche Fallstricke, deren man sich bewusst sein sollte. Ein Thema kann der Datenschutz sein. Das bloße Aufrufen von Social-Media-Profilen kann unter Umständen schon als Datenerhebung gewertet werden, daher ist bereits bei der Recherche Vorsicht geboten. **Es empfiehlt sich, zwischen freizeitorientierten und berufsorientierten Social-Media-Anwendungen zu unterscheiden.** Aber auch eine fehlende Einverständniserklärung bei der Kontaktaufnahme sowie die Frage nach einer Impressumspflicht auf betrieblichen Social-Media-Profilen oder die unklare rechtliche Lage bei der Speicherung der Daten kann zu einem Fallstrick werden. Ebenfalls ist das Wettbewerbsrecht zu beachten. Insbesondere die Möglichkeit der Ansprache von Mitarbeiter:innen der Konkurrenz sollte nicht unbedacht genutzt werden. Es handelt sich bei vielen Fragestellungen um rechtliche Grauzonen, die noch nicht von Gesetzen abgedeckt sind, und die juristische Lage verändert sich aufgrund von neuen Rechtsprechungen sehr schnell.

Handlungsempfehlung
Holen Sie sich in der Planungsphase von Social-Media-Aktivitäten, aber auch danach in regelmäßigen Abständen einen juristischen Expertenrat, um auf dem aktuellen Stand der Rechtslage zu sein und juristische Fallstricke zu vermeiden.

Geben Sie den Mitarbeiter:innen oder Dienstleistern, die mit der Personalbeschaffung über Social-Media-Kanäle betraut sind, klare Vorgaben und Informationen an die Hand, um Problemen vorzubeugen.

Einige Vorgaben könnten z. B. sein

- Art der Auswahl und Ansprache der Kandidaten (z. B. nur Kandidaten mit bestimmten Einstellungen im Profil, die darauf hinweisen, dass sie angesprochen werden möchten)
- Ansprache nur über beruflich orientierte Netzwerke, nicht über freizeitorientierte Netzwerke
- Maßnahmen zum Schutz der Kandidatendaten (z. B. Ausblenden der Kontaktliste bei Xing)
- Vorgaben zum Speichern und Bearbeiten der Daten (z. B. kein Versand von Screenshots)
- Disclaimer mit Impressum, Datenschutzerklärung und Anfrage zur Einverständniserklärung
- Keine Bezugnahme zum aktuellen Arbeitgeber und insbesondere keine negativen Kommentare über diesen
- Kenntnisnahme der Nutzungsbedingungen der einzelnen Anwendungen.

Mögliche KPIs

- Anzahl der über Social-Media-Kanäle angesprochenen Kandidaten
- Anzahl der über Social-Media-Kanäle erfolgten Einstellungen
- Zeitaufwand pro Kandidat
- „Active Sourcing"-Guidelines erstellt (Vorgaben für das aktive Ansprechen von Kandidaten über Social Media)
- Anzahl von geschulten Mitarbeiter:innen

12.3 Social Media und die Arbeitgebermarke (Employer Branding)

Ein weiterer Berührungspunkt für Social Media und Personal ist der Einsatz von Social Media für den Aufbau einer positiven Arbeitgebermarke (vgl. Abb. 12.3). Aufgrund der teilweise angespannten Situation in der Personalbeschaffung wird das Thema externe Werbung für den Arbeitgeber immer relevanter. Natürlich richtet sich eine solche

Abb. 12.3 Social Media und Employer Branding

Werbung nicht an eine breite Masse, sondern zielt darauf ab, ganz bestimmte Zielgruppen zu erreichen. Dies ist in Social-Media-Kanälen sehr gut zu steuerbar. Außerdem ist durch Social Media eine sehr authentische Kommunikation möglich. Arbeitgeber können transparent und auf Augenhöhe mit der Zielgruppe kommunizieren und Interessenten einen Einblick in das Arbeitsleben gewähren. Auch für internes Employer Branding, also für die Stärkung der Arbeitgebermarke innerhalb eines Unternehmens, kann Social Media genutzt werden. Über interne Netzwerke können die Identifikation und der Zusammenhalt gestärkt werden.

Praktikanten können nach ihrem Praktikum mittels Social-Media-Anwendungen einfach und unkompliziert mit dem Unternehmen in Kontakt bleiben. Bindungsprogramme können mit Social-Media-Anwendungen intensiviert werden. Auch die Kraft der eigenen Mitarbeiter:innen und deren Empfehlungen können beispielsweise durch „Mitarbeiter werben Mitarbeiter"-Programme in Social Media forciert und genutzt werden.

Viele Chancen, aber auch Risiken bergen die zahlreichen Arbeitgeberbewertungsportale im Internet. Auf Seiten wie www.Kununu.de, www.meinchef.de, www.bizzwatch.de, www.jobvoting.de, www.meinpraktikum.de oder www.prakti-test.de können Arbeitgeber bewertet werden. Bei Kununu gibt es beispielsweise die Möglichkeit, den Bewerbungsprozess, eine Arbeitsstelle oder eine Ausbildung anonym zu beurteilen. Das Unternehmen hat die Möglichkeit, zu den Bewertungen Stellung zu nehmen. Positive Bewertungen sind natürlich erfreulich und tragen positiv zum Image eines Arbeitgebers bei.

Im Umkehrschluss sind negative Bewertungen für Arbeitgeber abwertend, bieten jedoch auch die Möglichkeit, eine ehrliche Meinung zu erhalten und somit die Chance, Dinge zu verbessern. Ihr Unternehmen wird mit großer Wahrscheinlichkeit auf zuvor genannten Plattformen oder in Fachforen diskutiert. Es ist Ihre Entscheidung, ob Sie sich an den Konversationen beteiligen oder sie anderen überlassen. Ein solches Fachforum ist beispielsweise www.wiwitreff.de. Hier tauschen sich Wirtschaftswissenschaftler anonym über berufliche Themen aus. So findet man beispielsweise die Information, welche Konsumgüterhersteller:innen das höchste Gehalt für einen Bezirksleiter zahlen und welchen Dienstwagen welches Einzelhandelsunternehmen seinen Mitarbeiter:innen stellt.

Insbesondere für die Zielgruppe Studenten gibt es zahlreiche Ansatzpunkte in Social Media. Über interessante Inhalte zur Karriereplanung oder Tipps zur Bewerbung kann das Interesse genauso geweckt werden wie über neue Formate wie Twitter-Jobmessen oder den direkten Kontakt ins Unternehmen.

Merke
Die Arbeitgebermarke kann durch Social Media positiv oder negativ beeinflusst werden. Einschätzen können Sie die Situation nur, wenn Sie sich einen Überblick über die Gespräche und Bewertungen im Internet verschaffen. Ein Stück weit steuern kann nur, wer selbst als Unternehmen in Social Media aktiv ist.

Handlungsempfehlungen

- Verschaffen Sie sich einen Überblick. Führen Sie ein Social-Media-Monitoring durch.
- Werden Sie aktiv. Bedanken Sie sich für positive Bewertungen, geben Sie Stellungnahmen zu negativen Äußerungen.
- Motivieren Sie Mitarbeiter:innen, das Unternehmen zu bewerten.
- Nehmen Sie Bewertungen ernst und leiten Sie ggf. Maßnahmen ein, wenn berechtigte Kritik Missstände aufzeigt.
- Nutzen Sie die Gelegenheit, sich als Arbeitgeber authentisch darzustellen. Lassen Sie Mitarbeiter:innen sprechen.
- Behalten Sie bei allen Aktivitäten immer die rechtlichen Rahmenbedingungen im Auge. Wenn Sie Fotos oder Videos mit Mitarbeiter:innen zeigen, holen Sie eine schriftliche Einverständniserklärung ein. Treffen Sie auch Vereinbarungen für den Fall eines Ausscheidens aus dem Unternehmen.
- Beziehen Sie bei größeren Kampagnen den Betriebsrat mit ein.
- Schützen Sie die Mitarbeiter:innen vor negativen Kommentaren, indem Sie beispielsweise die Kommentarfunktion auf YouTube bei Mitarbeiterfilmen deaktivieren oder im Rahmen der Moderation einer Facebook-Seite unterstützend eingreifen, wenn sich das Netz über persönliche Dinge wie beispielsweise die Frisur eines Mitarbeiters auf einem Foto auslässt.

Mögliche KPIs

- Kumulierte Reichweite einer Employer-Branding-Kampagne über mehrere Kanäle (z. B. Xing, YouTube, Webseite)
- Anzahl der Besucher der Karriere-Webseite von Social-Media-Anwendungen kommend
- Klicks auf YouTube-Video
- Anzahl der Aufrufe eines Unternehmensprofils (z. B. Xing, LinkedIn, Kununu)
- Anzahl der geteilten Xing-Unternehmens-Neuigkeiten

12.4 Social-Media-Fachkräfte

Die richtigen Social-Media-Talente für Ihr Unternehmen zu finden, ist nicht gerade eine leichte Aufgabe.

12.4.1 Der Social-Media-Manager[1]

Neben fachlichem Wissen im Bereich Betriebswirtschaft, Marketing, PR, IT und Jura muss ein übergeordneter Social-Media-Manager auch analytisches und strategisches Denken beherrschen und die Fähigkeit besitzen, selbstständig Projekte zu steuern und immer wieder neu zu strukturieren. Es ist von Vorteil, ein hohes Maß an Selbstorganisation zu haben und auch ohne Führung zielstrebig zu arbeiten. Aufgrund der Abhängigkeit von anderen Abteilungen ist es wichtig, dass interne Netzwerke etabliert und gehalten werden können. Hierbei helfen Offenheit und Neugier. Ein Social-Media-Manager muss gut präsentieren und die Menschen für sich gewinnen können. Er muss flexibel und kreativ sein und einen hohen Grad an Belastbarkeit und Frustrationstoleranz haben. Empathie und Diplomatie sind ebenso wichtig wie Durchsetzungsvermögen und Entscheidungsfreudigkeit. Nur als Teamplayer wird er in der Lage sein, die Thematik übergreifend im Unternehmen zu verankern.

Wie in Kap. 3 dargelegt, ist es empfehlenswert, einen zentralen Social-Media-Bereich mit Führungskraft zu etablieren. Eine solche Aufstellung ermöglicht dem Top-Management optimale Entscheidungsgrundlagen für den strategischen Umgang mit dem Thema. Auf dieser Position sind Social-Media-Expertise und langjährige Erfahrung mit Social Media unbedingt notwendig, um stets auf dem neusten Stand zu sein. Aufgrund der Fülle der neuen Informationen und ständigen Änderungen ist es kaum möglich, sich die Grundlagen anzueignen und gleichzeitig auf dem aktuellen Stand zu bleiben. Eine Social-Media-Führungskraft ermöglicht es außerdem, einzelne Social-Media-Rollen durch interne Mitarbeiter:innen zu besetzen und sie für das Thema zu schulen und weiterzuentwickeln.

12.4.2 Weitere Social-Media-Aufgaben

Weitere Social-Media-Aufgaben, die in Jobprofile übertragen werden können, sind:

---

[1]Hinweis: Da die Jobtitel in der Social-Media-Welt aus dem Englischen kommen, handelt es sich hierbei oftmals um die männliche Form (z. B. „Manager") Ich sehe hier ausdrücklich Frauen inbegriffen, obwohl ich in diesem Abschnitt diesen eingedeutschten Begriff in männlicher Form nenne.

Community-Manager

Er ist verantwortlich für die inhaltliche Steuerung einer Social-Media-Aktivität – z. B. für das Tweeten in einem Twitter-Kanal. In dieser Rolle werden die in dem Kanal veröffentlichten Inhalte, aber auch die Reaktionen und der Dialog gesteuert. Die Herausforderung bei der Besetzung dieser Aufgabe ist es, dass es sich um eine sehr zeitintensive und operative Tätigkeit handelt, die aber gleichzeitig ein hohes Maß an Eigenverantwortung und strategischem Geschick und Erfahrung erfordert. Community-Manager sprechen offiziell im Namen des Unternehmens, und ihre Kommunikation ist öffentlich. Sie sollten für die Rolle des Community-Managers also jemanden auswählen, den Sie auch mit der Presse reden lassen würden. Auf keinen Fall sollten Praktikanten oder Berufsanfänger als Community-Manager eingesetzt werden. Sie können lediglich als eine Arbeitsunterstützung dienen. Da ein Social-Media-Kanal nie unbeobachtet bleiben sollte, ist in dieser Rolle eine Vertreterregelung bzw. das Arbeiten in Schichten anzuraten. Da Social-Media-Kanäle 24 h am Tag erreichbar sind und jederzeit ein Problem auftreten kann, kommt es bei Community-Managern oftmals zum Konflikt mit Arbeitszeitenregelungen.

Corporate Blogger

Ein Corporate Blogger betreut einen internen oder externen Unternehmensblog. Um den richtigen Mix an Themen zu finden und interessante Blogbeiträge zu erstellen, ist in dieser Rolle journalistisches Geschick notwendig. Die Rolle des Corporate Bloggers ist eine Sonderform eines Community-Managers, daher sind die dort genannten Anforderungen auch für den Corporate Blogger zutreffend. Interne Vernetzung ist hier ganz besonders wichtig.

Influencer-Relations-Manager /Blogger-Relations-Manager

Mit einer Teilaufgabe der Öffentlichkeitsarbeit beschäftigt sich der Influencer-/Blogger-Relations-Manager, nämlich mit dem Thema Ansprache und Betreuung von Influencern und Bloggern, analog zum Media-Relations-Manager, der für die Beziehungspflege mit Journalisten zuständig ist. Da jeder einen Social-Media-Kanal eröffnen kann, handelt es sich bei Influencern um eine Teilöffentlichkeit von Meinungsbildnern, die zwar teilweise inhaltliches oder journalistisches Fachwissen haben, aber in der Regel Privatpersonen sind. Daher handeln diese Social-Media-Meinungsbildner aus den unterschiedlichsten Motiven heraus und sind wesentlich schwerer einzuschätzen als Journalisten. Wer Influencer Relations betreiben möchte, braucht also absolutes Fingerspitzengefühl bei der Ansprache von Influencern und Bloggern. Netzwerkorientierung, Empathie und organisatorisches Talent sind Voraussetzungen für erfolgreiche Influencer/Blogger Relations.

Social-Media-Analyst

Im Bereich Social-Media-Analyse gibt es mehrere Funktionen. Zum einen geht es bei Social-Media-Analysen um Kennzahlen und Erfolgsmessung und um Beobachtung und

Auswertung der Social-Media-Gespräche. Zum anderen geht es im Zusammenhang mit „Social Data" um die Harmonisierung der in Social Media gewonnenen Daten mit bestehenden Daten wie beispielsweise Kundendaten. In der Rolle eines Social-Media-Analysten sind analytisches Denken, Logik aber auch IT-Verständnis gefragt. Wenn das Thema Social-Media-Monitoring mit in den Aufgabenbereich fällt, ist ebenfalls Erfahrung im Bereich Social-Media-Community-Management und Krisenprävention notwendig, um mögliche Risiken zu erkennen.

Mischformen

Natürlich gibt es auch viele Mischformen der bereits genannten beispielhaften Aufgabenbereiche. Außerdem führt die immer größer werdende Bedeutung von Social Media auch dazu, dass traditionelle Stellenprofile mit Social-Media-Elementen ergänzt werden (z. B. ein Pressesprecher, der jetzt auch auf Twitter oder LinkedIn agiert, eine Recruiterin, die neben dem normalen Recruiting auch Active Sourcing betreibt, ein Marketingmanager, der auch Kampagnen im Social Web steuert usw.).

Merke

Eine Ausbildung allein macht aus einem Kandidaten noch keinen guten Social-Media-Manager, da ein sehr übergreifendes Fachwissen und auch eine bestimmte Art von Persönlichkeit gefragt sind. Es gibt zwar mittlerweile zahlreiche Social-Media-Weiterbildungsmöglichkeiten und Studiengänge, diese sind aber in der Regel nur sehr oberflächlich, und es fehlt an betriebswirtschaftlichen, rechtlichen und journalistischen Grundlagen. Oftmals ist es sinnvoller, Kandidaten mit übergreifenden Studiengängen (BWL, Journalismus, Medien, Personal, Jura) zu wählen, die sich im Bereich Social Media theoretisch oder praktisch weitergebildet oder spezialisiert haben. Interne Kandidaten mit Social-Media-Begeisterung sind grundsätzlich die geeignetsten Besetzungen, denn diese verstehen das Unternehmen und haben sich bereits ein Netzwerk aufgebaut. Sie können durch Schulungen entsprechendes Wissen aufbauen.

12.5 Social Media in der Personalentwicklung

Social Media kann in der Personalentwicklung mehrere Rollen spielen. Zum einen ist das Thema für so viele Unternehmensbereiche relevant und gleichzeitig noch neu, dass der **Aufbau von Kenntnissen in diesem Bereich eine ebenso große Herausforderung** sein kann wie die Anpassung bestehender Strukturen und Prozesse, um das Unternehmen auf die Veränderungen durch Social Media vorzubereiten. Unternehmen wie Quelle oder Neckermann z. B. sind die strategische Ausrichtung im Bereich Digital und Social Media vielleicht zu spät angegangen. Es geht nicht mehr darum, dass der Stärkste überlebt, sondern derjenige der sich am besten an die aktuelle Situation anpasst. Das gilt gleichermaßen für das ganze Unternehmen wie auch für die einzelnen Mitarbeiter:innen.

Wie bei jedem Veränderungsprozess liegt die Herausforderung darin, die für den Prozess ausreichend ausgebildeten Mitarbeiter:innen motiviert zu halten, auch wenn die Veränderung nicht so schnell geht, wie sie es sich erhofft haben, und gleichzeitig diejenigen, die der Veränderung skeptisch gegenüber stehen, zu motivieren, sich der Herausforderung zu stellen. **Es ist mit Sicherheit nicht einfach, ein ganzes Unternehmen von analog auf digital umzukrempeln.** Und dieser Prozess findet auch nicht über Nacht statt. Wenn der Aufbau von zusätzlichen Kenntnissen im Bereich Social Media mit Anreizsystemen wie besseren Karrierechancen einhergeht und in den Zielen oder der Karriereplanung verankert ist, hat ein Social-Media-Schulungsprogramm sicherlich mehr Chancen auf Erfolg als eine freiwillige innerbetriebliche Weiterbildung.

Social Media im Unternehmen zu verankern, ist also ein wesentlicher Punkt in der Personalentwicklung. Ein noch viel bedeutenderer Aspekt ist der Einsatz von Social-Media-Anwendungen für die innerbetriebliche Weiterbildung und den Austausch zwischen den Mitarbeiter:innen. Informelles und ortsungebundenes Lernen gewinnt immer mehr an Bedeutung. Lernen findet heute nicht mehr zwingend in einem Schulungsraum und formell angeordnet statt, sondern eben auch zufällig und eher selbstbestimmt, wenn man gerade die Muße dazu hat. Die Lernfähigkeit eines Unternehmens kann ein entscheidender Wettbewerbsfaktor sein. Der Wissensaustausch zwischen den Mitarbeiter:innen wird technisch immer einfacher, und alle können sich theoretisch aktiv in den Lernprozess einbringen. Die Rolle des Personalentwicklers ändert sich durch diese Herangehensweise. Bei dieser neuen Form des Lernprozesses begleitet dieser das Lernen wie ein Coach moderierend und unterstützend. Informelles Lernen kann einzeln oder auch als Ergänzung zu formellem Lernen eingesetzt werden, beispielsweise um Themen zu vertiefen. Anwendungen wie Udemy oder LinkedIn Learning bieten in Social Media-Anwendungen-integriertes Lernen an.

Die Inhalte für das Lernen mittels Social Media können entweder zentral erstellt werden – beispielsweise bei einer monatlichen Vertriebsschulung mittels eines Podcasts – oder durch einzelne Mitarbeiter:innen selbst beispielsweise Blogposts von Mitarbeiter:innen der Rechtsabteilung über die aktuelle rechtliche Lage zum Urheberrecht auf Facebook. Die Erstellung von Informationen bzw. Lerninhalten kann auch durch Anreizsysteme gefördert werden.

Ein weiterer Ansatz kann auch betriebsinternes „Social Gaming" sein. Ähnlich wie bei Spielen auf Social-Media-Plattformen können Unternehmensplanspiele Lerninhalte auf spielerische Art vermitteln und dabei ebenfalls den Zusammenhalt der Mitarbeiter:innen fördern.

Durch betriebsinterne „Netzwerke" können Expertengruppen gebildet werden und auch die Fähigkeiten und das Wissen einzelner Mitarbeiter:innen für einen sinnvollen Erfahrungsaustausch transparenter dargestellt werden. So erhält der Texanische Experte in den USA eventuell über interne Social-Media-Anwendungen die Antwort auf ein

Problem von einem Experten im selben Fachgebiet in Schweden, der sich mit der Fragestellung schon auseinandergesetzt und das Problem bereits gelöst hat.

Neben all den eben aufgeführten positiven Aspekten gibt es im Bereich Social Media und Personalentwicklung auch Risiken bzw. Herausforderungen. **Eine große Herausforderung ist eine mögliche Abwehrhaltung der Mitarbeiter:innen und des Betriebsrats gegenüber derartigen Programmen und Tools.** Wenn man das Thema Social Media nicht systematisch schult, gibt es ebenfalls ein betriebliches Risiko, die digitalen Trends zu verpassen und den Anschluss zu verlieren. Leider hat konkretes Expertenwissen über Social Media aufgrund der schnellen Entwicklungen eine sehr geringe Halbwertszeit. Regelmäßiges Schulen auf aktuelle Social-Media-Entwicklungen ist daher anzuraten.

Jegliche Art von innerbetrieblicher Social-Media-Kommunikation sollte mit den Arbeitnehmervertretern abgestimmt sein und in den Arbeitsverträgen oder in Form einer Betriebsvereinbarung oder bei Anmeldung bei den jeweiligen internen Anwendungen verankert sein. Hierbei geht es insbesondere um den Datenschutz und um das Recht am eigenen Bild. Aber auch vergleichbare Daten wie das für jeden ersichtliche „online" Zeichen auf einer Kommunikationsplattform oder ein „Aktivitätsindex" auf einem internen Netzwerk können von Bedeutung sein.

Handlungsempfehlung

- Verankerung des Themas Social Media im Weiterbildungsprogramm
- Förderung von Wissenstransfer durch die Mitarbeiter:innen
- Anreizsysteme für die Erstellung von Inhalten
- Beachtung der rechtlichen Situation
- Einbeziehung des Betriebsrates

Mögliche KPIs

- Anzahl der durch Mitarbeiter:innen erstellten Lerninhalte
- Anzahl der für Social Media geschulten Mitarbeiter:innen
- Konzept zur Integration von Social Media erstellt
- Ratings der Lerninhalte

12.6 Social Media im Personalservice

Wie auch im Bereich des externen Kundenservice kann Social Media beim Umgang mit internen „Kund:innen" – den Mitarbeiter:innen – wesentliche Synergien schaffen. So können Themen, die alle Mitarbeiter:innen betreffen, wie z. B. die Umstellung auf die elektronische Lohnsteuerkarte oder die Einführung von IBAN und SWIFT, durch Social-Media-Kanäle kommuniziert und begleitet werden. Interne Social-Media-Anwendungen bieten ausreichend Flexibilität, um nachträgliche Ergänzungen zu liefern. Außerdem klären sich viele Fragen von selbst, wenn diese bereits innerhalb der Anwendung für alle Mitarbeiter:innen sichtbar gestellt und beantwortet wurden. Selbstverständlich ist bei individuellen persönlichen Fragestellungen eine öffentliche Diskussion oftmals nicht anzuraten.

13 Social Media in Betriebsrat und Gewerkschaften

Zusammenfassung

Das Kapitel Social Media in Betriebsrat und Gewerkschaften zeigt die für Arbeitnehmervertreter hochbrisanten Themen im Zusammenhang mit Social Media auf. Dabei geht es neben der Vermischung von Beruflichem und Privatem auch um Arbeitszeitenregelungen und das Recht am eigenen Bild. Des Weiteren werden Einsatzmöglichkeiten von Social Media seitens des Betriebsrats erläutert.

Für Arbeitnehmervertreter gibt es einige hochbrisante Themen im Zusammenhang mit Social Media (vgl. Abb. 13.1). Das fängt schon damit an, dass der Betriebsrat in der Regel irgendeine Haltung zum Thema „private Internetnutzung" im Unternehmen hat. Meistens wird seitens der Arbeitnehmervertreter dafür plädiert, das private Surfen zu erlauben. Da beim Thema Social Media oftmals die Grenzen zwischen Privatem und Beruflichem fließend sind, gibt es zahlreiche Fragestellungen, die man am besten als Vorgaben oder Richtlinien, in Form einer Betriebsvereinbarung oder direkt im Arbeitsvertrag klärt.

Der Betriebsrat hat ein Interesse daran, dass die Mitarbeitenden sowohl in ihrem privaten Umfeld als auch im Zusammenhang mit betrieblichen Social-Media-Aktivitäten nicht beobachtet oder überwacht werden. Auch das Aufzeigen eines Aktivitätslevels oder eines öffentlichen „Online"-Status kann zum Problem werden, da es als Rückschluss auf die Arbeitsleistung interpretiert werden kann. Selbst ein Profil mit der genauen Stellenbeschreibung oder gar nur des Jobtitels kann unter Umständen als kritisch gesehen werden. Es ist daher sehr ratsam, den Betriebsrat vor der Einführung jeglicher Social-Media-Aktivitäten, die Mitarbeitende betreffen, in die Planungen einzubeziehen.

Ein weiterer sehr wichtiger Punkt ist das Thema Arbeitszeiten. Da Social-Media-Kanäle immer zu erreichen sind, kommt es sehr schnell zu einem Konflikt zwischen Regelarbeitszeiten und der unternehmerischen Notwendigkeit, auch am Wochenende

S. Babka, *Social Media für Führungskräfte*,
https://doi.org/10.1007/978-3-658-34247-0_13

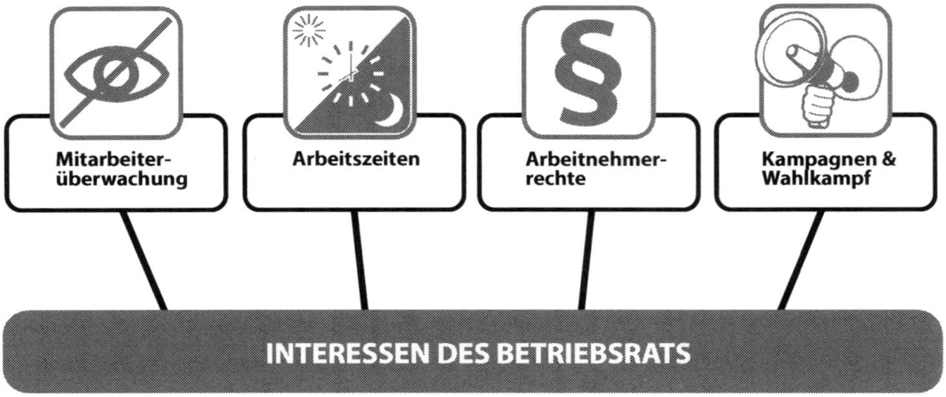

Abb. 13.1 Social Media und der Betriebsrat

oder am Feiertag in den Dialog zu gehen. Hierbei spielen internationale Aspekte und die damit einhergehenden Zeitverschiebungen eine Rolle ebenso wie die Tatsache, dass die meisten Menschen gerade dann in Social-Media-Kanälen aktiv werden, wenn sie Feierabend, Wochenende oder Feiertag haben. Für das Community-Management und Monitoring, also das Überwachen eines betriebseigenen Social-Media-Kanals sowie des Internets allgemein, sind genaue Vorgaben und Absprachen für Vorfälle außerhalb der Bürozeit unbedingt erforderlich.

Arbeitnehmervertreter sind außerdem daran interessiert, die Rechte der Mitarbeiter:innen zu wahren. Hierbei geht es z. B. um die Persönlichkeitsrechte der Mitarbeiter:innen, beispielsweise um die Angabe von Namen und Bildern. So sollten Film- oder Fotoaufnahmen in jedem Fall mit dem Betriebsrat abgestimmt sein und zusätzlich die Erlaubnis für die Verwendung der Bilder auf Social-Media-Kanälen eingeholt werden. Auch Aspekte der Gleichstellung sollten beachtet werden. Zum Beispiel könnte eine Extravergütung für das Schreiben eines Blogposts im Firmenblog dahingehend geprüft werden, ob sie für alle Mitarbeiter:innen dieselbe Höhe hat, unabhängig von Funktion und Stellung im Unternehmen.

Aber es gibt auch Social-Media-Aspekte, die Arbeitnehmervertreter und Gewerkschaften für sich selbst nutzen und schätzen. Denn Social-Media-Kanäle bieten sich natürlich auch für den eigenen Wahlkampf und die Mitgliederkommunikation sowie die Kommunikation mit Randgruppen an.

Intern können Social-Media-Anwendungen z. B. genutzt werden, um den eigenen Standpunkt klar zu machen, Rückmeldungen aus der Belegschaft einzuholen oder Communities einzelner Minderheiten (z. B. Sehbehinderte, Alleinerziehende, Juden oder Azubis) zu bilden. Auch die Kommunikation der Mitarbeitervorteile und Vergünstigungen kann über interne Social-Media-Kanäle vereinfacht werden.

Gewerkschaften können öffentliche Social-Media-Kanäle wie z. B. YouTube nutzen, um Druck auf die Branche auszuüben und übergreifende Streiks zu organisieren. Der Betriebsrat kann über externe Social-Media-Kanäle Informationen an die Presse weitergeben und auch extern Aufmerksamkeit für bestimmte Fragestellungen generieren. Die Bandbreite der Social-Media-Aktivitäten von Arbeitnehmervertretern und Verbänden reicht von absolut dilettantisch bis hoch professionell. Einige Gewerkschaften stellen Social-Media-Guidelines, -Inhalte und -Arbeitspapiere für den Arbeitskampf ihrer Mitglieder zur Verfügung.

Merke
Aus unternehmerischer Sicht ist es ratsam, sich ein Bild der bestehenden Social-Media-Aktivitäten des Betriebsrats im eigenen Unternehmen und in den Gewerkschaften der Branche zu machen und Maßnahmen des Unternehmens mit der Mitarbeitervertretung abzusprechen.

Social Media im Einkauf 14

Zusammenfassung

Dieses Kapitel beschreibt die Herausforderungen und Chancen, die Social Media für den Einkauf birgt. Neben dem Einkauf von Social-Media-Dienstleistungen und Software geht es dabei auch um die Nutzung von Social Media zur Kontaktpflege und Auswahl von Lieferant:innen sowie um die kommunikative Auswirkung von Einkaufsentscheidungen. Es werden außerdem Entscheidungskriterien für die Auswahl von Social-Media-Dienstleistern und Software aufgeführt.

Wie die meisten Abteilungen ist auch der Einkauf von Social Media beeinflusst. Es entstehen ganz neue Möglichkeiten der Recherche und Kontaktpflege. Der Einkauf von Rechten jeglicher Art ist aufgrund globaler Social-Media-Strukturen zu einer noch größeren Herausforderung geworden. Und der in der Gesellschaft immer lauter werdende Wunsch nach Transparenz in der Lieferkette schafft zusätzliche Komplexität. Die Social-Media-Ansatzpunkte im Einkauf sind in Abb. 14.1 dargestellt.

Social Media zur Akquise und Kontaktpflege

Wie in anderen Bereichen auch bieten Social-Media-Anwendungen im Einkauf eine hervorragende Möglichkeit zum Aufbau und zum Pflegen von Kontakten. Anwendungen wie Xing oder LinkedIn sind hierfür besonders geeignet. So kann ein Einkäufer bzw. eine Einkäuferin z. B. im Xing-Profil im Bereich „Suche" Begriffe eingeben, die es Anbieter:innen ermöglichen, proaktiv auf das Unternehmen zuzugehen. Insbesondere bei kniffligeren Einkaufsaufgaben kann diese Form der Suche ein Vorteil sein, um die sprichwörtliche Nadel im Heuhaufen zu finden. Auch bei Einkaufsgebieten mit vielen etablierten Anbieter:innen kann es von Vorteil sein, den aktuellen Markt auf diese Art und Weise zu beobachten oder sich über Social-Media-Kanäle zu neuen Angeboten zu informieren. Wenn Personen aus dem Einkauf ihre Social-Media-Profile für solche

S. Babka, *Social Media für Führungskräfte*,
https://doi.org/10.1007/978-3-658-34247-0_14

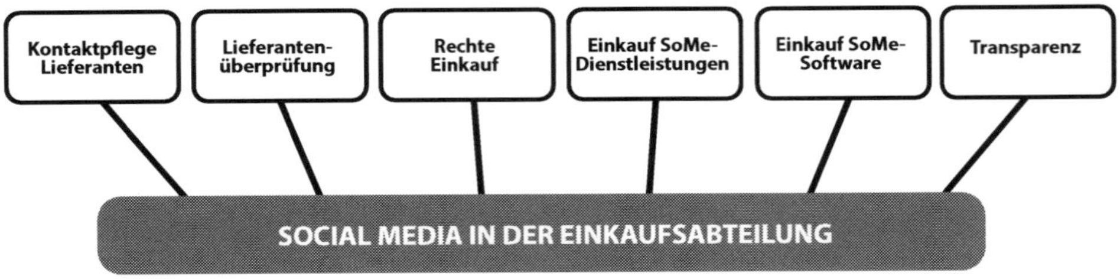

Abb. 14.1 Social Media im Einkauf

Zwecke nutzen, sollte das am besten mit der Rechtsabteilung abgesprochen werden, um datenschutzrechtliche und wettbewerbsrechtliche Risiken zu vermeiden. Ein Impressum ist beispielsweise empfehlenswert, damit der Arbeitgeber deutlich zu erkennen ist. Es gibt auch zahlreiche Gruppen und Foren, die es Einkäufern ermöglichen, sich untereinander auszutauschen. Der Praxisaustausch mit anderen Unternehmen kann große Vorteile bringen. Hierbei ist allerdings insbesondere auf kartellrechtliche und wettbewerbsrechtliche Aspekte zu achten.

Anbieter:innen- bzw. Produktüberprüfung

Heutzutage ist jedes Unternehmen dem Druck ausgesetzt, im Social Web diskutiert und bewertet zu werden. Oftmals lassen sich über Social-Media-Anwendungen zahlreiche für den Einkauf relevante Informationen über ein Unternehmen finden. Zum Beispiel über Lieferpünktlichkeit oder Service, aber auch über die Einhaltung des Produktversprechens oder die Behandlung der Mitarbeiter:innen. Anbieter:innen zu „googeln", bietet sich an und ist bereits gängige Praxis. Auf Arbeitnehmerplattformen wie Kununu.de, MeinChef.de oder Wiwi-treff.de findet man beispielsweise wertvolle Informationen über Unternehmensabläufe, Probleme, die Zufriedenheit der Mitarbeiter:innen oder eine vielleicht bevorstehende Insolvenz. Auf WikiLeaks findet man z. B. ggf. Hinweise auf bestehende Sicherheitslücken des Unternehmens. Ob und inwieweit Sie solche Informationen im Einkauf recherchieren und nutzen, sollte in jedem Fall strategisch evaluiert und am besten von Juristen überprüft und freigegeben werden.

Einkauf von Rechten

Der Einkauf von Rechten ist durch die neuen durch Social Media geschaffenen Anforderungen um einiges komplexer geworden.

Markenrechte und Lizenzen

Markenrechte können nach Ländern oder Kategorien eingekauft werden. Diese Unterteilung stellt in Social-Media-Anwendungen ein Problem dar, da soziale Netzwerke global sind und sich weder geografisch noch kategorisch eingrenzen lassen. Wenn Sie also einen Produkt- oder Unternehmensnamen haben, der nicht weltweit einsetzbar ist, bekommen Sie auf internationalen Plattformen wie YouTube oder Facebook oder Instagram unweigerlich Probleme. Selbst wenn Sie eine weltweit nutzbare Marke in einer bestimmten Kategorie haben, ergeben sich durch die Tatsache, dass Social-Media-Kanäle nicht in Kategorien arbeiten, eventuell ebenfalls Herausforderungen. Soll der Twitter Account www.twitter.com/Astra z. B. dem Automobilhersteller Opel für den Opel Astra gehören, der Hamburger Biersorte Astra oder dem Satellitenhersteller Astra? In den meisten Fällen wird der Account an den ersten gegeben, der ihn beantragt. Zum Zeitpunkt der Erstellung der ersten Auflage dieses Buches wurde der Account www.twitter.com/Astra z. B. von einer Privatperson genutzt, bei der Überarbeitung einige Jahre später wird der Account vom Satellitenhersteller Astra geführt.

Musik und Künstlerrechte

Beim Einkauf von Musik oder Künstlerrechten ist es außerordentlich wichtig, den viralen Effekt von Social-Media-Kampagnen im Blick zu haben. Insbesondere bei der Verwendung von YouTube ist Vorsicht geboten, denn Inhalte, die dort publiziert werden, sind unter Umständen downloadbar und verbreiten sich im Netz, ohne dass der Urheber sie jemals wieder zurückholen kann. Trotzdem kann der Urheber der Aufnahmen gegenüber Dritten haftbar sein. Wer z. B. Aufzeichnungen oder auch nur Ausschnitte einer Veranstaltung, wie einer Pressekonferenz, in YouTube stellen möchte, muss beachten, dass für jegliche Musik, Tänzer sowie für Choreografien auf der Veranstaltung zeitlich und geografisch unbeschränkte Rechte eingekauft werden müssen. Gleiches gilt für die Rechte bei der Verwendung von Schauspielern und Musik in Werbespots. Diese Hürde erschwert beispielsweise auch die Nutzung alter Werbespots in Social-Media-Kanälen, da früher solche Rechte natürlich noch nicht beachtet und eingekauft wurden und das Nachkaufen sehr kostspielig ist. Es empfiehlt sich daher unter Umständen, auf GEMA-freie Musik zurückzugreifen oder eigene Musik komponieren zu lassen.

Einkauf von Social-Media-Dienstleistungen

Die größte Veränderung bringt mit Sicherheit der Einkauf von Social-Media-Dienstleistungen und der damit einhergehende stetige Anpassungsaufwand mit sich. Anbieter:innen sprießen wie Pilze aus dem Boden, aber es gibt viele schwarze Schafe, und es ist gar nicht so einfach, in der Fülle der Angebote den richtigen Dienstleister zu finden. Da Social-Media-Dienstleistungen im Moment stark nachgefragt werden, springen Dienstleister auf diesen Zug auf, ohne über ausreichende Fachkenntnisse zu verfügen.

Agenturen

Ein durchschnittlicher Social-Media-Auftrag bei einer Agentur kann grob in die folgenden Blöcke unterteilt werden: Strategie/Beratung, Kreation/Konzept, Programmierung und Community-Management.

Die Punkte Strategie und Beratung sowie Kreation und Konzept sind in der Regel unumgänglich und werden in Stunden- oder Tagessätzen nach Bedarf abgerechnet.

Achten Sie hierbei darauf, dass Sie einen für Sie als Unternehmen und die Agentur fairen Mix an „Lehrgeld" zahlen. Da viele Social-Media-Fragestellungen neu sind, kommt es vor, dass Agenturen zur Umsetzung einer Aktivität selbst erst recherchieren und sich Dinge aneignen müssen. Das kann sich in der Abrechnung der Stunden niederschlagen. Es ist also immer abzuwägen, ob die Agentur sich anhand des Kunden die vorher angepriesene Expertise erst noch aufbaut und ob man als Kunde gewillt ist, diese vorher nicht einkalkulierten Kosten zu tragen.

Der Punkt Programmierung und Erstellung von Anwendungen ist ein sehr starker Kostentreiber bei der Beauftragung einer Social-Media-Agentur. Immer wenn eine neue Technologie auf den Markt kommt und nur eine geringe Anzahl an Experten in der Lage, ist diese Anwendungen zu programmieren, werden gerne überhöhte Preise verlangt. So war es am Anfang mit Webseiten, dann mit Flash, dann mit mobilen Webseiten, dann mit Mobile Apps und jetzt mit Social-Media-Apps. Es ist daher ratsam, Programmieraufwände genau zu prüfen und die Rechte an dem Programmiercode mit einzukaufen. So können Synergien im Unternehmen geschaffen werden, indem verschiedene Bereiche auf diese bereits für Sie programmierte Anwendung zugreifen können. Eine solche Anwendung könnte z. B. eine Facebook-App mit einer bestimmten Funktionalität oder ein Gewinnspiel-Formular sein. Solche Anwendungen könnten eventuell sehr einfach für andere Anwendungszwecke adaptiert werden.

Ebenso große Chancen für Synergien ergeben sich für den mit Abstand größten Kostentreiber bei der Beauftragung von Social-Media-Agenturen: das Community-Management. Hierbei handelt es sich um die Beobachtung und Pflege eines Social-Media-Kanals – z. B. einer Facebook-Seite. Diese Tätigkeit ist sehr zeitaufwändig, und insbesondere Sonderschichten nach 18 Uhr, am Wochenende oder an Feiertagen sind berechtigterweise sehr teuer. Der Grund dafür ist, dass immer jemand verfügbar sein muss, der sich Anfragen anschaut und ggf. antwortet oder im Krisenfall die Krisenverantwortlichen informiert. Diese Person ist aber in der Regel in dieser Betreuungszeit nie vollständig ausgelastet, da ein Kanal alleine meistens nicht im Minutentakt Anfragen generiert. Es ist also unter Umständen sinnvoll mehrere Kanäle in der Betreuung zusammenzulegen, insbesondere außerhalb der normalen Bürozeiten. Aktuell geht der Trend dazu, den Dialog auf Social-Media-Plattformen bei größeren Unternehmen intern zu zentralisieren. Das ist langfristig kostengünstiger als die Beauftragung einer Agentur, die Mitarbeiter:innen können gezielter geschult werden und das Wissen bleibt im Unternehmen. Ein sinnvoller Anknüpfungspunkt ist der Kunden- oder Verbraucherservice, da hier bereits Expertise für jegliche Anfragen besteht und lediglich die Verhaltensweise im Social Web, die sogenannte „Netiquette" und die Eskalationsmechanismen angeeignet werden müssen.

Was Sie unbedingt beachten sollten, ist die Tatsache, dass eine Agentur unter Umständen in Ihrem Auftrag einen Social-Media-Kanal aufsetzt und daher die Nutzungsbedingungen dieses Kanals in Ihrem Auftrag akzeptiert. Gegebenenfalls ergeben sich hieraus rechtliche Aspekte, die in den Vertrag mit den Anbieter:innen aufgenommen werden müssen. Prüfen Sie ggf. auch die AGBs oder Nutzungsbedingungen auch selbst noch einmal.

Entscheidungskriterien für die Auswahl einer Social-Media-Agentur:

- Anzahl Social-Media-Mitarbeiter:innen
- Struktur und Einbindung der Social-Media-Abteilung
- Belastbare Kontakte zu Influencern oder Bloggern?
- Wie werden die Mitarbeiter:innen geschult und weitergebildet?
- Gibt es Mitarbeiter:innen, die bloggen oder viele Follower auf Twitter haben?
- Erfahrung im gesuchten Social-Media-Bereich
- Welche Software wird eingesetzt (Monitoring, Social-Media-Content-Management)?

Mediaeinkauf im Bereich Social Media
Die Buchung von Anzeigen oder Business-Profilen in Social-Media-Kanälen ist oftmals sehr einfach gestaltet, um die Hürden für jedermann gering zu halten. Das bringt leider die Schwierigkeit mit sich, dass die Zahlungsmodalitäten oft nicht mit den Einkaufsstandards und Geschäftsbedingungen von größeren Unternehmen vereinbar sind. So sind beispielsweise oftmals Kreditkartenzahlungen verlangt, die in vielen Unternehmen nur für Reisekosten vorgesehen sind. Auch Klauseln für automatische Verlängerungen oder zu kurzfristige Zahlungsziele machen vielen Einkäufern zu schaffen.

Eine Möglichkeit, dies zu umgehen, besteht darin, die Buchung über Drittanbieter:innen zu organisieren. Im Mediaeinkauf ist es üblich, eine Mediaagentur mit der übergreifenden Buchung von Media zu beauftragen. Da diese Agentur aber in der Regel nicht für die inhaltliche Betreuung der Social-Media-Kanäle (Community-Management) zuständig ist, entsteht ein sehr kleinteiliger Abstimmungsbedarf bei der Ausspielung einzelner Posts an definierte Zielgruppen.

Im Bereich Social Media ist das Momentum sehr wichtig, und es ist oftmals notwendig, spontan zu reagieren, um ein optimales Ergebnis zu erzielen. Es ist z. B. gängige Praxis, einen Beitrag zunächst ohne Media zu veröffentlichen und die ersten Reaktionen abzuwarten und dann mithilfe einer Mediabuchung noch einmal an ein weiteres Publikum auszuspielen.

Meine Empfehlung ist es, die Mediaagentur eine übergeordnete Strategie, Kernkampagnen und Zielgruppen erarbeiten zu lassen. Auch die Verhandlungen mit dem Social-Media-Kanal sollten zentral geführt werden. Für spontanes, im Community-Management sinnvolles Unterstützen einzelner Beiträge sollte eine Art Portokasse vereinbart werden, aus der unter Beachtung der übergeordneten Strategie Mediaeinkäufe getätigt werden können.

Merke
Die Steigerung der Reichweite einer Kampagne lässt sich auf Social-Media-Kanälen teilweise durch unterschiedliche Faktoren beeinflussen. Ein Zielwert kann unter Umständen durch unterschiedliche Strategien erreicht werden. So kann der Grad der Interaktion durch die Erstellung von tollen Apps oder Inhalten unter Umständen genauso gut für eine höhere Visibilität sorgen wie die Buchung von Media. Es liegt in der Natur der Sache, dass Ihnen eine Agentur dazu raten wird, Social-Media-Inhalte zu produzieren, und Social-Media-Anbieter:innen Ihnen dazu raten werden, mehr Media zu buchen. Jede/r Anbieter:in verfolgt natürlich seine eigenen Interessen. Halten Sie sich diese Diskrepanz immer vor Augen, bevor Sie eine Entscheidung treffen. In den vergangenen Jahren ist für Marken Social Media in vielen Bereichen zu einem „Pay to play"-Medium geworden, sodass Inhalte nur dann angezeigt werden, wenn sie mit Mediabudget hinterlegt werden.

Einkauf von Social-Media-Software
Kaum ein Bereich ist schnelllebiger und undurchschaubarer als das Angebot von sogenannter Social-Media-Software. Hierbei kann es sich z. B. um eine Social-Media-Monitoring-Software handeln, mit der Social-Media-Beobachtungen der eigenen Kanäle oder allgemeiner Art gemacht werden können, oder um Social-Media-Content-Management-Systeme, mit denen die Verwaltung eines oder mehrerer Social-Media-Kanäle vereinfacht werden soll. Außerdem gibt es interne Social-Media-Anwendungen wie Chatter oder Yammer, die unternehmensintern ähnliche Funktionen wie Facebook oder Twitter bieten. Da diese Funktionalitäten sehr undurchsichtig sind und alle Anbieter:innen ihre Informationen unterschiedlich aufbereiten, ist es empfehlenswert, eine Übersicht für das eigene Unternehmen zu erstellen und bei den Anbieter:innen gezielt einige Abfragen zu machen. So gewinnt man am besten einen Überblick.

Mögliche Kriterien sind:

- Systemvoraussetzungen
- Browserkompatibilität
- Sprachen
- Anzahl der Nutzer:innen
- Anzahl der Abfragen/Zugriffe
- Darstellung der Auswertungen
- Lizenzmodell
- Unterstützte Kanäle und Schnittstellen

Bei Social-Media-Monitoring-Software erhält man den besten Überblick, wenn man gleichzeitig eine Beispielauswertung von unterschiedlichen Anbieter:innen zu einem bestimmten Thema anfragt. Dadurch kann verglichen werden, welche Auswertung den höchsten Mehrwert bringt.

Transparenz

Kund:innen und Verbraucher:innen werden immer emanzipierter und stellen immer höhere Anforderungen an Unternehmen. Ethische und ökologische Fragestellungen gewinnen zunehmend an Bedeutung, und in vielen Branchen gibt es den Wunsch nach mehr Transparenz. Einige Social-Media-Skandale sind sogar auf Einkaufsentscheidungen zurückzuführen. So z. B. die von Greenpeace gegen Nestlé geführte Social-Media-Kampagne wegen ökologischen Aspekten beim Anbau von Palmöl. Auch das Thema Kinderarbeit im Bereich Haselnussernte in der Türkei oder Kakaoanbau an der Elfenbeinküste werden in sozialen Netzwerken diskutiert. Zudem werden weiter fortgeschrittene Teile der Lieferkette wie die Nähereien in der Textilindustrie unter ethischen Gesichtspunkten bewertet. Ebenso die Frage, ob ein Unternehmen systematisch Zeitarbeit nutzt und ob diese Mitarbeiter:innen gerecht entlohnt werden. Aber es muss gar nicht unbedingt nur um kritische Fragestellungen gehen. In vielen Social-Media-Anfragen geht es einfach um eine Transparenz, die Unternehmen vorher nicht bieten mussten und die sie daher auch für sich selbst teilweise erst schaffen müssen. Solche Anfragen können in den Social-Media-Kanälen Ihres eigenen Unternehmens auftreten, aber auch bei Kund:innen oder Distributor:innen. Daher ist es von Vorteil, selbst einen Überblick zu haben, um im Zweifelsfall schnell reagieren zu können.

15 Social Media in der Rechtsabteilung

Zusammenfassung

Dieses Kapitel beschreibt, warum es so schwierig ist, eine rechtliche Beratung zum Thema Social Media zu geben. Es gibt einen Überblick, welche Dinge es zu beachten gilt und welche organisatorischen Schritte die Arbeit in der Rechtsabteilung in Bezug auf Social Media effizienter gestalten können. In diesem Kapitel erhalten Sie einen groben Überblick über die Einflussfaktoren der Rechtslage im Zusammenhang mit Social Media. Außerdem werden einige strategische Ansätze vorgestellt, die Ihnen dabei helfen können, den Herausforderungen zu begegnen und sich intern diesbezüglich zu organisieren.

Eine Abteilung im Unternehmen, die von den Veränderungen durch Social Media am meisten gefordert ist, ist mit Sicherheit die Rechtsabteilung. Egal ob das Unternehmen aktiv Social Media betreibt oder nicht – es ergeben sich in der Regel automatisch vielerlei rechtliche Fragestellungen im Zusammenhang mit Social Media. Dabei kann es sich unter anderem um Aspekte im Datenschutz, Wettbewerbsrecht, Arbeitsrecht, Markenrecht, Urheberrecht oder Kartellrecht handeln. Es sind nahezu alle Abteilungen im Unternehmen betroffen und sollten aktiv oder auf Anfrage durch die Rechtsabteilung beraten werden können. In diesem Kapitel erhalten Sie einen groben Überblick über die Einflussfaktoren der Rechtslage im Zusammenhang mit Social Media. Außerdem werden einige strategische Ansätze vorgestellt, die Ihnen dabei helfen sollen, den Herausforderungen zu begegnen und sich intern diesbezüglich zu organisieren. Da hier nur oberflächlich auf die einzelnen rechtlichen Herausforderungen eingegangen werden kann, finden Sie am Ende dieses Kapitels Empfehlungen für weiterführende Literatur und Links.

Aus Unternehmenssicht gibt es fünf Einflussfaktoren für die betriebsinterne Social-Media-Rechtslage. Dabei handelt es sich um internationale und nationale Gesetze,

S. Babka, *Social Media für Führungskräfte*,
https://doi.org/10.1007/978-3-658-34247-0_15

Rechtsprechung, Nutzungsbedingungen externer Plattformen und interne Vorgaben (Compliance) (Abb. 15.1).

Nationale und internationale Gesetze

Neben nationalen Gesetzen wie dem UWG (Gesetz gegen den unlauteren Wettbewerb), dem TMG (Telemediengesetz), dem UrhG (Gesetz über Urheberrecht und verwandte Schutzrechte) oder dem BSDG (Bundesdatenschutzgesetz) haben auch internationale Gesetzgebungen wie die DSGVO oder Handelsabkommen Einfluss auf die Rechtslage bei Social-Media-bezogenen Fragestellungen. Aufgrund der sich sehr schnell verändernden Social-Media-Landschaft kommt die Gesetzgebung den neuen Technologien und Möglichkeiten allerdings kaum hinterher. So sind Social-Media-Fragestellungen oftmals nicht ausreichend geklärt. Das betrifft auch branchenspezifische Gesetze wie beispielsweise das Heilmittelwerbegesetz, das die Werbung im Pharmabereich reguliert.

Es ist empfehlenswert, auch die internationalen Entwicklungen in dem Bereich zu beobachten und ggf. als Unternehmen eine Haltung zu geplanten Gesetzen zu vertreten. Für Unternehmen mit Zentrale in Deutschland sind Entwicklungen im internationalen Recht zu beobachten, die eventuell in die Richtung gehen, die Gesetzeslage des Landes des Unternehmenssitzes zugrunde zu legen. Da in Deutschland und Europa einige Gesetze beispielsweise im Bereich Datenschutz oder Urheberrecht sehr streng sind, wird es für viele Unternehmen eine Herausforderung werden, deren Einhaltung auch international sicherzustellen. Einige Social-Media-Funktionen werden seitens der Anbieter:innen in Europa auch gar nicht oder erst mit Verzögerung zur Verfügung gestellt, d. h., es gilt immer auch zu betrachten, was außerhalb des eigenen Rechtsraumes passiert. Wie bereits in Kap. 3 angemerkt, sind Unternehmen in puncto Social Media immer nur so gut und so sicher wie ihr schwächstes Glied.

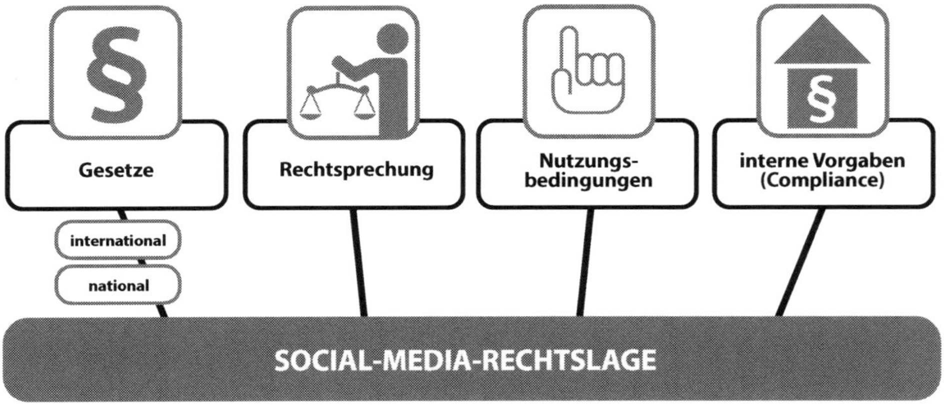

Abb. 15.1 Social-Media-Rechtslage

Urteile und Rechtsprechung

Viele Social-Media-Fragestellungen, die noch nicht in Gesetzen festgelegt sind, wurden bereits in gerichtlichen Auseinandersetzungen behandelt, so dass es Urteile gibt, an welchen man sich unter Umständen orientieren kann. Neben den üblichen juristischen Fachmedien gibt es auch zahlreiche Blogs, die sich mit der aktuellen Rechtsprechung zum Thema Social Media befassen. Am Ende dieses Kapitels finden Sie einige Links mit Empfehlungen.

Interne Vorgaben

Bei der Prüfung einer Social-Media-Aktivität sollten auch interne Vorgaben und Regularien wie die eigene Datenschutzrichtlinie oder die internen Social-Media-Regelungen sowie Compliance-Vorgaben in Betracht gezogen werden. Die internen Social-Media-Vorgaben unterteilen sich in der Regel in „allgemeine Vorgaben", die alle Mitarbeitenden betreffen, „betriebliche Vorgaben", die alle Mitarbeitenden betreffen, die Social Media betrieblich nutzen, und „spezifische Vorgaben", die bestimmte Bereiche regeln – z. B. dem Umgang mit der Plattform Wikipedia.

Nutzungsbedingungen externer Plattformen

Da man sich bei der Nutzung externer Plattformen sozusagen als Gast auf fremdes Terrain begibt, sollte man sich an die Regeln des Gastgebers halten. Und wer sich nicht an die Vorgaben hält, muss mit Konsequenzen rechnen. Neben rechtlichen Schritten ist auch der Ausschluss aus der Plattform bzw. das Löschen des Profils möglich. Wenn gerade eine teure Mediakampagne läuft, die diesen Kanal als zentralen Inhalt hat, ist das natürlich unerwünscht. Die meisten Social-Media-Anbieter:innen wie Twitter, Facebook, Xing oder Amazon haben genaue Richtlinien, wie und wo ihr Logo zur Bewerbung eines Kanals seitens Unternehmen verwendet werden darf. Auch die Durchführung von Gewinnspielen, das Aufnehmen von Kontakt oder der Umgang mit Bewertungen seitens Unternehmen ist teilweise genauestens vorgegeben.

Die Schnelllebigkeit der Social-Media-Rechtslage

Da sich die Social-Media-Landschaft so schnell verändert, kommt die Gesetzgebung der aktuellen Situation kaum hinterher. In der Folge gibt es bei vielen Fragestellungen Graubereiche und Interpretationsspielräume.

Oftmals sorgt erst die Rechtsprechung für juristische Klarheit oder gibt wenigstens eine Richtung vor. Das hat zur Folge, dass sich die rechtliche Situation mit einem Urteil schlagartig verändern kann. Immer auf dem aktuellsten Stand zu sein, ist eine der größten Herausforderungen im Zusammenhang mit Social Media und Recht. Das gilt für den Zeitpunkt der Prüfung von Social-Media-Aktivitäten und deren Freigabe und auch darüber hinaus. Eine bereits freigegebene und als „unkritisch" bewertete Aktivität kann durch verschiedene Einflussfaktoren ggf. während des Durchführungszeitraums wieder als „kritisch" eingestuft werden (s. Abb. 15.2).

Abb. 15.2 Änderung der Rechtsprechung

Aber auch neue Funktionalitäten können die Rechtslage nochmal komplett verändern, wie Abb. 15.3 zeigt.

Ein weiterer Faktor können veränderte Nutzungsbedingungen sein. So z. B. eine neue Datenschutzrichtlinie. Es ist nicht ungewöhnlich, dass sich die Nutzungsbedingungen von Social-Media-Plattformen ändern. Dies kann z. B. durch die Entwicklung einer neuen Funktionalität oder den Zukauf einer weiteren Social-Media-Plattform bedingt sein (s. Abb. 15.4).

Es ist also eine ganz besonders große Herausforderung, als Rechtsabteilung auf diese kurzfristigen und teilweise unerwarteten Veränderungen reagieren zu müssen. Eine weitere Komplexität entsteht daraus, dass die Expertise der unterschiedlichsten Rechtsbereiche von Ihnen gefordert ist. Im Umkehrschluss ist in all diesen Bereichen ein Mindestmaß an Social-Media-Verständnis erforderlich, um mögliche Fallstricke überhaupt zu erkennen. Sie sollten sich auch darüber im Klaren sein, dass die betroffenen Abteilungen (z. B. HR, Marketing, Vertrieb, PR, Einkauf oder Qualitätsmanagement) selbst auch nur eingeschränkt in der Lage sind, Fallstricke zu erkennen und im Zweifel gar nicht erst um Ihre juristische Einschätzung bitten. So landet dann z. B. ein Facebook-Logo ohne Berücksichtigung markenrechtlicher Aspekte auf einer Lkw–Plane, oder ein Außendienstmitarbeiter lädt bei Xing ein urhebergeschütztes Foto von Arnold Schwarzenegger als Profilbild hoch, oder die Personalabteilung macht datenschutzrechtlich bedenkliche Screenshots von Facebook-Inhalten von Bewerbern und schickt diese intern unverschlüsselt per E-Mail durch das Unternehmen.

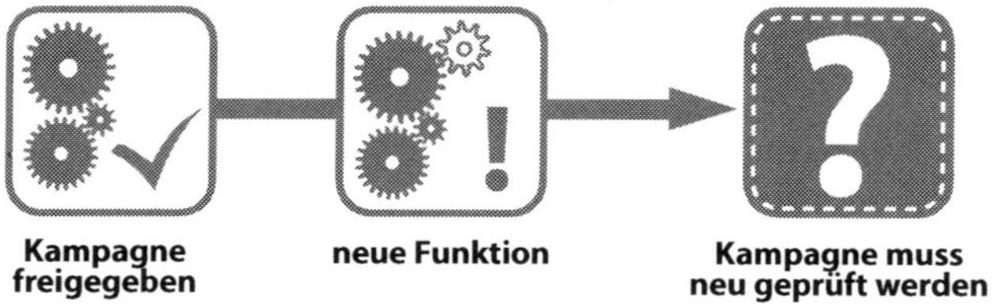

Abb. 15.3 Änderung der Funktionalität

Abb. 15.4 Änderung der Nutzungsbedingungen

> Wie kann man in einem Unternehmen eine ordentliche juristische Beratung in Bezug auf Social Media gewährleisten, wenn die Rechtslage sich dauernd verändert und zum größten Teil aus Grauzonen besteht?

Leider ist es im Zusammenhang mit einem so schnelllebigen Thema wie Social Media kaum möglich, immer 100 % kalkulierbar und juristisch sauber zu agieren. Sie können aber durch einige gezielte strategische Schritte Strukturen schaffen, durch welche Risiken minimiert werden können.

Handlungsempfehlungen

Bauen Sie Expertise auf Schulen Sie Ihre Mitarbeiter:innen einmal initial bezüglich der Besonderheiten von Social Media, damit sie ein Grundverständnis für die Materie entwickeln und über Chancen und Risiken in Ihren jeweiligen Zuständigkeitsgebieten aufgeklärt sind (s. Abb. 15.5).

Anhand der Schulung werden Sie feststellen, wer in Ihrem Team sich inhaltlich in dem Thema so gut zurechtfindet, dass er eine führende und koordinierende Rolle für das Thema Social Media übernehmen kann. Eine solche Person sollte zum Social-Media-Experten innerhalb der Rechtsabteilung ernannt werden und die Verantwortung dafür übernehmen, dass die Kolleginnen und Kolleg:innen informiert werden, sobald es wichtige Änderungen gibt. Das kann auch mit Hilfe von externen Dienstleistern geschehen. Ermöglichen Sie Freiräume für die Teilnahme an Weiterbildungen und Veranstaltungen sowie interne Arbeitskreise zum Thema Social Media.

Abb. 15.5 Social-Media-Schulung in der Rechtsabteilung

Der Aufbau einer Social-Media-Expertise hilft Ihnen nicht nur bei der internen Beratung anderer Abteilungen, sondern bringt eventuell auch strategische Vorteile bei rechtlichen Auseinandersetzungen, da das ein Bereich ist, in dem der Prozessgegner ggf. Fehler macht.

Behalten Sie den Überblick Ein weiterer Schritt ist die Erstellung einer Übersicht über freigegebene Social-Media-Aktivitäten und die jeweiligen Entscheidungsgrundlagen. Nur so können Sie schnell und transparent nachvollziehen, welche Aktivitäten erneut überprüft werden müssen.

Eine auf Ihre Bedürfnisse abgestimmte Social-Media-Beobachtung kann Ihnen bei unterschiedlichen rechtlichen Fragestellungen helfen.

Zum Beispiel können Sie auf Plattformen wie eBay oder Amazon nach Produktfälschungen suchen. Oder Sie können beobachten, ob vertrauliche Materialien auf WikiLeaks auftauchen.

Schaffen Sie übergreifende Regelungen Gerade in größeren Unternehmen lohnt es sich, einige immer wiederkehrende Dinge einmal zentral zu konzipieren und für alle Bereiche verfügbar zu machen. Das hilft, Fehler zu vermeiden und einheitlich zu bleiben. Wenn Sie beispielsweise auf der Unternehmenswebseite ein immer gepflegtes Impressum und eine Datenschutz-Richtlinie verankern, auf welche alle Social-Media-Aktivitäten verlinken müssen, dann vermeiden Sie kleinteilige Einzelabstimmungen und veraltete dezentrale Inhalte.

Die Verfügbarkeit eines leicht adaptierbaren, verschlüsselten Gewinnspielformulars in sicherer IT-Umgebung verringert die Gefahr, dass personenbezogene Daten unstrukturiert und datenschutzrechtlich fragwürdig auf Social-Media-Kanälen eingesammelt werden.

Wenn Sie zentral alle relevanten Social-Media-Kanäle für Ihre Markennamen registrieren, verringern Sie das Risiko von Missbrauch durch Dritte sowie Fehlverhalten.

Setzen Sie sich für interne Social-Media-Vorgaben ein.

Exkurs: Ein paar Beispiele für rechtliche Fragestellungen in Social Media

Das Thema Datenschutz ist z. B. ein sehr stark diskutiertes Feld. Dabei geht es um Fragestellungen im Zusammenhang mit den Nutzungsbedingungen von externen Plattformen, um Datensicherheit von Mitarbeiter:innen aber auch die Daten von Kund:innen und anderen Geschäftspartner:innen.

Ein paar typische Datenschutzfragen aus der Praxis sind:

- Wie können bei einem Gewinnspiel auf einer externen Plattform (z. B. Facebook) Daten sicher gesammelt und verwendet werden?
- In Welcher Form können im Rahmen von Social-Media-Beobachtungen Kundenprofile angelegt werden (z. B. „diese Person ist Markenbotschafter“ und „diese Person ist Skeptiker“)?

- Kann unseren Kund:innen oder Mitarbeiter:innen zugemutet werden, sich auf einer externen Plattform anzumelden, und sind die Datenschutzrichtlinien dieser externen Plattform für uns tragbar?
- Welche Datenflüsse an Drittanbieter:innen können wir tolerieren, welche nicht? ◀

Merke
Es gibt einen unschlagbar guten Grund, warum Sie als Führungskraft das Thema Datenschutz sehr ernst nehmen sollten: Sie sind ggf. persönlich dafür haftbar.

Datenschutzverstöße können als Ordnungswidrigkeiten mit Geldstrafen aber unter Umständen auch als Straftat mit Gefängnisstrafen (Kraska, 2009) geahndet werden. Für besonders gravierende Verstöße beträgt der Bußgeldrahmen bis zu 20 Mio. EUR oder bis zu 4 % des gesamten weltweit erzielten Jahresumsatzes des Unternehmens im vorangegangenen Geschäftsjahr, je nachdem, welcher Wert der höhere ist (Intersoft Consulting, 2020). Und leider ist im Bereich Social Media oftmals erst auf den zweiten Blick erkennbar, dass ein datenschutzrechtliches Problem besteht.

Beispiel: Die datenschutzrechtliche Problematik der Einbindung eines Facebook „gefällt mir" Buttons

Hierbei handelt es sich um ein etwas älteres Beispiel, das aber die Dynamik der Rechtslage ganz gut abbildet.

Im August 2011 eröffnete die Datenschutz-Aufsichtsbehörde in Schleswig–Holstein per Pressemitteilung die Debatte zum Thema Datenschutz und Facebook „gefällt mir" Schaltfläche.[65] Bei diesem „gefällt mir" Button handelt es sich um eine Schaltfläche, die bei der Social-Media-Plattform Facebook ein „gefällt mir" bzw. ein „like" erzeugt. Diese Schaltfläche kann auch in Webseiten außerhalb von Facebook eingefügt werden. Facebook stellt hierfür einen sogenannten „Like Button" bereit, der von den Programmierern eingebunden werden kann. Der Vorteil: Über diese Schaltfläche kann die Webseite weitere virale Verbreitung finden, da jeder, der diese Schaltfläche drückt, diese Information potenziell an sein Netzwerk weitergibt. Der Haken: In der Programmierung der Schaltfläche ist eine Datenabfrage eingebaut, die offenbar auch Daten sammelt und versendet, wenn die Schaltfläche gar nicht aktiv gedrückt wurde. Das Aufrufen einer Webseite mit dieser Schalfläche genügt. Welche Daten dabei genau abgefragt wurden, war nur Facebook bekannt. Schon die Einbindung einer kleinen Schaltfläche in der eigenen Webseite könnte also – unabhängig davon, ob Sie eine Unternehmens-Facebook-Seite betreiben oder nicht – ein datenschutzrechtliches Risiko darstellen. Es gab deswegen sogar schon Abmahnungen (Ulbricht, 2011). Viele Unternehmen nutzen daher die sogenannte „Zwei-Klick-Lösung". Sie binden eine Schaltfläche ein, die aussieht wie der Facebook „gefällt mir“ Button. In Wirklichkeit handelt es sich aber nur um eine Attrappe. Wenn man darauf klickt, kommt erst ein „Disclaimer“. Dieser Disclaimer ist ein Hinweis, dass beim Aufrufen und Drücken der Schaltfläche Daten übertragen werden können. Erst wenn Nutzer:innen dieser Information zustimmen, wird der echte „gefällt mir“ Button angezeigt. Durch die DSGVO gibt es hierzu mittlerweile genauere Vorgaben. Das Beispiel zeigt jedoch eindrücklich, wie schnell man in puncto Social Media zum Getriebenen wird. So setzte sich diese Datenschutzbehörde im Jahr 2018 auch dafür ein, dass Betreiber von Facebook Fanpages für die Datenströme verantwortlich gemacht werden können (ULD, 2018). ◀

Merke
Was in Social-Media-Anwendungen als Usus gesehen wird, ist nicht unbedingt immer mit der deutschen Gesetzgebung vereinbar. So kann das Verbreiten eines Links mit einem Vorschaubild bereits ein urheberrechtliches Problem darstellen. Aber es gibt auch in vielen anderen Bereichen Fallstricke, die beachtet werden sollten. Öffentliche Zugeständnisse an Kund:innen auf einer Social-Media-Plattform können Folgen für die Produkthaftung haben. Die Markenrechte Ihres Unternehmens können in Social-Media-Anwendungen verletzt werden. Eine Marketingaktivität kann ungewollt wettbewerbsrechtliche Konsequenzen haben. Ein vergessenes Impressum kann gegen das Telemediengesetz verstoßen. Die Erreichbarkeit rund um die Uhr ist arbeitsrechtlich kritisch zu bewerten. Und der Verstoß gegen AGBs oder Nutzungsbedingungen von externen Plattformen kann ebenfalls zu rechtlichen Problemen führen.

Mögliche KPIs

- Anzahl Social-Media-Beratungen
- Anzahl angemeldete Social-Media-Kanäle
- Social-Media-Schulung durchgeführt

Literatur

Intersoft Consulting. (2020). Bußgelder. https://dsgvo-gesetz.de/themen/bussgelder-strafen/#:~:text=F%C3%BCr%20die%20im%20Gesetz%20unter,welcher%20Wert%20der%20h%C3%B6here%20ist. Zugegriffen: 21. Dez. 2020.

Kraska, S. (2009). Datenschutz und Strafrecht – diese Verstöße können geahndet werden. IT-Recht Kanzlei Keller-Stoltenhoff, Keller. http://www.it-recht-kanzlei.de/datenschutzrecht-strafrecht.html. Zugegriffen: 21. Dez. 2020.

Ulbricht, C. (2011). Facebook & Datenschutz – Erste Abmahnungen wegen Einbindung des Facebook Like-Buttons. Menold Bezler Rechtsanwälte Steuerberater Wirtschaftsprüfer Partnerschaft mbB. http://www.rechtzweinull.de/archives/173-Facebook-Datenschutz-Erste-Abmahnungen-wegen-Einbindung-des-Facebook-Like-Buttons.html. Zugegriffen: 21. Dez. 2020.

ULD. (2018). Administrators of Facebook pages are controllers under EU Data Protection Law. https://www.datenschutzzentrum.de/artikel/1243-Administrators-of-Facebook-Pages-are-controllers-under-EU-Data-Protection-Law.html#extended. Zugegriffen: 21. Dez. 2020.

Weiterführende Literatur und Links

Wenn Sie sich gerne vertiefend mit dem Thema Social Media und Recht beschäftigen möchten, kann ich Ihnen aus der Vielzahl von Angeboten folgende weiterführende Literatur empfehlen:

Ulbricht, C. (2017). *Praxishandbuch Social Media und Recht*. Haufe.

http://www.rechtzweinull.de

http://www.socialmediarecht.de/

http://rechtsanwalt-schwenke.de/smmr-buch/

Der Einfluss von Social Media auf den Vertrieb

16

Zusammenfassung

Dieses Kapitel zeigt die unterschiedlichen Dimensionen der Social-Media-Kommunikation im Vertrieb auf. Social Media kann im positiven Sinne zur Kommunikation zwischen Innen-und Außendienst beitragen und auch zur Akquise dienen oder den Kontakt zu Kund:innen stärken, aber auch einige Herausforderungen für den Vertrieb mit sich bringen.

16.1 Social Selling – Neue Möglichkeiten und Herausforderungen für den Vertrieb

Social Media bietet viele neue Möglichkeiten, aber auch Herausforderungen für den Vertrieb. Kund:innen sind durch die sozialen Medien heute wesentlich emanzipierter und informierter als noch vor einigen Jahren. Die Zeiten, in denen Vertriebsmitarbeiter:innen exklusiv mit neuen Informationen an Kund:innen herantraten, sind den meisten Branchen vorbei. Studien zeigen, dass sich auch die Mehrheit der B2B-Kund:innen vor dem Kauf in Social-Media-Kanälen informieren, indem sie bestehende Diskussionen durchforsten, Kommentare und Vorschläge lesen, sich mit Meinungsbildner:innen in dem Bereich auseinandersetzen und sich direkt mit Anbieter:innen der Produkte oder Dienstleistungen verbinden (Demandgen, 2018). In vielen Bereichen wird im Zusammenhang mit der Budgetanfrage für eine Anschaffung oder ein Projekt eine ROI-Analyse mit Informationen aus dem Internet angereichert. Dort spielen die sozialen Medien ebenfalls eine Rolle.

Stellen Sie sich die Frage, ob Sie auf diese Entwicklung ausreichend vorbereitet sind. Sie kennen sicherlich den berühmten Spruch **„You never get a second chance to make a first impression.“** – Sie erhalten niemals eine zweite Möglichkeit, einen ersten

S. Babka, *Social Media für Führungskräfte*,
https://doi.org/10.1007/978-3-658-34247-0_16

Eindruck zu hinterlassen. Die Wirkung des ersten Eindrucks kann man gar nicht hoch genug einschätzen. Seien Sie sich darüber bewusst, dass der erste Eindruck von Ihnen sich im Zweifel nicht bei einem ersten Gespräch mit potenziellen Kund:innen bildet, sondern bereits wesentlich früher, wenn sie Sie im Internet gefunden haben. Bei der Online-Recherche über Ihr Produkt, Ihr Unternehmen oder Sie als Person. **Wann haben Sie sich das letzte Mal gegoogelt?** Suchen Sie im Internet nach Informationen zu sich selbst oder zu den Produkten, die Sie vertreiben. Versetzen Sie sich dann auch einmal in die Lage von bestehenden Kund:innen. Wie würden diese im Internet nach Ihnen oder den Servicemöglichkeiten im Zusammenhang mit Ihrer Firma suchen? Vertrieb hat so gut wie immer mit Menschen zu tun.

Unternehmen definieren ihre Vertriebsstruktur in der Regel als B2B (Business to Business) oder B2C (Business to Customer bzw. Consumer) oder eine Mischform (s. Abb. 16.1).

Aber haben Sie schon einmal darüber nachgedacht, dass jedes Unternehmen nicht nur aus Funktionen, sondern aus Menschen, sozialen Kontakten und zwischenmenschlichen Beziehungen besteht? Im Grunde arbeiten wir in „sozialen Netzwerken".

Es handelt sich um Menschen, die neben den Unternehmensinteressen auch persönliche Befindlichkeiten, Bedürfnisse, Ziele und Vorlieben haben. Menschen, die geschäftliche Entscheidungen treffen und dabei von verschiedensten Faktoren beeinflusst werden.

In der Social-Media-Fachwelt spricht man daher vom **Wandel von B2B und B2C hin zu H2H (Human to Human)** (Conley, 2011) (s. Abb. 16.2).

Durch die zunehmende Digitalisierung und die sozialen Medien ist die Kommunikation zwischen diesen Gruppen wesentlich schneller, einfacher und transparenter geworden. Bestehende Kommunikationsstrukturen verschwimmen.

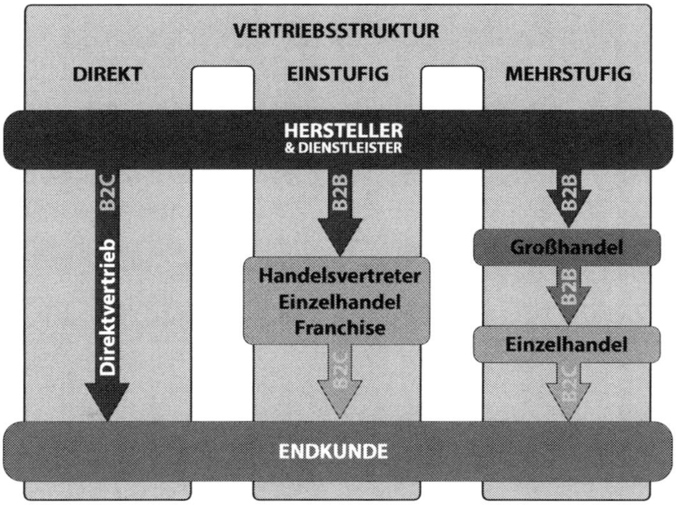

Abb. 16.1 Traditionelle Vertriebsstrukturen

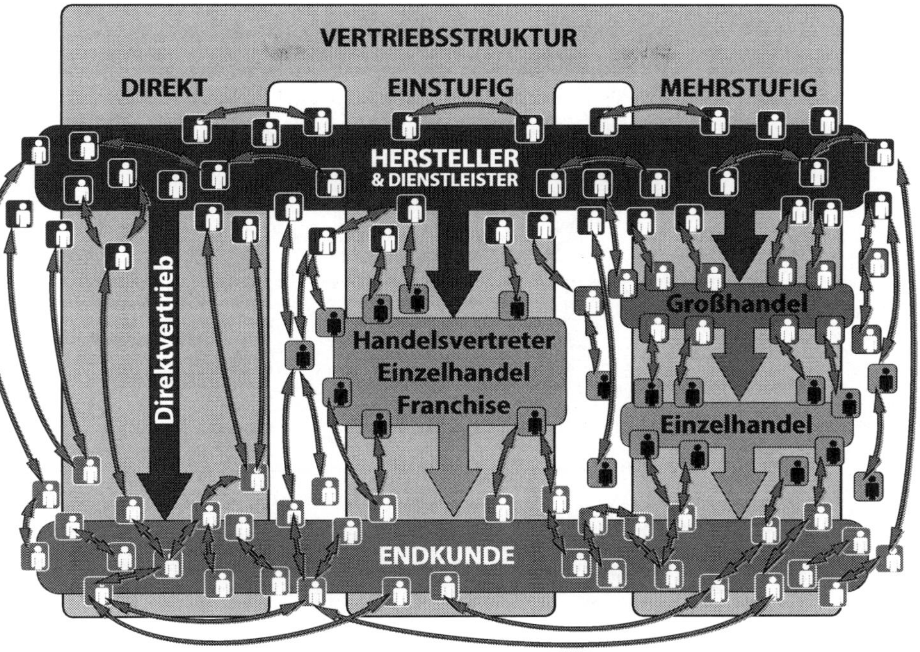

Abb. 16.2 Von B2B und B2C zu H2H

- Verbraucher:innen tauschen sich untereinander aus (Abb. 16.3).
- Endkund:innen tauschen sich mit Kund:innen aus (Abb. 16.4).
- Kund:innen tauschen sich mit Kund:innen aus (Abb. 16.5).

Es gibt viele Social-Media-Einflüsse auf die Vermarktung von Produkten. Im Vertrieb ist der Wandel vom im klassischen Marketing bekannten AIDA-Modell hin zum immer weiter verbreiteten ASIDAS-Modell ein Aspekt, den Sie sich vor Augen führen sollten.

AIDA bedeutet: **Attention → Interest → Desire → Action.**

Abb. 16.3 Verbraucher:innen tauschen sich untereinander aus

Abb. 16.4 Endkund:innen tauschen sich mit Kund:innen aus

Abb. 16.5 Kund:innen tauschen sich mit Kund:innen aus

Für den Vertrieb könnte das klassische Vermarktungsbeispiel wie folgt abgeleitet werden:

Kundenevent (Attention) → Kundengespräch (Interest) → Kundenwunsch (Desire) → Kauf (Action). So war die Welt noch bis vor ein paar Jahren.

Das neue Modell **Attention → Search → Interest → Desire → Action → Share** kann für den Vertrieb wie folgt dargestellt werden:

Kundenevent (Attention) → Online-Recherche (Search) → Kundengespräch (Interest) → Kundenwunsch (Desire) → Kauf (Action) → Kundenbewertung/ Empfehlung online (Share)

Es gibt sicherlich einige Gründe, warum Mitarbeiter:innen im Vertrieb sich mit Social Media befassen sollten. Vor allem, weil Ihre Kund:innen dort im Zweifel schon längst aktiv sind. Kund:innen fordern durch den Einfluss von Social Media ein weitaus höheres Maß an Service. Während man früher von Customer-Relationship-Management (CRM, Kundenbeziehungsmanagement) sprach und damit die Verwaltung von Kundendaten und das Beziehungsmanagement meinte, ist heute von Customer-Managed Relationship (CMR) die Rede. Die Kund:innen bestimmen selbst, wie und wo sie mit dem Unternehmen in Kontakt treten möchten. Sie erwarten, zu jeder Zeit an jedem Ort eine Frage posten zu können und eine Antwort zu erhalten (Kap. 10). Aus Vertriebssicht sind in Bezug auf Social Media vor allem folgende Punkte im Verkaufsprozess interessant:

- Akquise über Social Media
- Kundenpflege über Social Media
- Online-Recherche seitens der Kund:innen vor einem Verkaufsgespräch oder vor dem Kauf
- Online-Recherche seitens Anbieter:innen vor einem Verkaufsgespräch
- Empfehlung seitens der Kund:innen nach dem Kauf
- Serviceanfragen nach dem Kauf

Strategische Fragen an die Vertriebsführungskraft

- Nutzen wir Social Media strategisch für unsere Vertriebsarbeit?
- Wie viele unserer Vertriebsmitarbeiter sind auf externen Plattformen wie Xing oder LinkedIn vertreten? Ergeben sie ein gutes und auch einheitliches Bild?
- Haben wir eine Social-Media-Richtlinie oder einen Leitfaden für den Umgang mit Business-Netzwerken speziell für den Außendienst?
- Ist unsere Vertriebsmannschaft bezüglich der Gefahren bei der digitalen Kommunikation geschult?
- Haben unsere Mitarbeiter:innen Zugang zu einem aktuellen FAQ?
- Wie nutzen unsere Kund:innen Social Media?
- Wie nutzen unsere Endkund:innen Social Media?
- Benötigen unsere Kund:innen Social-Media-taugliche Materialien für den Kontakt mit Endkund:innen?
- Wie gehen wir mit dem Thema Abwerben von Vertriebsmitarbeitern auf Plattformen wie Xing um? Wie schützen wir uns davor, Vertriebskräfte zu verlieren, und wie nutzen wir selbst die sozialen Medien, um Vertriebsmitarbeiter zu finden?
- Beeinflussen uns Social-Commerce-Faktoren und sind wir diesbezüglich ordentlich aufgestellt?
- In welcher Form sollten wir Social-Media-Aktivitäten evaluieren oder beobachten?

Veränderungen für die Hersteller:innen oder Anbieter:innen von Dienstleistungen

- Endkund:innen treten über neue Kanäle in Kontakt mit Hersteller:innen und mit deren Kund:innen bzw. Zwischenhändler:innen (über die Social-Media-Kanäle der Unternehmen oder aber auch an anderer Stelle).
- Endkund:innen tauschen sich untereinander aus (z. B. über Verbraucherportale wie ciao.de, holidaycheck.de etc.).
- Endkund:innen vergleichen Preise (z. B. über Preisvergleich.de oder über die Barcoo-App).
- Endkund:innen bewerten sowohl das Produkt als auch Hersteller:in, Zwischenhändler:in und Service.

- Kund:innen geben durch Vergleichbarkeit entstandenen Preisdruck weiter.
- Kund:innen fragen ggf. weitere Informationen, Frage-und-Antwort-Kataloge, Materialien (Inhalte wie Fotos, Videos etc.) an.
- Kund:innen stehen ggf. aufgrund von Produkten des Herstellers oder der Herstellerin in der Kritik.
- Kund:innen erwarten, dass der Außendienst des Herstellers oder der Herstellerin über sämtliche Themen Kenntnis hat.
- Kund:innen gehen informierter ins Verkaufsgespräch als früher.

Veränderungen für Einzelhändler:innen, Franchisenehmer:innen und Handelsvertreter:innen

- Sie sind einem höheren Druck ausgesetzt, da ihre Preise vergleichbarer geworden sind (z. B. über Barcoo.de oder preisvergleich.de oder die Benzinpreise-Apps).
- Sie stehen plötzlich vor der Herausforderung, auf Fragen und Bewertungen von Endkund:innen reagieren zu müssen und sich diesbezüglich mit Hersteller:innen abstimmen und organisieren zu müssen.
- Diejenigen, die selbst Social-Media-Kanäle betreiben, sind auf Inhalte wie Fotos oder Videos der Hersteller:innen angewiesen oder generieren eigenen Content rund um diese Produkte oder ihre Handelsmarken.
- Endkund:innen sind informierter und emanzipierter.

16.2 Social Media als Wunderwaffe für die Vertriebsorganisation

Social Media als interner Kommunikationshub für den Außendienst
Ein großes Potenzial bietet sich durch die Nutzung von Social-Collaboration-Plattformen zur digitalen Organisation des Vertriebes und der Kommunikation untereinander oder der gesamten Mannschaft. Schließlich sind Ihre Außendienstmitarbeiter:innen regelmäßig außer Haus unterwegs, und soziale Netzwerke können helfen, Informationen zeitnah zu verbreiten, Erfahrungsaustausch zu unterstützen und ein Zusammengehörigkeitsgefühl zu generieren.

Beispiel aus der Unternehmenspraxis: Opel Podcast für Vertriebsschulungen

Bereits 2006 startete Opel mit dem Projekt, Vertriebsschulungen per Podcast durchzuführen. Hierfür wurde ein Wiki angelegt, in dem aus verschiedenen Bereichen relevante Informationen zusammengetragen und dann in regelmäßigen Abständen als Podcast zur Verfügung gestellt wurden. Inhalte waren beispielsweise Themen wie „Corsa gegen Polo“, „Verkaufen an die junge Zielgruppe“ oder „Die Anschlussgarantie“. Bei einer Befragung gaben 94 % der Verkäufer an, jeden Podcast zu hören. Durch dieses Social-Media-Element können Phasen zwischen Vertriebsschulungen überbrückt und die Effektivität kann gesteigert werden. So die Ergebnisse einer von Stephan Magnus und Michael Hatz für das Buch „Web 2.0 in der Unternehmenspraxis" erarbeiteten Fallstudie, die online auch im Detail auf der Webseite http://www.e20cases.org zu finden ist (Magnus und Hatz, 2009).

Hierfür könnten Sie bestehende Anwendungen wie Facebook, Xing, WhatsApp oder LinkedIn nutzen. Allerdings bergen derartige „Fremdplattformen" immer auch ein Risiko, weil Sie keinen Einfluss auf die Sicherheit dieser Anwendungen haben, selbst wenn sie vermeintlich nicht öffentlich kommunizieren. Sie können z. B. ausfallen, Daten können verloren gehen oder Vertrauliches kann von Dritten eingesehen werden. Es gibt bereits zahlreiche Anbieter:innen, die daher Social-Media-Software anbieten, die Sie intern auf Ihren Servern nutzen können. So hat Microsoft mit seiner Office 365 Suite Tools wie Teams oder Yammer für solche Zwecke auf den Markt gebracht und Salesforce bietet beispielsweise das Tool Chatter. Weitere Informationen hierzu finden Sie in Abschn. 6.4.2. Wenn Sie Ihren Mitarbeiter:innen kein derartiges internes Instrument in die Hand geben, nutzen diese ggf. bestehende, aber im Zweifel unsichere Dienste zum Austausch.

Gerade in kritischen Situationen kann eine agile Kommunikationsstruktur sehr hilfreich sein. ◀

Fiktives Beispielszenario: Skihelm-Hersteller X

Aufgrund eines Skiunfalls eines Prominenten kommt das Thema „Risiko durch falsch aufgesetzte Skihelme" in die Medien. Verbraucher:innen sind aufgrund der Berichterstattung unsicher, ob sie ihren Helm richtig aufsetzen.

Der Skihelm-Hersteller X betreibt selbst keine eigenen Social-Media-Kanäle. Auf der Facebook-Seite eines Kunden – eines großen Sportgeschäfts – laufen zahlreiche Fragen zu unterschiedlichen Modellen verschiedener Hersteller:innen auf. Zugleich haben einige Verbraucher:innen schon beim Verbraucherservice angerufen und posten erhaltene Antworten auf die Facebook-Seite des Sportgeschäfts. Der Außendienstmitarbeiter wird von fast allen seinen Kund:innen zu der Thematik kontaktiert.

Ideales Außendienst-Szenario:

- Der Außendienstmitarbeiter erhält über eine interne Social-Media-Anwendung eine Nachricht der PR-Abteilung mit einer Info über die Berichterstattung und einem Statement „Warum es fast unmöglich ist, die Helme von Hersteller X falsch aufzusetzen" auf sein Smartphone. **Bevor** seine Kund:innen ihn darauf ansprechen.
- Beim Kundentermin bei einem kleinen Online-Händler angekommen, kann er diesem proaktiv Auskunft zu dem Thema geben.
- Der Außendienstmitarbeiter sieht vor Abfahrt zum nächsten Termin im selben internen Social-Media-Kanal den Post eines Kollegen: „Wurde von Kunden gebeten, ein erklärendes Video zur Anwendung der Helme in Webqualität zur Verfügung zu stellen." auf dem Smartphone.

- Sein nächster Termin ist bei dem großen Sportgeschäft, das bereits einige Fragen auf der Facebook-Seite hatte. Der strategisch wichtige Kunde hatte bereits angerufen, den Außendienstmitarbeiter aber aufgrund des vorherigen Termins nicht erreicht. Die Mitarbeiter:innen des Kunden haben zwar mittlerweile bei Google nach einer Stellungnahme gesucht und auch eine gefunden, aber er fragt zur Sicherheit nochmal nach. Die Antwort des Außendienstmitarbeiters stimmt inhaltlich mit der Aussage des Verbraucherservices und der über Google gefundenen Stellungnahme überein.
- Als ihn der Kunde nach weiteren Materialien fragt, sieht er auf seinem Smartphone, dass die Marketing-Abteilung bereits den Link zu einem entsprechenden erklärenden Video auf YouTube zur Verfügung gestellt hat und gibt diesen direkt im Gespräch mit dem Kunden weiter.
- Vor dem nächsten Kundentermin schickt er ein kleines Infopaket bestehend aus dem Statement und dem Link und weiteren Materialien über seinen Xing-Account an alle Kund:innen. ◀

Merke
Die Nutzung von Social-Media-Kanälen in der internen Kommunikation mit dem Außendienst kann zu einer professionelleren und abgestimmten Kundenkommunikation beitragen und das Zugehörigkeitsgefühl zur Firma stärken.

16.3 Social Media zur Kundenakquise

Der Vertrieb ist traditionell ein Unternehmensbereich, in dem Kontakte eine wichtige Rolle spielen. Gute Verkäufer sind das Rückgrat profitabler Unternehmen. Sie müssen auf geschäftlicher Ebene Beziehungen aufbauen und pflegen. Als Vertriebsmitarbeiter **in den einschlägigen Businessnetzwerken auffindbar zu sein, ist heutzutage ebenso selbstverständlich, wie eine Visitenkarte zu besitzen.** Es ist regelrecht zu einem Hygienefaktor geworden. Insbesondere im internationalen Kontext ist das so etwas wie Ihre Eintrittskarte und Daseinsberechtigung in der Wirtschaftswelt.

Die wichtigste Leitlinie für einen erfolgreichen und durch Social Media unterstützten Vertrieb ist es, die in der „Offline-Welt" bestehenden Regeln auch in diesem vielleicht noch etwas unbekannten Terrain zu beherzigen. Seien Sie authentisch und zeigen Sie Ihre Fachkompetenz, aber machen Sie nicht den Fehler, den Kundennutzen zugunsten der Selbstdarstellung zu vernachlässigen. Auch im Social Web ist aktives Zuhören gefragt und durch einen netten Kommentar unter einem Beitrag, den der Kunde gepostet hat, können Sie z. B. Interesse zeigen, ohne aufdringlich zu wirken. Menschen möchten sich beachtet fühlen und gehört werden. Machen Sie sich dieses menschliche Bedürfnis zunutze, und es werden sich Türen öffnen.

Wie in der realen Welt gilt auch im Internet: **Zeigen Sie dort Präsenz, wo ihre Kund:innen sind.** Im Social Web kann das ein entsprechender Kanal oder ein Fachforum sein, ebenso wie ein Twitter-Hashtag zu einer Fachmesse. In diesem Kapitel gehe ich exemplarisch auf die beiden Netzwerke Xing und LinkedIn ein. Xing ist ein vornehmlich in Deutschland genutztes Medium, während das zu Microsoft gehörende LinkedIn eine globale Zielgruppe bedient. **Falls Ihr Unternehmen Social Media Guidelines hat, machen Sie sich unbedingt mit diesen vertraut, bevor Sie ein Profil anlegen oder Ihre Mitarbeiter:innen auffordern, dies zu tun.**

Ein ordentliches und professionelles Auftreten ist wichtig. Achten Sie darauf, dass Profilbilder mit einem professionell erstellten Foto genutzt werden und diese Fotos regelmäßig aktualisiert werden. Gegebenenfalls bietet es sich an, das Erstellen von professionellen Fotos bei Vertriebstagungen anzubieten.

Das richtige Profil – Pay to play?

Eventuell ist es sinnvoll, den Außendienst in einigen Netzwerken mit professionellen Accounts auszustatten. Sowohl Xing als auch LinkedIn bieten neben der kostenfreien Mitgliedschaft eine Premium- oder Business-Variante an. Die in der Bezahlversion verfügbaren Features sind unter Umständen für Sie von Interesse, da sie das Netzwerken vereinfachen. So kann man beispielsweise sehen, wer auf dem eigenen Profil war oder eine unbegrenzte Anzahl an Nachrichten verschicken. Man kann zwar auch mit der Freemium-Version ganz gut arbeiten, aber in der Praxis sehe ich, dass Vertriebsmitarbeiter sich häufig für die Bezahlvariante entscheiden. Das ist übrigens auch im Profil selbst sichtbar und wirkt professioneller.

Sowohl Xing als auch LinkedIn bieten neben der Bezahlvariante für Profile auch richtige Profitools für den Vertrieb an. Die Tools heißen aktuell **LinkedIn Sales Manager** https://business.linkedin.com/de-de/sales-solutions und **Xing ProBusiness** https://probusiness.xing.com/ (Stand 2021).

Damit eröffnet sich ein ganzes Universum an neuen Möglichkeiten für die professionelle Ansprache von Kund:innen. So können beispielsweise direkte Nachrichten an Personen gesendet werden, die noch keine Kontakte sind, CRM-Systeme angeschlossen werden oder Präsentationen über ein Tool versendet werden, das genau anzeigt, wann diese geöffnet wurden, sodass der optimale Zeitraum für eine Kontaktaufnahme gewährleistet werden kann. Außerdem gibt es die Möglichkeit, Lead-Empfehlungen zu nutzen und unterschiedliche Auswertungen vorzunehmen. Beide Toolanbieter:innen werben damit, die Vertriebsarbeit mithilfe solcher technischen Hilfsmittel nicht nur zu vereinfachen, sondern auch erfolgreicher zu machen. Es lohnt sich daher auf jeden Fall zu prüfen, ob das Angebot für Ihre Zwecke hilfreich sein könnte.

In einem weiteren Schritt besteht auch die Möglichkeit, Anzeigen zu schalten, um Aufmerksamkeit für Ihr Unternehmen und das Produkt zu generieren.

Expertise zeigen

Nutzen Sie auf LinkedIn auch die bestehende Möglichkeit, Ihre Expertise darzustellen, indem Sie **Kund:innen oder Geschäftspartner:innen bitten, Ihre Expertise zu bestätigen oder eine Empfehlung über Sie zu schreiben.**

Kaltakquise

Die in der **realen Welt geltenden Distanzzonen** intime Zone (0,5 m und näher), persönliche Zone (0,5 bis 1,5 m), Kontaktzone (1,5 bis 3 m) und öffentliche Zone (+3 m) **lassen sich symbolisch auch auf Social-Media-Kanäle anwenden, genauso wie die Regeln des Smalltalks.** Beginnen Sie am besten die Annäherung unaufdringlich in der öffentlichen Zone. Hören Sie aktiv zu, indem Sie beispielsweise Kund:innen auf LinkedIn folgen und ihre Aktivitäten studieren, um zu verstehen, wie sie das Medium nutzen und was sie interessiert. Liken oder Kommentieren Sie ihre Aktivitäten oder die ihrer Unternehmen. **Suchen Sie einen geeigneten Anlass und den richtigen Moment,** um sie zu kontaktieren und in die Kontaktzone zu gelangen.

Die Recherche und Akquise über Social Networks birgt viele Chancen, hat aber auch Risiken. **Neukundenakquise sollte auch auf Social-Media-Kanälen nicht im Gießkannenprinzip geschehen, da man dort auch potenzielle Kund:innen verprellen kann.**

Allerdings ist Deutschland ggf. nicht das Maß der Dinge, wenn Sie international aktiv sind, denn in anderen Kulturkreisen und rechtlichen Situationen kann eine Ansprache ggf. viel weniger problematisch sein. Der Radius der persönlichen Zone von Brasilianern ist bekanntlich viel kleiner als bei Deutschen und so ist es auch in Social Media. Es ist in Brasilien absolut normal, über WhatsApp professionelle Kontakte zu pflegen, während es in Japan beispielsweise absolut verpönt ist, sich überhaupt auf LinkedIn anzumelden, weil dies als Zeichen gesehen wird, dass man einen neuen Job sucht. In China geht kein Weg an WeChat vorbei. In einigen Bereichen wird es sicherlich Fettnäpfchen oder Graubereiche geben und lokale Aspekte sind in jedem Fall zu beachten. Bleiben Sie neugierig und probieren Sie Dinge aus, aber vergessen Sie nicht, ab und zu zu evaluieren, ob Ihre Strategie noch die richtige für Ihre Kund:innen ist.

Wenn Sie geschäftlich genutzte Profile haben, sollten Sie diesen Profilen aus rechtlichen Gründen auch ein Impressum hinzufügen. Da es hierzu bereits einige Aufregung und auch Abmahnungen gab, empfehle ich Ihnen, gelegentlich den Stand der Rechtslage zu recherchieren.

Werbliche Anfragen auf Xing und Co. können außerdem als Spam wahrgenommen werden. Ihre Mitarbeiter:innen sollten idealerweise über die rechtliche Situation genauestens informiert sein, um Gefahren besser einschätzen zu können. Die Rechtsprechung kommt den Entwicklungen in der digitalen Welt oftmals gar nicht schnell genug nach, so dass viele Dinge, die von den Nutzer:innen als „Usus" gesehen werden, sich eigentlich in einem gefährlichen rechtlichen Graubereich bewegen. Eine Kaltakquise-Kontaktaufnahme auf Xing ist ohne vorherige Einverständniserklärung des Kontaktierten z. B. unter datenschutzrechtlichen Aspekten genau abzuwägen. Das zeigt das Beispiel eines freiberuflichen Filmemachers, der per Xing einen potenziellen neuen Kunden kontaktierte und dafür eine Abmahnung kassierte (Bayer, 2012). Werbliche Anfragen sind in den AGB des sozialen Netzwerkes im Übrigen auch als Spam definiert. Es ist also unbedingt auf eine angemessene Form der Kontaktaufnahme zu achten.

Eine weitere Schwierigkeit besteht darin sicherzustellen, dass sich Anfragen nicht überschneiden und z. B. keine potenziellen Kund:innen doppelt angesprochen werden oder die Bestandskund:innen ihre Kommunikation aus einem Guss erhalten, auch wenn eventuell unterschiedliche Außendienstmitarbeiter:innen sie in unterschiedlichen Unternehmensbereichen gemeinsam betreuen.

16.4 Kundenpflege durch Social Media

Da die sozialen Medien sich wunderbar zur Pflege von Kontakten eignen, liegt es nahe, diese auch im Kontakt mit Kund:innen zu nutzen. Business-Netzwerke wie Xing oder LinkedIn bieten viele Möglichkeiten zur Kontaktpflege. Sie eignen sich sowohl zur Recherche als auch zur Pflege von bestehenden Kontakten insbesondere im B2B-Bereich. Sie können dabei den Zeitaufwand erheblich reduzieren und die Effizienz erhöhen. In einigen Branchen gibt es ggf. auch relevante branchenspezifische Plattformen.

Die Recherchemöglichkeiten im Social Web bieten natürlich auch eine hervorragende Grundlage, um sich auf Kundengespräche vorzubereiten, kundenorientierte Angebote zu erarbeiten und zielgerichtete Kaufanreize zu generieren. Aber die Art und Weise, wie solche Daten gesammelt, ausgewertet und gespeichert werden, sollte vorgegeben werden. Wenn es hierzu seitens des Managements keine Vorgaben gibt, wird ein unglaublicher Daten-Wildwuchs entstehen, der so gut wie nicht kontrollierbar ist und auch bei Nachfolgeregelungen nicht mehr nachvollziehbar ist.

Wenn Mitarbeiter:innen ihre Kontakte ausschließlich über soziale Business-Netzwerke pflegen, geht bei einem Arbeitgeberwechsel ggf. die komplette Kundendatenbank verloren. Es stellt sich dann die Frage, ob Mitarbeiter:innen, die im Rahmen ihrer Tätigkeit Plattformen wie Xing & Co. zur Akquise, Kundenpflege und -verwaltung nutzen, im Falle eines Wechsels des Arbeitsplatzes zur Herausgabe der gesammelten Daten oder gar zur Überlassung des Xing- oder LinkedIn-Accounts verpflichtet sind. Eine Unternehmensguideline bzw. Leitsätze für Kontaktmanagement schaffen hier eine klare, kalkulierbare Regelung. Da es sich bei den recherchierten Daten in der Regel auch um persönliche Daten der Kund:innen handelt, kann das datenschutzrechtlich zu einem Problem werden, wenn diese einfach irgendwo unverschlüsselt abgelegt werden.

Ein Risiko bei unbedachtem Verwenden von geschäftlichen Social-Media-Plattformen ist z. B. das ungewollte Veröffentlichen der Kundenliste durch die aufgeführten Kontakte. Denn die Standardeinstellung lässt in der Regel einen Blick auf die Kontakte eines Profils zu. So kann die Konkurrenz unter Umständen genau sehen, mit wem Ihr Außendienstmitarbeiter verknüpft ist. Diese Funktion lässt sich jedoch einschränken. Sie sollten Ihre Vertriebsmannschaft auf diese Gefahren hinweisen und entsprechend schulen.

16.5 Social Commerce

Wenn Ihr Unternehmen selbst seine Produkte oder Dienstleistungen vertreibt, wird es ggf. von Social-Commerce-Faktoren beeinflusst. Unter Social Commerce versteht man laut Wikipedia einen Empfehlungshandel, bei dem die aktive Beteiligung der Kund:innen, der persönliche Kontakt zu Kund:innen sowie die Kommunikation der Kund:innen untereinander im Vordergrund stehen (Wikipedia, o. J.).

Selbst wenn Sie gar nicht online verkaufen, können Ihr Unternehmen, Ihre Produkte oder Dienstleistungen auf Onlineportalen bewertet werden. Jede kleine Pizzabude sieht sich heutzutage der Herausforderung gegenüber, online bewertet zu werden. Rechnen Sie daher damit, dass auch Ihr Unternehmen beurteilt wird und Rezensionen über Sie geschrieben werden. Auf Portalen wie ciao.de, preisvergleich.de, idealo.de und barcoo.de werden Produkte nicht nur bewertet, sondern auch die Preise bei unterschiedlichen Anbieter:innen verglichen. Diese Vergleichbarkeit verändert das Konsumverhalten enorm. Kund:innen sind heute wesentlich anspruchsvoller, informierter und emanzipierter als früher.

Einige typische Social-Commerce-Merkmale (treten oft in Kombination auf)

- Produkte und Dienstleistungen **können empfohlen werden** (z. B. über Facebook „Teilen“-Button oder „Send to Friend“ E-Mail).
- Produkte und Dienstleistungen **können bewertet werden** (z. B. durch Anzahl von Sternen wie bei Amazon-Rating).
- Kund:innen können **Anbieter:innen Fragen zu den Produkten stellen** (z. B. in der Feedback-Community der Telekom auf feedback.telekom-hilft.de).
- Kund:innen können **Kund:innen Fragen zu den Produkten stellen** (z. B. den Simyo-Paten auf pate.simyo.de).
- **Verkäufer:innen können bewertet werden** (z. B. Verkäuferbewertung bei eBay).
- Shops und Produkte können **als Favorit gespeichert werden,** „gelikt“ bzw. mit einem Herz markiert werden.

Da das Bewerten von Produkten und Dienstleistungen auf Plattformen wie eBay oder Amazon üblich und gelernt ist, erfreuen sich derartige Funktionalitäten immer größerer Beliebtheit. Die Verwendung von Social-Commerce-Funktionalitäten kann für Sie durchaus Vorteile bringen.

Einerseits können Sie durch die Netzwerkeffekte Ihre Visibilität und das Vertrauen erhöhen und somit einen höheren Abverkauf generieren, und andererseits können durch einen öffentlichen Kundendialog wiederkehrende Fragen ggf. gebündelt abgehandelt werden. Allerdings sollte die Verwendung von Social-Commerce-Elementen auf einem gut durchdachten strategischen Fundament basieren. Sie sollten auch unbedingt auf das Mitwirken erfahrener Social-Media-Spezialisten bei der Konzeption achten, denn es gibt zahlreiche Fallstricke. Weitere Informationen zum Thema Social Commerce und Kampagnen finden Sie in Kap. 9.

Was könnten Fallstricke bei Social Commerce sein?

- Datenschutzrechtliche Problematiken bei der Nutzung der Facebook-Funktionalitäten oder der Nutzung von E-Mail-Adressen durch eine „Send to Friend"-Funktion.
- Markenrechtsverletzungen durch unsachgemäßes Einbinden von Social-Media-Funktionalitäten sozialer Netzwerke ohne deren Erlaubnis
- Unzureichende Vorbereitung auf Anfragen, insbesondere in kritischeren Situationen (beispielsweise Produktrückruf), aber auch im Normalbetrieb
- Planungsfehler im Monitoring
- Planungsfehler bei Ressourcen (insbesondere unzureichende Vorbereitung auf die 24/7-Mentalität in sozialen Netzwerken.)
- Ungewollte Konsequenzen für Produkthaftung und Reklamationsmanagement

16.6 Social Media Guidelines für den Vertrieb

Um unkoordiniertes Auftreten oder den Kontrollverlust der Kommunikation im Vertrieb zu vermeiden, ist es sinnvoll, einige Themen übergreifend zu regeln und eine Richtlinie für den Vertrieb aufzustellen.

Wichtige Inhalte für eine Richtlinie:

- Regelung zur Kostenübernahme eines professionellen Premium Accounts auf einem Business-Netzwerk wie Xing oder LinkedIn
- Regelung zur Nutzung von sozialen Netzwerken während der Arbeitszeit. Wann und wo und wie lange ist sinnvoll?
- Regelungen bezüglich einer Übergabe der Kontakte bzw. des Xing-Accounts bei Ausscheiden aus dem Unternehmen
- Regelungen zur Speicherung, Archivierung und Löschung von Kontakten
- Achten Sie darauf, dass ein Impressum im Xing-/LinkedIn-Profil vorhanden ist, wenn Sie dieses gewerblich nutzen (§ 5 Telemediengesetz – TMG).
- Auch auf Xing gilt das UWG (Gesetz gegen unlauteren Wettbewerb). Achten Sie daher auf dessen Einhaltung.
- Gegebenenfalls sollte die Kontaktliste ausgeblendet werden, da sie wertvolle Kontakte ersichtlich macht.
- Wie kann sichergestellt werden, dass Antworten einheitlich sind (z. B. durch FAQ)?
- Welche Vorgaben gibt es für eine externe Kommunikation?
  - Welche Informationen/Materialien sind zu vertraulich, um sie digital zu verbreiten (z. B. aktuelle kundenspezifische Rabatte, die vor anderen Kund:innen geheim bleiben müssen)?
  - Welche Informationen/Materialien sollten sich bevorzugt über soziale Netzwerke verbreiten und daher auch weiterleitbar sein (z. B. aktueller Sommerrabatt)?
  - Wie werden Konversationen dokumentiert (z. B. Beschwerden)?

  - Wie werden Kund:innen kategorisiert?
  - Wie werden potenzielle neue Kund:innen kategorisiert und wie wird sichergestellt, dass sie nicht doppelt angesprochen werden?
- Welche Vorgaben gibt es für eine interne Kommunikation (Betriebsgeheimnisse etc. nicht auf externen Plattformen austauschen)?

Merke
Es gibt in der Vertriebsarbeit zahlreiche Berührungspunkte mit Social Media. Diese können sowohl Kosten sparen als auch Kosten treiben. Unsachgemäße Verwendung durch Ihre Mitarbeiter:innen kann rechtliche Konsequenzen haben. Diese reichen von Geldstrafen durch Abmahnungen bis hin zu möglichen Gefängnisstrafen aufgrund von Datenschutzverstößen. Es ist wichtig, sich einen Überblick über bestehende Kommunikationsflüsse verschaffen und eine klare Strategie zu forcieren. Insbesondere im Bereich Vertriebsschulungen ist Social Media ein interessantes Instrument, beispielsweise in Form von Podcasts.

Mögliche Social Media KPIs im Vertrieb

- Anzahl Vertriebsmitarbeiter auf Xing oder LinkedIn
- Anzahl Kundenkontakte in Social Media (z. B. über Xing)
- Anzahl Leads über Social Media
- Anzahl Neukundenkontakte über Social Media
- Richtlinien oder Leitsätze für Vertrieb erstellt
- Richtlinien oder Leitsätze für Vertrieb kommuniziert
- Durchschnittlicher Zeitaufwand pro Kunde
- Durchschnittlicher Zeitaufwand pro Akquise
- Durchschnittlicher Zeitaufwand für interne Absprachen
- Anzahl der an Kund:innen weitergegebenen Social-Media-tauglichen Materialien (Bilder, Videos, Texte)
- Anzahl der von Kund:innen in Social Media genutzten Materialien (Bilder, Videos, Texte)
- Zusätzliche Reichweite durch Social-Media-Kommunikation der Kund:innen
- Anzahl der durch Social Media unterstützten Verkäufe
- Anzahl Kundenbewertungen positiv vs. negativ
- Anzahl Empfehlungen (Shares) und positiver Rückmeldungen (Likes)
- Durchschnittliche Zeit für Kundenservice
- Social-Media-Reichweite
- In Abb. 16.6 werden Chancen und Risiken für den Vertrieb genannt.

INTERN	EXTERN
(z.B. über Podcast, Wiki, App)	(z.B. über XING)
Kommunikation zwischen Zentrale / Innendienst und Außendienst	Kommunikation zwischen Außendienst bzw. Sales Manager und Kunde / Key Account

CHANCEN

INTERN	EXTERN
- Schnellerer und effizienterer Austausch zwischen Innen- und Außendienst (anstatt Mailflut) - Echtzeit-Austausch innerhalb der Vertriebsmannschaft - Es können positive Effekte durch Gruppendynamik innerhalb eines solchen Netzwerkes entstehen	- Reduktion des Zeitaufwands pro Kunde - Reduktion der Kosten zur Kontaktpflege (wenn bspw. Präsenz-Termine reduziert werden können) - Recherche: Nutzung zur Identifikation und Ansprache neuer Kontakte - Recherche: Nutzung zur Vorbereitung auf Kundentermine und Angebotserstellung -Effizienzgewinn durch Ausbau und Pflege der Beziehung mit dem Kunden (z.B. durch regelmäßige Updates) - Intensivere Betreuung von Key Accounts (Einladung zu Events, Verbreitung von Informationen, Bereitstellung von Expertise)

RISIKEN

INTERN	EXTERN
- Die Nutzung von sozialen Netzwerken kann ablenken und Zeit fressen - Es können negative Effekte durch Gruppendynamik innerhalb eines solchen Netzwerkes entstehen	- Die Nutzung von sozialen Netzwerken kann ablenken und Zeit fressen - Durch unsachgemäße Nutzung können sich datenschutzrechtliche Probleme ergeben. (Datenspeicherung, Impressum etc.) - Kontakte könnten bei falscher Einstellung auch für Konkurrenz öffentlich einsehbar sein - Kontakte sind ggf. nur innerhalb eines Business-Netzwerkes wie XING dokumentiert und gehen bei Arbeitgeberwechsel für den Arbeitgeber verloren - Durch Social Web geteilte Unterlagen (z.B. Sales-Broschüre) können geteilt werden und in falsche Hände fallen - Durch unangebrachte Nutzung könnte der Eindruck des Spamming entstehen

Abb. 16.6 Chancen und Risiken für den Vertrieb

Literatur

Bayer, K. (2012). Abmahnung inklusive Kostenforderung: Warum eine Anfrage bei XING für einen Freiberufler teuer wurde. Exali. http://www.exali.de/Info-Base/abmahnung-xing-freiberufler. Zugegriffen: 6. Jan. 2021.

Conley, C. (2011). B2B? B2C? How about H2H? Huffington Post. http://www.huffingtonpost.com/chip-conley/b2b-b2c-how-about-h2h_b_869837.html. Zugegriffen: 6. Jan. 2021.

Demandgen. (2018). B2B Buyers Survey Report: Sales Representatives Play Greater Role Within Critical 1–3 Month Active Buyer Timeframe. https://www.demandgenreport.com/resources/reports/2018-b2b-buyers-survey-report. Zugegriffen: 6. Jan. 2021.

Magnus, S., & Hatz, M. (2009). Opel: Podcasts in der Vertriebschulung. http://www.e20cases.org/fallstudie/opel-podcasts-in-der-vertriebschulung/. Zugegriffen: 6. Jan. 2021.

Wikipedia. (o. J.). Social Commerce. https://de.wikipedia.org/wiki/Social_Commerce. Zugegriffen: 6. Jan. 2021.

Weiterführende Literatur

Das Buch „Sicher auftreten im Technischen Vertrieb" beinhaltet ein von mir geschriebenes Kapitel zum Thema Social Media im Vertrieb, das auf die konkrete operative Umsetzung als Vertriebsmitarbeiter eingeht:

Preußners, D. (2021). *Sicher auftreten im Technischen Vertrieb* (5. Aufl.). Springer Gabler.

17 Social Media und Unternehmenssicherheit

Zusammenfassung

Dieses Kapitel geht auf die Chancen und Risiken in Bezug auf die Sicherheit in Unternehmen unter Einfluss von Social Media ein. Neben dem oft genannten Feld der Informationssicherheit gibt es auch auf den Gebieten Objektschutz und Personenschutz relevante Berührungspunkte ebenso wie bei der Sicherheitsplanung von Veranstaltungen.

Es gibt eine Reihe von Social-Media-Berührungspunkten im Zusammenhang mit der Konzern- oder Unternehmenssicherheit. Hierfür ist neben der realen Welt vor allem auch die virtuelle Welt von Bedeutung, denn diese wird oftmals in der Sicherheitsbetrachtung vergessen oder vernachlässigt (s. Abb. 17.1).

Der Umgang mit Social Media birgt für die Sicherheit von Unternehmen Chancen und Risiken. Im Folgenden werden Sicherheitsaspekte aus den Bereichen Notfall- und Krisenmanagement, Objektsicherheit, Personenschutz, Informationssicherheit, Veranstaltungssicherheit und Compliance betrachtet.

Soziale Netzwerke sind das schnellste Medium unserer Zeit. Informationen können sich in Echtzeit im Internet verbreiten. Social Media ermöglicht es, Massen zu informieren und zu mobilisieren.

Dass Social Media sicherheitsrelevant sein kann, zeigen folgende Beispiele aus den Medien:

- Die erste Nachricht über den Amoklauf an einer Schule in Winnenden im Jahr 2009 kam über den Twitter-Account einer Schülerin mit dem Pseudonym @tontaube. Zahlreiche Medien griffen das Thema auf (Tretbar, 2009).

S. Babka, *Social Media für Führungskräfte*,
https://doi.org/10.1007/978-3-658-34247-0_17

Abb. 17.1 Reale vs. virtuelle Welt

- Im selben Jahr sind bei den Unruhen im Iran die Social-Media-Anwendungen Twitter und YouTube zeitweise die am meisten genutzten Quellen für Informationen aus dem Land (PC Magazin, 2009).
- Im Jahr 2010 wird ein Brite aufgrund einer Witz-Meldung auf Twitter, die als Bombendrohung auf einem Flughafen ausgelegt wurde, zu einer Geldstrafe verurteilt (Spiegel, 2010).
- Bei dem Massaker auf der norwegischen Insel Utøya im Jahre 2011 nutzten Jugendliche Facebook, um zu kommunizieren, wo der Attentäter sich gerade genau aufhält (Hinrichs, 2011).
- Im Arabischen Frühling im Jahr 2011 brachten soziale Medien wie Facebook die Demonstranten zusammen und auf die Straße (Focus, 2016).
- Im Juni 2011 lief eine Geburtstagsparty eines 16-Jährigen in Hamburg aus dem Ruder, da er diese versehentlich auf Facebook öffentlich ankündigte. Es kamen 1600 ungebetene Gäste, was einen Polizeieinsatz mit 100 Beamten erforderlich machte (Brumm, 2012).
- Im Jahr 2012 gab es die erste Kriegserklärung über Twitter. Ausgesprochen über den Twitter-Account @IDFspokesperson der Israel Defense Forces (Halberschmidt, 2012).
- Im selben Jahr erlangte die 15-jährige Amanda Todd nach ihrem Selbstmord traurige Berühmtheit im Internet. Unmittelbar vor ihrem Freitod veröffentlichte sie auf YouTube ein Video, das dokumentierte, wie sie im Internet als Cyber-Mobbing-Opfer gedemütigt worden war (Reese, 2012).
- Während des verheerenden Sturms Sandy sorgten einige Falschaussagen bei Twitter für Verwirrung. Nachdem Twitter-Nutzer @comfortablysmug von der Überflutung der New Yorker Börse berichtete und zahlreiche Medien diese Information aufnahmen, kamen einige Börsianer nicht zur Arbeit (The Week 2012).
- Im Dezember 2013 sprang eine Person im Breuningerland Ludwigsburg aus dem dritten Stock in die Tiefe. Eine Augenzeugin postete die Worte „Selbstmord im Breuni heute am 07.12.2013, 3. Stock" auf die Facebook-Seite des Shoppingcenters. Daraufhin entwickelten sich rege Diskussionen (Brunner, 2013).
- Im April 2013 wurde der Twitter-Account der Nachrichtenagentur Associated Press @ap gehackt und ein Tweet abgesendet, der von zwei Bombenexplosionen im Weißen

Haus berichtete. Die Falschmeldung ging an 1,9 Mio. Follower und führte zeitweise zu Kursstürzen an der Börse. Der US-Leitindex Dow Jones Industrial fiel sogar kurzzeitig in die Verlustzone. Über den alternativen Twitter-Account @AP_Politics verbreitete die Nachrichtenagentur daraufhin ein Dementi, und die Aktienkurse normalisierten sich (Zeit Online, 2013).
- Im Sommer des gleichen Jahres wurde in den Twitter-Account von Fußballer Mario Götze eingedrungen und unter anderem der Wechsel zu einem Fußballclub in Australien angekündigt (Spiegel, 2013).
- Im Frühjahr 2014 ließ der türkische Regierungschef Erdogan die Internetseite von Twitter aus Angst über weitere Spekulationen über den gerade tobenden Korruptionsskandal um seine Person sperren. Die Nutzer:innen wichen auf den SMS-Dienst von Twitter aus (Süddeutsche Zeitung, 2014).
- Während der Fußball-Weltmeisterschaft in Brasilien im Sommer 2014 knackten Hacker das offizielle Twitter-Konto der brasilianischen Bundespolizei und verbreiteten eine falsche Bombenwarnung für das WM-Achtelfinale Brasilien-Chile in Belo Horizonte. Die brasilianische Regierung dementierte den Tweet daraufhin – ebenfalls auf Twitter – und kommunizierte, dass der Twitter-Account der Bundespolizei gehackt worden sei (Futurezone, 2014).
- Während der Fashion Week in Paris im Jahr 2016 wird die US-Prominente Kim Kardashian überfallen, nachdem sie auf Instagram ein Foto mit ihrem sehr wertvollen Verlobungsring geteilt hatte. Nach dem Überfall überdenken zahlreiche Prominente ihre Social-Media-Aktivitäten in Bezug auf Sicherheitsaspekte (Steger, 2016).
- Als ein Terroranschlag im Neuseeländischen Christchurch von dem Attentäter live auf Facebook gestreamt wird, entbrennt eine Diskussion Gewalttaten in Livestreams (Große, 2019).
- Im Januar 2021 organisieren sich Anhänger:innen des abgewählten Präsidenten Donald Trump über Social Media und stürmen das Capitol in Washington. Die Social-Media-Accounts von Donald Trump werden daraufhin von den Social-Media-Anbietern zeitweise gesperrt (Frenkel, 2021).

Es gibt noch zahlreiche weitere Beispiele.

17.1 Notfall- und Krisenmanagement

Wie in den gerade genannten Beispielen deutlich wird, spielt Social Media vor allem auch in Notfall- und Krisensituationen eine sehr wichtige Rolle, da die Nutzung von Social-Media-Kanälen im Krisenfall eine schnelle, einfache und vor allem direkte Kommunikation ermöglicht.

Wenn man früher Rauch über dem Flughafen gesehen hat, hat man das Radio eingeschaltet und gehofft, dass dort eventuell eine Durchsage kommt, was dort passiert ist. Heute kann man sich bei Twitter in Echtzeit darüber austauschen, was vorgefallen ist. Man findet dort schnell Informationen, muss allerdings immer auch abwägen, ob diese auch wirklich den Tatsachen entsprechen. Ich hatte auch schon einmal in meiner Karriere den Fall, dass ich eine WhatsApp von **extern** erhielt mit der Frage, was bei uns los sei, und dadurch über einen Brand auf dem Werksgelände informiert wurde, bevor die offiziellen internen und externen Kanäle davon berichteten. Die Nachricht hatte sich über unsere eigenen Mitarbeiter:innen, die evakuiert wurden, in WhatsApp unkontrolliert intern und extern verbreitet.

Externe und interne Social-Media-Anwendungen können im Notfall also eine wertvolle Rolle spielen und sollten in die Krisenplanung aufgenommen werden. Hierbei ist von Bedeutung, dass auch im Krisenfall auf alle Kanäle uneingeschränkt zugegriffen werden kann. Daher ist es ratsam, auf Passwörter von Social-Media-Profilen im Krisenstab zugreifen zu können.

Durch ein gezieltes Monitoring können Risiken frühzeitig erkannt werden, beispielsweise die Androhung einer Aktivität von der Hackergruppe Anonymus oder die Verbreitung von Erpressungshinweisen. Heutzutage muss ein Erpresser nicht mehr mit den Medien drohen, sondern kann Informationen selbst anonym im Internet veröffentlichen.

Risiken für das Notfall- und Krisenmanagement

- Hoax (Falschmeldungen, die gezielt Panik erzeugen sollen, z. B. Bombendrohungen)
- Unerwünschte Nebeneffekte (z. B. WhatsApp eines Mitarbeiters an seine Frau über kritische Situation am Firmensitz)
- Öffentliche Erpressungen auf Social Media
- Cyber-Angriffe über Social Media (z. B. durch Aktivistengruppen)

Chancen für das Notfall- und Krisenmanagement

- Evakuierung kann durch Social Media Kommunikation unterstützt werden
- Früherkennung von Risiken durch Monitoring-Aktivitäten

Handlungsempfehlungen

- Nehmen Sie potenzielle Risiken in das Social-Media-Monitoring auf
- Einige mögliche Schlagwörter sind: „Unternehmen“ oder „Straße, PLZ, Ort“ in Kombination mit „Erpressung“ oder „Anonymous“ bzw. Namen anderer Aktivistengruppen
- Beziehen Sie Social-Media-Aspekte in Ihren Krisenplan und in Ihre Szenarios ein

Mögliche KPIs

- Krisenplan angepasst
- Szenario geprobt
- Monitoring erstellt
- Anzahl sicherheitsrelevanter Treffer im Monitoring

Merke
Social-Media-Kanäle können in Echtzeit Informationen verbreiten und haben daher viel Potenzial, in Krisen- und Notfallsituationen einen positiven Beitrag zu leisten. Auch in der Krisenprävention können Social Media eine bedeutende Rolle spielen.

17.2 Objektsicherheit

Insbesondere in puncto Objektsicherheit lohnt es sich, neben dem realen Ort auch den virtuellen Ort zu betrachten (s. Abb. 17.1). Der Unternehmensbereich, der das Thema Objektschutz verantwortet, ist oftmals auch mit dem allgemeinen Erscheinungsbild bzw. dem Empfangsdienst betraut. Während der reale Ort in der Regel gut gepflegt und geschützt ist, birgt das Internet manchmal die eine oder andere Überraschung.

Denken Sie z. B. an den auf Satellitenbildern basierenden Dienst **Google Earth**. Ist es ein Sicherheitsrisiko, wenn Ihr Unternehmensstandort für jedermann sichtbar in Vogelperspektive im Internet aufrufbar ist? Oder denken Sie an den Google-Dienst **Google Streetview,** der neben den Aufnahmen der spektakulären Streetview-Fahrzeuge auch mit Fotos von Nutzer:innen angereichert werden kann. Ebenso wie der Dienst **Google Maps,** der sich auch aus Fotos von Google-Profilen generiert.

Ich hatte im Laufe meiner Karriere z. B. einmal den Fall, dass eine Produktionsstraße eines Werkes auf Google Street View abrufbar wurde. Es handelte sich nicht um einen hochvertraulichen Bereich im Werk, aber dennoch sollte die Produktionstechnik nicht weltweit im Internet veröffentlicht werden. Folgendes war passiert: Besucher hatten während eines Tages der offenen Tür 360°-Aufnahmen erstellt und diese bei Google hochgeladen. Bei einem anderen Werk hatte ich den Fall, dass die bei Google Maps hinterlegte Adresse für das Werk falsch war. Somit landete jeder Besucher, der ein Google-basiertes Navigationssystem hatte, am anderen Ende der Stadt.

Daher ist es auf jeden Fall ratsam, den Ort im Internet und insbesondere die sogenannten „Location Based Services", die Informationen mit dem physischen Ort verknüpfen, im Auge zu behalten. Dazu gehören neben den genannten Diensten z. B. auch Google Places, Facebook Locations, Swarm, Yelp und jede weitere Anwendung, die GPS-Daten mit Bildern oder anderen Informationen verbindet. Bei Anwendungen wie Swarm, Facebook oder Google können sich Nutzer:innen z. B. für jedermann sichtbar in einem Ort „einchecken".

Warum kommt jemand auf die Idee, freiwillig im Internet seinen aktuellen Standort anzugeben, indem er einen Social Media „Check-in" macht?

Neben Gründen von Prestige und Eigenvermarktung kann der Vergleich, welche Freund:innen, Bekannten oder Geschäftspartner:innen bereits dort eingecheckt haben, interessant sein. Vielleicht ist ja jemand, den man kennt, gerade auch in der Nähe? Außerdem gibt es zahlreiche Anreizsysteme für einen solchen Check-in, z. B. einen

Gratiskaffee in einer Kaffeekette oder virtuelle Belohnungen. Manchmal ist es auch ein Versehen, dass beim Posten der Standort angegeben wird, da man diese Funktion bei einigen Anwendungen sogar erst ausschalten muss.

Es besteht das Risiko, dass durch Inhalte wie Bilder, die von Nutzer:innen ohne Ihr Wissen hinzugefügt wurden, vertrauliche Informationen preisgegeben werden. Das können z. B. Schwachstellen in der Einlasskontrolle sein, die per Foto absichtlich oder versehentlich dokumentiert wurden. Oder der Social Media „Check-in“ eines Geschäftspartners, dessen Zusammenarbeit aus strategischen Gründen noch nicht kommuniziert wurde. Zum Beispiel, weil der aktuelle Lieferant noch nicht wissen sollte, dass er keinen Folgeauftrag erhält. Aber auch Falschmeldungen, wie eine Information über eine Bombendrohung oder eine andere Form von Panikmache, können eine Gefahr sein. Gleichwohl können Social-Media-Anwendungen, wie das Beispiel der Amokläufe in Utøya und Winnenden gezeigt hat, auch eine positive Rolle bei der Evakuierung von Gebäuden spielen. Auch in einem Katastrophenfall wie bei einem Brand in einer Chemiefabrik können Anwohner durch Anwendungen wie Twitter in Echtzeit informiert werden. Es ist empfehlenswert, ein Monitoring aufzusetzen, das gezielt den virtuellen Ort auf verschiedenen Plattformen beobachtet und ggf. auch GPS-Daten einbezieht. Ein solches Monitoring bietet auch einige Chancen der Risikominimierung, weil man beispielsweise geplante Demonstrationen vor dem Firmengebäude, zu denen im Internet aufgerufen wird, im Vorfeld finden kann oder die aktuelle Sicherheitslage der Umgebung im Auge hat. Ein gutes Monitoring findet beispielsweise auch einen potenziell gefährlichen Unfall mit Giftstoffen in der benachbarten Fabrik.

Risiken für den Objektschutz

- Der virtuelle Ort kann falsche oder vertrauliche Informationen enthalten
- Der virtuelle Ort kann unberechtigterweise von Dritten übernommen und verwaltet werden; im weniger schlimmen Fall sind das eigene Mitarbeiter:innen, ungünstiger ist die Übernahme durch Aktivistengruppen
- Falschmeldungen und Panikmache („Bitte umfahren Sie das Gebiet weiträumig“)
- Virtueller Ort kann durch dritte beobachtet und diese Information strategisch genutzt werden (z. B.: Wer geht hier ein und aus? Wann ist hier besonders viel/wenig Betrieb?)

Chancen für den Objektschutz

- Evakuierung unterstützt durch Social-Media-Kommunikation
- Erhöhte Sicherheit durch Location-based Monitoring

Handlungsempfehlungen

- Setzen Sie ein „Location-based“ Monitoring für den virtuellen Ort auf. Verlassen Sie sich nicht auf das bestehende Monitoring in anderen Unternehmensbereichen, sondern machen Sie sich gesondert Gedanken, welche sicherheitsrelevanten Aspekte

für den virtuellen Ort einbezogen werden sollten. Ein Monitoring findet nur das, was Sie mittels Schlagworten abfragen, und die PR- oder Marketing-Kolleg:innen sind ggf. nicht so umfassend mit Sicherheitsfragen vertraut.
- Einige mögliche Schlagwörter sind: „Unternehmen" oder „Straße, PLZ, Ort" in Kombination mit „Demo", „Bombe" „Attentat", „Amok", „Unfall" und „Kontrolle".
- Prüfen Sie regelmäßig den virtuellen Ort auf definierten Plattformen. Betrachten Sie diese Überprüfung als Hygienefaktor, der genauso regelmäßig und gründlich inspiziert werden sollte wie der reale Ort.
- Seien Sie sich dessen bewusst, dass andere Ihren virtuellen Ort ggf. beobachten können und alle Social-Media-Aktivitäten über GPS auf Ihr Unternehmen zurückführen können. Dazu gehören neben Industriespionen unter Umständen auch Behörden wie die BAFIN, BND oder BKA bzw. LKA.
- Beziehen Sie die Social-Media-Thematik in Ihre bestehenden Sicherheitsvorgaben ein. Definieren Sie z. B. genau, wo Smartphones mit Kameras zugelassen werden dürfen und in welchen Bereichen diese abgegeben oder die Kamera verplombt werden müssen. Überlegen Sie sich, in welchen Unternehmensbereichen es ggf. sinnvoll ist, die Nutzung von Smartphones oder GPS-Geräten ggf. durch ein Störsignal zu unterbinden oder nach außen nicht per GPS ortbar zu machen.

Mögliche KPIs

- Anzahl der virtuellen Besucher (Check-ins)
- Anzahl der Präventionsmaßnahmen
- Anzahl von Korrekturen
- Virtueller Ort geprüft
- Virtueller Ort gesichert

Merke
Die Objektsicherheit sollte den virtuellen Ort einbeziehen, da dort zahlreiche Chancen wie auch Risiken für die Unternehmenssicherheit liegen können. Verlassen Sie sich nicht darauf, dass diese Aktivitäten durch andere Unternehmensbereiche beobachtet werden, sondern machen Sie gezielt Vorgaben für ein Monitoring bzw. setzen Sie dieses selbst im Bereich Unternehmenssicherheit auf. Der virtuelle Ort ist in höchstem Maße sicherheitsrelevant.

17.3 Personenschutz und Social Media

Social-Media-Anwendungen können eine wichtige Rolle für den Personenschutz spielen. Dabei ist in erster Linie der Standort von Bedeutung. Durch die Nutzung von Social Media können vertrauliche Informationen zum Aufenthaltsort der zu schützenden Person herausgefunden werden. Zum Beispiel, weil diese Person einen Facebook-Post absetzt und das Smartphone automatisch einen Standort hinzufügt oder weil durch die Abhörbarkeit entsprechender Anwendungen die GPS-Daten zu finden sind. Oftmals ist die Kommunikation über Social-Media-Kanäle aufgrund der Schnelllebigkeit nicht optimal mit den PR-Kolleg:innen abgestimmt, und so kann der eine oder andere flapsige Kommentar eines Promis oder einer Führungskraft schnell in falsche Bahnen geraten und zu Hasstiraden oder Hetzaufrufen führen. Die Chancen und Risiken der Nutzung von Social-Media-Anwendungen durch Führungskräfte soll an dieser Stelle nur erwähnt sein. Der Personenschutz im Social Web setzt sich aus den Bereichen „Sicherheit" und „Reputation" zusammen. Weiterführende Informationen zum Thema Reputation finden Sie in Kap. 20.

Aus Sicht der Konzernsicherheit ist das Social Web aber auch eine gute Informationsquelle für potenzielle Risiken. Durch ein personenbezogenes Social-Media-Monitoring können Gefahren eventuell sehr früh entdeckt werden. Zum Beispiel könnten Stalker überwacht, Morddrohungen gefunden oder Pläne zum sogenannten „Bossnapping" aufgedeckt werden. Da die Social-Media-Netzwerke so einfach zu bedienen sind, nutzen selbst Terroristen, Erpresser, Rebellen und sonstige Verbrecher diese Technik, um Erpresservideos, Bombenanleitungen oder gar Hinrichtungsvideos zu verbreiten. Es ist daher sinnvoll, sich mit den Mechanismen von YouTube und anderen Kanälen eingehend zu befassen und Krisenszenarios zu proben. Vor Geschäftsreisen in Krisenregionen können im Social Web wertvolle Hinweise zur Sicherheit des Gebietes zu finden sein.

Social-Media-Anwendungen können aber auch gezielt dazu genutzt werden, auf eine falsche Fährte zu locken und einen Aufenthalt somit sicherer zu machen. So z. B. durch das Veröffentlichen eines Beitrags, der vermuten lässt, die Person sei gerade an einem ganz anderen Ort. Diese Taktik sollte aber moderat genutzt und nicht übertrieben werden. Ein Beitrag über eine Mitarbeiteraktivität mit einem Bild vor der Zentrale ohne Datumsangabe ist sicherlich weniger kritisch als eine gezielte Täuschung durch einen Beitrag mit „Grüßen aus Paris", wenn derjenige gerade in London ist.

Risiken für den Personenschutz

- Durch Social Media kann der Aufenthaltsort bekannt werden
- Wertgegenständen können durch Social Media in den Fokus von Kriminellen geraten (s. Fall von Kim Kardashian, der zu Beginn von Kap. 17 erläutert wurde)
- Stalking über Social Media
- Üble Nachrede und Cyber Mobbing in Social Media
- Aufrufe zur Gewalt gegen Personen über Social Media
- Social Engineering (gezieltes Täuschen von Personen zum Erhalt von Informationen zum Aufenthaltsort oder Kontaktaufnahme mit Familienangehörigen über Social Media)

Chancen für den Personenschutz

- Risikoerkennung durch Social-Media-Monitoring
- Gezieltes Legen von falschen Fährten zur Geheimhaltung des Aufenthaltsortes

Handlungsempfehlungen

- Prüfen Sie mögliche Risiken durch Social-Media-Nutzung der zu beschützenden Person.
- Setzen Sie ein personenbezogenes Monitoring auf.
- Erarbeiten Sie zusammen mit der PR-Abteilung ein Sicherheits- und Reputationskonzept für Führungskräfte im Social Web.
- Beachten Sie die durch standortbestimmende Dienste wie GPS in Mobiltelefonen und Fahrzeugelektronik entstehenden Risiken.

Mögliche KPIs

- Personenbezogenes Monitoring aufgesetzt
- Sicherheitskonzept angepasst
- Standortbestimmende Dienste wie GPS geprüft

Merke
Die Nutzung von Social Media kann für den Personenschutz Chancen und Risiken bergen. Ein wesentliches Risiko ist das Bekanntwerden des Aufenthaltsortes oder der Ablaufpläne. Eine Chance ist das Erkennen von potenziellen Gefahren durch ein Social-Media-Monitoring.

17.4 Informationssicherheit

Neben Faktoren der technischen Sicherheit spielt das „Einfallstor" Mensch eine immer wichtigere Rolle im Zusammenhang mit IT-Sicherheit und der Geheimhaltung vertraulicher Informationen. Taktische Cyber-Angriffe und Industriespionage mit Einsatz von Social Media sind nicht nur in der Theorie denkbar, sondern leider zum Teil auch schon gängige Praxis. Einige Risiken für die Sicherheit von Informationen, die durch Social Media entstehen können, sind die Abhörbarkeit von Social-Media-Anwendungen, Sicherheitslücken bei Social-Media-Anwendungen, Sicherheitslücken durch Passwörter, Erschleichung von Vertrauen, Weitergabe vertraulicher Informationen (bewusst oder unbewusst), Herstellen von Erpressbarkeit oder der Missbrauch von Social-Media-Profilen. Aber auch die unbedachte Nutzung von Social Media zu Marktforschungszwecken birgt Risiken. Diese Gefahren lassen sich am besten anhand von Beispielen erläutern.

Da Social Media im privaten Bereich bereits eine große Verbreitung finden, besteht eine Gefahr darin, dass Mitarbeiter:innen unüberlegt auch für beruflichen Austausch Social-Media-Anwendungen nutzen. Das kann z. B. über eine „nicht-öffentliche" Facebook-Gruppe geschehen, deren Kommunikation theoretisch unter Ausschluss der Öffentlichkeit stattfindet, in der Realität aber auch gehackt und abgehört werden kann.

Selbst die Nennung eines Job-Titels in Xing kann beispielsweise ein Geheimnis sein, wen dieser Hinweise über die strategische Ausrichtung den Unternehmens gibt, z. B. wenn ein Unternehmen noch keinen Online-Vertrieb hat und bei Xing E-Commerce-Manager zu finden sind. Das Registrieren einer Domain oder eines Social-Media-Profils kann ebenfalls einen Hinweis auf strategische Planungen geben, wenn es sich z. B. um einen neuen Produktnamen handelt. Auch der Austausch mit Externen wie Geschäftspartner:innen, aber auch Familienmitgliedern kann eine Gefahr für die Geheimhaltung darstellen. Daher ist es ratsam, die Mitarbeiter:innen für diese Gefahr zu sensibilisieren. Ist den Mitarbeiter:innen ausreichend bewusst, welche Informationen vertraulich sind? Was darf man beim Abendessen erzählen und was nicht?

Ein Beispiel dafür ist ein Tweet, der die Harry-Potter-Autorin J.K. Rowling als Person hinter einem Autoren-Pseudonym enttarnte. Rowling hatte geplant, einen Roman zu veröffentlichen, der nicht mit ihr oder Harry Potter in Verbindung gebracht werden sollte. Einer ihrer Anwälte erzählte dieses Geheimnis einer Freundin seiner Frau, die darüber twitterte. Die klassischen Medien griffen die Information schnell auf. Die Kanzlei musste daraufhin Entschädigung zahlen (Focus, 2014).

Es liegt auf der Hand, dass externe Social-Media-Anwendungen aus technischer Sicht ein IT-Sicherheitsrisiko bergen können, weil deren technische Infrastruktur für Unternehmen in der Regel nicht beeinflussbar ist. Mittels Viren und Malware werden Computer im Unternehmen gezielt angezapft, um an Informationen zu gelangen oder sogar Betriebsabläufe gezielt zu stören.

Unsichere Passwörter können in zweierlei Hinsicht zu Sicherheitsrisiken führen. Erstens, weil viele Menschen nur ein Passwort für alle Dienste nutzen und dieses, wenn es auf einer externen Plattform gehackt wurde, ggf. auf betrieblichen Systemen ebenfalls funktioniert. Und zweitens, weil es oftmals nicht ausreichende Regularien für Passwörter von beruflichen Social-Media-Accounts gibt und insbesondere bei der Weitergabe von Passwörtern z. B. durch Stellenwechsel oder Austritt aus dem Unternehmen Sicherheitslücken entstehen. Daher ist es anzuraten- hierfür Regularien zu schaffen.

Durch das Hacken und Übernehmen von Social-Media-Profilen (z. B. einem Twitter-Account) kann Unternehmen genauso geschadet werden wie durch das gezielte Erstellen eines falschen Accounts. Gängige Fälscher-Praxis ist z. B. das Austauschen der Buchstaben „großes I" und „kleines L". Im Schriftbild werden beide Buchstaben durch einen Strich dargestellt, sodass es unter Umständen nicht möglich ist, einen Unterschied zu erkennen.

Auch das anonyme Verbreiten von vertraulichen Informationen im Internet, ob vorsätzlich oder aus Unwissen, ist oftmals problematisch. Zum Beispiel, wenn ohne bösen Willen Gehaltsangaben in Jobforen gemacht werden oder vorsätzlich geheimes Material auf WikiLeaks gepostet wird.

Gewisse Risiken bestehen auch bei der Nutzung von Social Media für Co-Creation oder Crowdsourcing mit Externen wie z. B. Endverbraucher:innen. Unter Co-Creation versteht man die Einbeziehung von Gruppen, um gemeinsam etwas zu erarbeiten. Unter Crowdsourcing versteht man die Nutzung von Gruppen, um Informationen zusammenzutragen. Dies wird z. B. gemacht, indem auf einer Facebook-Seite Dinge gefragt werden wie: „Welcher der folgenden Namen gefällt euch denn am besten für das Produkt?“ oder „Welche Produkteigenschaft fehlt euch an dem Produkt?“ oder „Welche neue Sorte würdet ihr am liebsten im Sortiment haben?“ Man sollte bewusst machen, dass diese öffentlichen Brainstorms auch für die Konkurrenz sichtbar sind, und deshalb vorab genau überlegen, ob das hingenommen werden kann oder nicht.

Trotz aller Risiken, die Social Media für die Sicherheit von Informationen beinhaltet, gibt es auch Chancen. So können Hacker und Spione durch gezieltes Platzieren von falschen Informationen natürlich auch auf eine falsche Fährte gebracht werden. Und das Wissen über diese Sicherheitslücken ermöglicht es im Gegenzug auch dem eigenen Unternehmen, gewisse Informationen auf legalem Wege herauszufinden. Schließlich ist es erlaubt, die Facebook-Seite der Konkurrenz zu verfolgen oder sich die Xing-Profile von deren Mitarbeiter:innen oder Stellenausschreibungen anzusehen.

Risiken für die Sicherheit von Informationen durch Social Media

- Abhörbarkeit
- Sicherheitslücken durch Passwörter
- Sicherheitslücken durch „Einfalltor Mensch“
- Verbreitung von vertraulichen Informationen (bewusst und unbewusst)
- Social Engineering (gezieltes Täuschen zur Erlangung von Informationen)

Chancen für die Sicherheit von Informationen durch Social Media

- Frühzeitiges Erkennen von Bedrohungen durch Monitoring
- Gezielte Positionierung falscher Informationen zum Schutz geheimer Informationen

Handlungsempfehlung

- Sensibilisieren Sie Ihre Mitarbeiter:innen für die Gefahr.
- Nehmen Sie das Thema „Schutz vertraulicher Informationen“ in Ihre Social-Media-Guidelines oder andere betriebsinterne Regularien auf. Geben Sie konkrete Beispiele, damit das gut verstanden wird.
- Geben Sie Passwortrichtlinien vor, die bei geschäftlichen Social-Media-Accounts zwingend eingehalten werden müssen und für private Profile empfohlen werden, z. B. Anzahl der Zeichen, Sonderzeichen, Zahlen, aber auch den regelmäßigen Rhythmus der Änderung eines Passwortes.
- Beobachten Sie Plattformen wie WikiLeaks und Hacker-Gruppen wie Anonymous.
- Passen Sie Ihr Social-Media-Monitoring regelmäßig an, um mögliche Sicherheitsrisiken schnell zu erkennen.
- Seien Sie im Zweifel misstrauisch.
- Stellen Sie sich folgende Fragen:
  - Wie stellen wir sicher, dass keine falschen Profile im Internet auftauchen?
  - Welche Indikatoren sprechen dafür, dass ein Profil gekidnappt wurde?

Beispiele für KPIs

- Anzahl der Hacker-Angriffe auf Social-Media-Profile
- GAP-Analyse erstellt
- Sicherheitslücken identifiziert
- Anzahl der erfolgreichen Übernahmen von Social-Media-Profilen des Unternehmens durch Angreifer
- Anzahl der ungewollt veröffentlichten Informationen
- Anzahl der abgewehrten Angriffe
- Anzahl der durch Einhaltung der Passwortrichtlinien besser gesicherten Social-Media-Profile
- Anzahl der Erwähnungen bei WikiLeaks
- Anzahl der Präventionsmaßnahmen

Merke
Sowohl technische als auch menschliche Sicherheitslücken können Social Media zu einer Gefährdung der Informationssicherheit machen. Prävention und Sensibilisierung sind sinnvoll.

Exkurs: Taktische Cyber-Angriffe und Industriespionage mit Einsatz von Social Media

Dass die von Edward Snowden aufgedeckten Spionageaktivitäten auch einen direkten Einfluss auf die Sicherheit von Unternehmen haben würden, wurde spätestens mit der Veröffentlichung der Unterlagen des britischen Geheimdienstes GCHC und der Arbeitsgruppe JTRIG im Februar 2014 klar (Greenwald, 2014).

Die geheimen Unterlagen beschreiben detailliert, wie Staaten, aber auch Unternehmen gezielt mit zwei Arten von Angriffen angegangen werden können. Zum einen handelt es sich um sogenannte „Cyber Operations“ und zum anderen handelt es sich um Propaganda-Aktivitäten. Beides spielt sich in großen Teilen auch im Social Web ab. Die veröffentlichten Unterlagen sind Schulungsunterlagen, die aus den Teilnehmern der Schulung „Cyber Magicians“ machen sollen, also Zauberer in der Kunst der Manipulation in den digitalen Medien.

Die Unterlagen beinhalten eine Analyse zwischenmenschlicher Beziehungen und Aktivitäten und eine Darstellung, wie diese im Internet ablaufen und manipuliert werden können. So wird z. B. darauf eingegangen, wie Gruppendynamiken gezielt genutzt werden können oder der Zusammenhalt einer Gemeinschaft geschwächt werden kann.

Außerdem wird erklärt, wie die Aufmerksamkeit im Social Web gezielt gesteuert werden kann. Es handelt sich zum großen Teil um etablierte Vorgehensweisen aus der taktischen Kriegsführung, die auf Social-Media-Kanäle übertragen werden. ◄

Ein paar Beispiele

- Ein großer Schlag vertuscht einen kleinen Schlag.
- Die Aufmerksamkeit fällt nach einem als Ende wahrgenommenen Moment.
- Wiederholung verringert Widerstände.

Verschiedene Überzeugungstaktiken werden beschrieben. Es wird erklärt, wie Fakten verdreht werden können und Quellen, auf die sich diese beziehen, gezielt manipuliert. Verhaltensszenarien werden bis ins Detail durchgespielt, so dass man auf jegliche Reaktion vorbereitet sein kann.

Die genannte Schulung zielt darauf ab, Menschen zu einem Verhalten zu motivieren, dessen eigentlicher Ziele und Konsequenzen sie sich nicht bewusst sind.

In der Presse wurden bei diesen von Edward Snowden an die Journalisten übergebenen Dokumenten vor allem die Propaganda-Aktivitäten hervorgehoben – **Deny, Disrupt, Degrade und Deceive: verleugnen, unterbrechen, herabsetzen und täuschen.**

Bei Cyber-Angriffen geht es darum, die Kommunikation zu stören. Zum Beispiel geht aus den Dokumenten hervor, wie Unternehmensvertreter gezielt an ihrer Kommunikation gehindert werden können. Mit sogenannten „Denial of Service"-Attacken werden die Standard-Kommunikationsmittel wie Telefon, SMS oder E-Mail behindert, indem eine hohe Anzahl an Anfragen darauf abgesendet wird, die den Server lahmlegt. Man wird buchstäblich mit Anrufen bombardiert. Außerdem werden die Profile in sozialen Netzwerken abgehört, instrumentalisiert oder gelöscht, um Kommunikation zu unterbinden oder zu verfälschen.

Diese Art von Angriff ist offenbar bei den Taliban in Afghanistan erfolgreich eingesetzt worden.

Zudem sollen Beziehungen geschädigt werden. Die Propagandaaktivitäten zielen darauf ab, jemanden in Misskredit zu bringen. Hierfür werden in den Unterlagen verschiedene Vorgehensweisen beschrieben.

1. **In die Falle locken**
   Eine Möglichkeit ist beispielsweise die Auslegung eines sogenannten **„Sex-Köders".** Hier werden unter anderem **Social-Media-Anwendungen genutzt, um Kontakt zu Unternehmensvertretern** zu suchen und ein sexuelles Abenteuer in Aussicht zu stellen.
2. **Informationen beschaffen**
   Über diesen Kontakt können dann Informationen beschafft werden. Zum Beispiel über die vorhandene technische Infrastruktur oder bestehende Wirtschaftsbeziehungen.
3. **Reputation beschädigen**
   In einem weiteren Schritt kann dann das Profilbild in Social-Media-Kanälen geändert werden oder diese Kanäle genutzt werden, um belastendes Material zu verbreiten.

Außerdem wird das Erstellen von Blog-Beiträgen angeblicher Opfer angeraten. In sozialen Netzwerken erreicht man durch eine emotionale Ansprache entsprechend viel Empörungspotenzial und Viralität. Zudem können gezielt Verwandte, Nachbar:innen, Kolleg:innen und Bekannte angeschrieben werden, um das familiäre und private Umfeld zu schwächen.

Social Media dienen hierbei zum einen zur Verbreitung der Falschinformationen und zum anderen zur verdeckten Kommunikation beispielsweise, um gefälschte Antworten zu geben.

Auch das Verbreiten von vertraulichen Informationen wird als Mittel genannt, um die Vertrauenswürdigkeit von Unternehmen zu schwächen. Dies kann mittels Blogs geschehen und beispielsweise an andere Unternehmen oder an die Presse gerichtet sein. Das Posten negativer Kommentare kann die Reputation von Unternehmen ebenfalls empfindlich schädigen.

Weitere Informationen zum Thema Online-Reputation und Shitstorm finden Sie in Kap. 6.

4. **Erpressbarkeit generieren**

   Dies wird entweder dazu genutzt, um an Informationen zu kommen oder mittels Anfertigung von Video- oder Fotomaterial Reputationseinbußen oder Erpressbarkeit zu erreichen. Solche Materialen werden den Medien zugespielt oder über Social Media verbreitet.

   Das gezielte Posten auf Blogs zur Stimmungsmache hat laut den Unterlagen offenbar im Iran gut funktioniert.

Merke

Mit taktischen Cyber-Angriffe mit Social-Media-Elementen wird beabsichtigt, Wirtschaftsverbindungen zu stören, Kontakte zu ruinieren und in der letzten Instanz den Geldhahn zuzudrehen, Kredite zu vereiteln und bei den betroffenen Unternehmen Panik zu generieren. Die Vorgehensweisen sind strategisch nicht neu, sondern bedienen sich Elementen aus der taktischen Kriegsführung. In Verbindung mit Social Media bekommen sie jedoch eine neue Dimension.

Viren können auch in der nicht-virtuellen Welt Schaden anrichten

Ein berühmtes Beispiel für Schaden in Produktionsabläufen ist der Zugriff auf die Leittechnik des iranischen Atomprogramms durch den Wurm Stuxnet. Der daraus entstandene Schaden betrifft die reale Welt, weil die Leittechnik angegriffen wird. Angeblich hat dieser Computerwurm auch russische Atomkraftwerke und sogar die internationale Raumstation ISS befallen. Stuxnet, der seit 2007 im Umlauf ist, wurde hauptsächlich über USB-Sticks, d. h. über einen physischen Zugang zum Computer, verbreitet. Aber auch der Einsatz von Social-Media-Anwendungen für Sabotage- und Spionagezwecke ist durchaus möglich. In den Unterlagen von Edward Snowden finden sich hierfür einige Indizien und konkrete Beispiele.

Im Juli 2014 sind bei „The Intercept“ Details über ein geheimes Wiki des britischen Geheimdienstes bekannt geworden, in dem alle Systeme aufgelistet werden, die dem Geheimdienst für die Spionage zur Verfügung stehen (Greenwald, 2014) Bei einigen dieser Anwendungen mit klangvollen Namen wie „Godfather“ (Pate) oder „Glassbreak“ (Glasbruch) ist auch vermerkt, dass diese bereits in Anwendung sind. Neben IP-Adressen und Nutzerdaten gibt es auch Filtermöglichkeiten nach Standort, d. h., es können bestimmte Länder, Städte oder Gebäude für das Abhören eingegrenzt werden und so auch gezielt Mitarbeiter:innen eines Unternehmens beobachtet werden. Daher verbieten manche Unternehmen in ihren Social-Media-Guidelines die Nutzung von Social-Media-Anwendungen auf privaten Handys am Arbeitsplatz.

Mit den aufgeführten Tools können unter anderem

- Online-Umfragen manipuliert,
- Aufrufzahlen verändert,
- YouTube zensiert,
- Benutzer:innen von WikiLeaks beobachtet,
- Likes auf Facebook und Blogs rückverfolgt oder
- Skype-Gespräche mitgehört und Chat Protokolle ausgelesen werden. ◀

Da das Thema IT-Sicherheit selbst so umfangreich ist, kann hier nicht im Detail darauf eingegangen werden, sondern lediglich die aus der Entwicklung von Social Media resultierenden Aspekte angesprochen werden.

17.5 Sicherheit von Veranstaltungen

Veranstaltungen können heutzutage nicht nur in der realen, sondern auch in der virtuellen Welt stattfinden. Egal ob Sie in der realen Welt eine kleine Veranstaltung mit einem elitären Personenkreis planen, ein großes Event durchführen oder ein Online-Event wie z. B. einen Chat realisieren, ergeben sich daraus einige Social-Media-Berührungspunkte.

Risiken, die bei Veranstaltungen durch Social-Media-Kommunikation entstehen können, sind z. B. Falschmeldungen oder Panikmache ebenso wie die Offenlegung von Sicherheitslücken wie z. B. bei der Einlass-Kontrolle. Chancen bieten sich z. B. für einen Notfallplan mit Evakuierung oder zur Verbreitung allgemeiner Informationen wie „Es wird ein Ersthelfer an Tor B gebraucht“ oder „Es wird ein Kind gesucht“. Auch zur Risikoüberwachung können Social-Media-Anwendungen hilfreich sein.

Wer selbst Social Media kaum oder nur gelegentlich nutzt, kann sich eventuell nicht so richtig vorstellen, was unter einem Online-Event zu verstehen ist. Es handelt sich dabei grob umschrieben um das Zusammentreffen von Menschen im Internet aufgrund eines bestimmten Anlasses. Ein solcher Anlass kann eine Veranstaltung sein. Aber auch die Sendung „Tatort“ führt jeden Sonntag dazu, dass sich Menschen spontan im Internet treffen, um sich über die möglichen Täter:innen, aber auch über die Handlung oder Fauxpas auszutauschen. Dabei entstehen zahlreiche Konversationen auf unterschiedlichen Kanälen – auf der Facebook-Seite der Sendung, auf Twitter unter dem Hashtag #tatort oder auf anderen Kanälen wie Google+. Es entstehen Unterhaltungen unter Fremden, aber auch unter Freund:innen. Vertiefend wird auf Online-Events im Exkurs: „Was ist ein Online-Event“ am Ende dieses Abschnitts eingegangen.

Im Folgenden ein paar Beispiele, wie Social Media für die Sicherheit von Veranstaltungen genutzt werden können:

Offline klein, aber online groß – z. B. eine Pressekonferenz

Bei einer Pressekonferenz hat man in der Regel eine eher kleine, elitäre Veranstaltung in der realen Welt und dank der Multiplikator-Effekte und Liveberichterstattung ein größeres Event in der virtuellen Welt (vgl. Abb. 17.2). Bei guten Nachrichten wird eine virale Verbreitung gewünscht und durch die PR-Verantwortlichen auch forciert. Die Social-Media-Aspekte der Kommunikation werden daher bewusst eingeplant und im Idealfall auch professionell überwacht, so dass das virtuelle Event im Hinblick auf Kommunikation durch die PR-Abteilung abgedeckt sein sollte. Doch es gibt auch Sicherheitsaspekte zu beachten:

- Entsteht durch eine Berichterstattung in Echtzeit ein Sicherheitsrisiko?
- Gibt es Prominente, Politiker oder Führungskräfte, die durch das Bekanntwerden ihres aktuellen Standortes stärker gefährdet sein könnten?
- Gibt es Akteure wie NGOs oder Aktivisten, die online oder auch offline versuchen könnten zu intervenieren?

Abb. 17.2 Reales Event klein vs. virtuelles Event groß

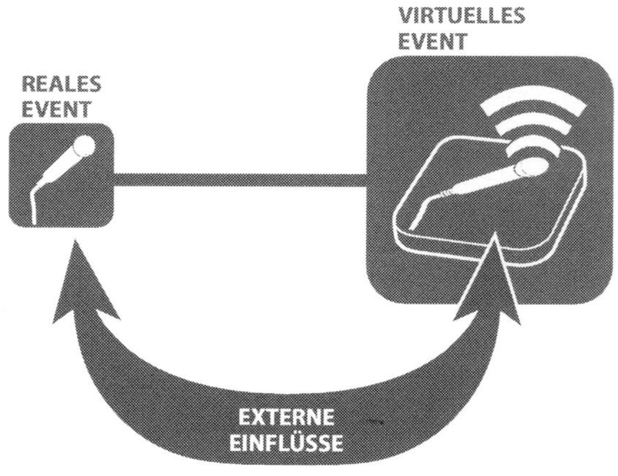

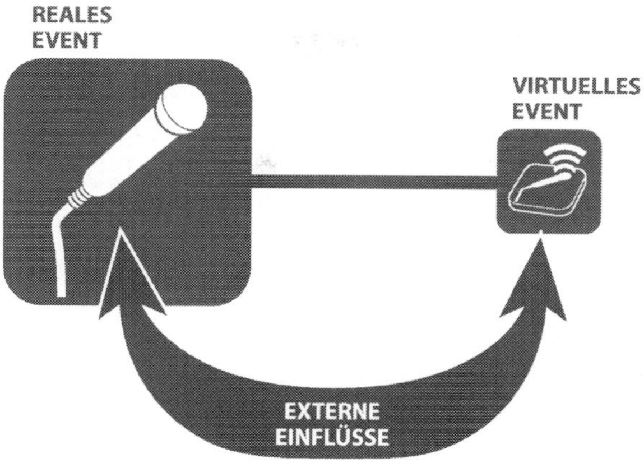

Abb. 17.3 Reales Event groß vs. virtuelles Event klein

Offline groß und im Verhältnis online klein – z. B. ein Tag der offenen Tür

Bei einem Tag der offenen Tür hat man aufgrund der Masse der Besucher jede Menge Sicherheitsvorkehrungen in der realen Welt zu beachten (vgl. Abb. 17.3). Auch hier stellen sich einige sicherheitsrelevante Fragen:

- Entsteht durch eine Berichterstattung ein Sicherheitsrisiko (z. B. Info über Sicherheitslücken bei der Zutrittskontrolle)?
- Gibt es Prominente, Politiker oder Führungskräfte, die durch das Bekanntwerden ihres aktuellen Standortes stärker gefährdet sein könnten?
- Gibt es Akteure wie NGOs oder Aktivisten, die online oder auch offline versuchen könnten zu intervenieren?
- Gibt es ein Online-Event, das man im Katastrophenfall zur Kommunikation nutzen könnte? Beispielsweise über eine bestimmte Facebook-Seite oder einen Twitter-Hashtag?
- Wird die Kommunikation bei diesem Online-Event überwacht und sichergestellt, dass sich daraus keine Massenhysterie oder Panik entwickeln kann (z. B. bei einer falschen Bombendrohung)?
- Sind sensible Bereiche ausreichend vor Fotografie etc. geschützt, auch im Hinblick auf eine potenzielle Verbreitung im Internet?
- Können Social-Media-Kanäle für die Kommunikation genutzt werden (z. B. „Ein Ersthelfer wird dringend an Tor B benötigt“ oder „Der kleine Tim sucht seine Eltern“)?

Risiken für die Sicherheit von Veranstaltungen durch Social Media:

- Falschmeldungen und Panikmache
- Offenlegung von Sicherheitslücken (z. B. Einlasskontrolle)

Chancen für die Sicherheit von Veranstaltungen durch Social Media

- Öffentlicher Aufruf zur Evakuierung auf Social-Media-Kanälen des Events
- Nutzung von Social Media für allgemeine organisatorische Infos (z. B. Toiletten in Sektor C sind aktuell hoch frequentiert, weichen Sie auf Sektor D aus)
- Nutzung von Social Media zum Auffinden von Personen (z. B. der kleine Tim sucht seine Eltern)
- Früherkennung von Risiken durch gezieltes Beobachten

Handlungsempfehlung

- Beziehen Sie die virtuelle Welt bzw. das Online-Event in Ihre Planung ein, unabhängig davon, ob Sie eine Verbreitung im Social Web forcieren oder verhindern wollen.
- Setzen Sie bereits im Vorfeld ein Monitoring zur Veranstaltung auf, um mögliche Risiken vorab zu erkennen. Denken Sie dabei auch an externe Faktoren wie Demonstrationen, Streiks oder Straßensperren.
- Setzen Sie ein detailliertes Veranstaltungsmonitoring auf, um die Situation während der Veranstaltung stets im Blick zu haben.
- Das Anbieten eines Online-Events beispielsweise über die Kommunikation eines Hashtags macht Ihnen die Überwachung einfacher.
- Prüfen Sie ggf., welche Teilnehmer der Veranstaltung eine besonders hohe Reichweite in den sozialen Netzwerken haben.

Mögliche KPIs

- Anzahl der Konversationen zu dem Event (Buzzlevel)
- Online-Reichweite des Events
- Anzahl der Likes
- Social-Media-Monitoring aufgesetzt

Exkurs: Was ist ein Online-Event?

Ein Online-Event kann unterschiedliche Formen haben. Aufgrund der Corona-Pandemie hat diese Veranstaltungsform viel an Bedeutung gewonnen und auch die Ausführung hat eine Professionalisierung erfahren. Sogar Hauptversammlungen sind mittlerweile virtuell möglich (Kring & Deppe, 2020).

- **Virtuelle Konferenz**
  Über eine Konferenzsoftware nehmen die Teilnehmer an einer Konferenz teil. Sie können sich virtuell in das Plenum begeben oder in manchen Fällen auch in kleineren Gruppen zu Gruppenarbeiten oder vertiefenden Vorträgen treffen. Auch das Abstimmen oder Podiumsdiskussionen sind virtuell möglich, genauso wie das 1:1-Networking in einer Kaffeeecke.
  Es gibt zahlreiche Anbieter:innen auf dem Markt.

- **Virtuelle Pressekonferenz**
  Virtuelle Pressekonferenzen gibt es schon einige Jahre. Eine derartige Pressekonferenz veranstaltete z. B. MAN im Vorfeld der IAA 2013 (Ubivent o. J.).
- **Livestream**
  Hierbei kann eine Veranstaltung oder ein Ereignis auf einer Webseite oder in einer App in Echtzeit, also „live", mitverfolgt werden.
- **Livechat**
  Bei einem Livechat können über das Internet in Echtzeit Fragen an eine Person gestellt und beantwortet werden. So konnten z. B. Automobilbegeisterte im Jahr 2010 dem Designvorstand von Opel Mark Adams im Rahmen des Pariser Autosalons Fragen zum Opel-Design stellen.
- **Twitter-Event**
  - **#Hashtag bei Twitter:** Hierbei wird ein sogenannter „Hashtag" als eine Art Code gewählt, unter welchem sich die Netzgemeinde treffen kann. Das kann bei einem kleineren Event wie einer Pressekonferenz passieren oder auch bei einem großen Event. So konnte man bei der Fußball-Weltmeisterschaft in Brasilien z. B. die Gespräche zum Endspiel unter #wm2014 mitverfolgen.
  - **@Ansprache bei Twitter:** Hierbei wird ein Twitter-Account als Dreh- und Angelpunkt genutzt. Der kanadische Sänger Bryan Adams blendet in der Wartezeit vor seinen Konzerten auf den Leinwänden an der Bühne beispielsweise alle Tweets, die an seinen Account @bryanadams gerichtet sind, ein. Dort sieht man dann einen regen Austausch. So entsteht eine Vermischung zwischen realer und virtueller Welt, da auch die Leute, die sich nicht an der virtuellen Konversation beteiligen, diese auch in der realen Welt angezeigt bekommen.
- **Facebook-Event**
  Unter dem Begriff „Facebook-Party" versteht man einen bei der Plattform Facebook als Veranstaltung eingetragenen Termin, der je nach Konfiguration öffentlich oder nicht öffentlich sichtbar sein kann. Im Rahmen dieses Termins sieht man eingeladene Personen sowie Zusagen oder Absagen, und es kann auch dazu kommentiert werden. Eine weitere Möglichkeit, eine Veranstaltung auf Facebook zu begleiten, ist eine Facebook-Seite für diese Veranstaltung. So z. B. die Facebook-Seite für den Hessentag. https://www.facebook.com/Hessentag2014InBensheim oder die Erstellung eines Facebook-Ortes. ◄

Literatur

Brumm, F. (2012). Gefällt mir nicht. Zeit Online. http://www.zeit.de/2012/20/Facebookparty. Zugegriffen: 7. Jan. 2021.

Brunner, M. (2013). Selbstmord im Breuni heute am 07.12.2013 3.Stock. Facebook. https://de-de.facebook.com/breuningerland.ludwigsburg/posts/603203583080841. Zugegriffen: 7. Jan. 2021.

Focus. (2014). Strafe für Verrat von J.K. Rowling-Pseudonym. http://www.focus.de/kultur/diverses/literatur-strafe-fuer-verrat-von-j-k-rowling-pseudonym_id_3515077.html. Zugegriffen: 7. Jan. 2021.

Focus. (2016). Facebook brachte Protest in Arabien auf die Straße. http://www.focus.de/digital/computer/arabischer-fruehling-facebook-brachte-proteste-in-arabien-auf-die-strasse_aid_746934.html. Zugegriffen: 7. Jan. 2021.

Frenkel, S. (2021). The storm on capital hill was organized on social media. New York Times. https://www.nytimes.com/2021/01/06/us/politics/protesters-storm-capitol-hill-building.html. Zugegriffen: 7. Jan. 2021.

Futurezone. (2014). Gehackter Polizei-Twitter-Account verbreitet Bombendrohung. http://futurezone.at/digital-life/gehackter-polizei-twitter-account-verbreitet-bombendrohung/72.527.150. Zugegriffen: 7. Jan. 2021.

Greenwald, G. (2014). How covert agents infiltrate the internet to manipulate, deceive, and destroy reputations. The Intercept. https://firstlook.org/theintercept/2014/02/24/jtrig-manipulation/. Zugegriffen: 7. Jan. 2021.

Große, P. (2019). Terror in Echtzeit: Wege gegen Gewalt im Livestream. DW. https://www.dw.com/de/gewalt-im-livestream-m%C3%B6glichkeiten-f%C3%BCr-den-christchurch-gipfel-in-paris/a-48749948. Zugegriffen: 6. Jan. 2021.

Halberschmidt, T. (2012). Israel zieht gegen Hamas in den Kampf – per Twitter. Handelsblatt. http://www.handelsblatt.com/politik/international/nahost-konflikt-israel-zieht-gegen-hamas-in-den-krieg-per-twitter/7393292.html. Zugegriffen: 7. Jan. 2021.

Hinrichs, P. (2011). So machte der Attentäter Jagd auf seine Opfer. http://www.welt.de/politik/ausland/article13503965/So-machte-der-Attentaeter-Jagd-auf-seine-Opfer.html. Zugegriffen: 7. Jan. 2021.

Kring, F., & Deppe, G. (2020). Wie Aktionäre online mitreden dürfen. Tagesschau. https://www.tagesschau.de/wirtschaft/faq-online-hauptversammlungen-101.html. Zugegriffen: 7. Jan. 2021.

PC Magazin. (2009). Iran-Krise: Alle wichtigen Infos bei Twitter und YouTube – so geht's! http://www.pc-magazin.de/ratgeber/iran-krise-alle-wichtigen-infos-bei-twitter-und-youtube-so-geht-s-187953.html. Zugegriffen: 7. Jan. 2021.

Reese, H. (2012). Gemobbt bis zum Selbstmord. Stern. http://www.stern.de/familie/kinder/amandas-suizid-aus-verzweiflung-gemobbt-bis-zum-selbstmord-1912695.html. Zugegriffen: 7. Jan. 2021.

Spiegel. (2010). Brite kassiert Geldstrafe für Twitter-Witz. http://www.spiegel.de/netzwelt/netzpolitik/vermeintliche-bombendrohung-brite-kassiert-geldstrafe-fuer-twitter-witz-a-694090.html. Zugegriffen: 7. Jan. 2021.

Spiegel. (2013). Falscher Götze verkündet Wechsel nach Australien. http://www.spiegel.de/sport/fussball/twitter-account-von-mario-goetze-gehackt-a-916961.html. Zugegriffen: 7. Jan. 2021.

Steger, J. (2016). Stars hadern mit Social Media. Kim Kardashian schweigt beredt. FAZ. https://www.faz.net/aktuell/gesellschaft/menschen/nach-ueberfall-auf-kim-kardashian-stars-meiden-facebook-co-14475007.html. Zugegriffen: 6. Jan. 2021.

Süddeutsche Zeitung. (2014). Regierungschef Erdoğan lässt Twitter sperren. http://www.sueddeutsche.de/politik/tuerkei-regierungschef-erdoan-laesst-twitter-sperren-1.1918402. Zugegriffen: 7. Jan. 2021.

The Week. (2012). @ComfortableSmug: How one Twitter user became Hurricane Sandy's biggest villain. http://theweek.com/article/index/235612/comfortablysmug-how-one-twitter-user-became-hurricane-sandys-biggest-villain. 7. Jan. 2021.

Tretbar, C. (2009). Das erste Twitter-Ereignis in Deutschland. Tagesspiegel. http://www.tagesspiegel.de/weltspiegel/winnenden-das-erste-twitter-ereignis-in-deutschland/1471214.html. Zugegriffen: 7. Jan. 2021.

Ubivent. (o. J.). Virtuelle Event News. http://www.ubivent.com/de/online-event-blog#MAN-2013. Zugegriffen: 7. Jan. 2021.

Zeit Online. (2013). Gehackter Twitter-Account meldet Explosion im Weißen Haus. http://www.zeit.de/digital/internet/2013-04/ap-twitter-hack-falschmeldung. Zugegriffen: 7. Jan. 2021.

Social Media in Forschung und Entwicklung

18

Zusammenfassung

Dieses Kapitel beschreibt die Chancen und Risiken von Social Media in der Forschung und Entwicklung. Es werden verschiedene Einsatzgebiete innerhalb des Unternehmens aufgezeigt und einige Beispiele für die Arbeit mit externen Partner:innen gegeben. Auch die Nutzung von Co-Creation zu Kampagnenzwecken wird erläutert.

Social Media hat bereits seit einigen Jahren Einfluss auf die Forschung und Entwicklung von Unternehmen in den unterschiedlichsten Bereichen und Branchen erhalten. Ein naheliegendes Forschungsgebiet ist natürlich die Marktforschung. Das Internet ist so etwas wie die größte Fokusgruppe der Welt. Aber auch Trendforschung, wissenschaftliche Forschung, Innovationsprojekte und gemeinsame Produktentwicklung lassen sich durch Social Media unterstützen.

18.1 Social-Media-Monitoring und Recherche

Ein auf Forschung und Entwicklung ausgerichtetes Social-Media-Monitoring kann beispielsweise folgende Fragestellungen beantworten:

- **Produktbezogen:**
  - Was sind die Stärken des Produkts?
  - Was sind die Schwächen des Produkts?
  - Welche Hinweise gibt es zu dem Produkt?
  - Wie wird das Produkt bewertet?

S. Babka, *Social Media für Führungskräfte*,
https://doi.org/10.1007/978-3-658-34247-0_18

  - Welche Produkte bietet der Wettbewerb?
  - Wie werden die Produkte des Wettbewerbs bewertet?
- **Themen-/branchenbezogen:**
  - Welche Themen werden in der Branche gerade besprochen?
  - Welche Themen werden wichtiger?
  - Welche Themen werden unwichtiger?
  - Welche politischen Entscheidungen sind in Diskussion?
  - Welche Kundenwünsche sind noch unerfüllt?

Die Automobilbranche nutzt diese Art von Marktforschung bereits intensiv. So hat Kia beispielsweise nach eigenen Angaben aufgrund von Ergebnissen eines produktbezogenen Social-Media-Monitorings bereits im Jahr 2011 Sitze eines Fahrzeugtyps besser an die Kundenwünsche angepasst (Cable, 2011) Aber auch in der Nahrungsmittelindustrie gibt es das oft zitierte Beispiel von Ritter Sport, die aufgrund eines themenbezogenen Social-Media-Monitorings 2006/2007 den Trend zu Bio-Schokolade identifizierten und daraufhin eine Bio-Variante einführten. Auch wenn diese sich nur einige Jahre auf dem Markt halten konnte, hat Social Media immer noch eine wichtige Rolle für die Marktforschung bei Ritter Sport (Mattgey, 2020).

18.2 Co-Creation – Social Media und Innovationsprojekte

Für den Bereich Innovationen ist Social Media vor allem deswegen interessant, weil es ermöglicht, die kollektive Intelligenz der Massen zu nutzen. In internen oder externen Kollaborationsplattformen können Ideen vorgestellt und innerhalb einer Gruppe bewertet und weiterentwickelt werden. Dafür gibt es spezielle Software und Portale (Board of Innovation, o. J.).

Ein Beispiel für ein Innovationsprojekt, das auf einer externen Innovationsplattform realisiert wurde, ist das Produktdesignprojekt der Marke Victorinox, das auf der Plattform Jovoto realisiert wurde (Gimber, 2020). Dort wurde das Design der Classic Limited Edition 2014 des Schweizer Messerherstellers entwickelt.

Einige Unternehmen bieten sogar eigene externe Innovationsplattformen an, auf denen sich Kund:innen und Konsument:innen, aber auch eigene Mitarbeiter:innen einbringen können. Im Bereich Konsumgüter sind Procter & Gamble beispielsweise mit ihrer globalen Plattform www.pgconnectdevelop.com aktiv. Starbucks generiert Ideen für die Zukunft des Unternehmens auf ideas.starbucks.com.

Nestlé Deutschland bietet auf der Plattform www.nestle-marktplatz.de ein Ideenatelier an und veranstaltet regelmäßig Produkttests mit ausgewählten Konsument:innen.

Eine gemeinsame Entwicklung von Produktion (sogenannte Co-Creation) kann aber auch auf den eigenen Social-Media-Kanälen oder im Rahmen von Kampagnen stattfinden. So lief während meiner Zeit bei Nestlé eine Kampagne von Maggi, in welcher die Facebook-Fans aufgerufen waren, aus einer Auswahl von Zutaten ein eigenes

Topfinito (Mikrowellen-Schnellgericht) zu entwerfen. Das Gewinnerrezept wurde zunächst von den Fans bewertet und dann von einer Expertenjury ausgewählt und später dann auch tatsächlich als Produkt in die Läden gebracht (Nestlé, 2012a).

Ebenso wurde das Design einer Nescafé Dolce Gusto Kaffeemaschine in einem internationalen Wettbewerb auf Facebook entwickelt (Nestlé, 2012b).

Bei solchen Wettbewerben mit Bewertungsfunktion (Votings) ist dringend darauf zu achten, dass in der letzten Instanz eine Jury entscheidet, da es auch unerwünschte Entwicklungen geben könnte. So hatte Henkel mit einer Social-Media-Co-Creation-Kampagne für Pril einige Probleme, da das am besten bewertete Motiv ein Spaßmotiv (Pril mit Hähnchengeschmack) war, das Henkel nicht umsetzen wollte (Tißler, 2011).

Auch beim Wissenschafts- und Technologieunternehmen Merck gibt es Open-Innovation-Aktivitäten. Forschungs-, Entwicklungs- und Innovationsteams sind offen für Impulse von außen und schreiben regelmäßig Challenges auf der Webseite www.merckgroup.com aus, um Innovationen aus aller Welt kennenzulernen (Merck, o. J.).

18.3 Social Media in der Wissenschaft

In der Wissenschaft haben die sozialen Medien in den vergangenen Jahren immer mehr an Bedeutung gewonnen.

Laut einer Nature-Studie (Staniland, 2017) nutzen 95 % der Wissenschaftler Social Media. Sie nutzen es privat, aber auch zur Diskussion mit anderen Wissenschaftlern. Insbesondere auf Twitter und LinkedIn werden wissenschaftliche Erkenntnisse bekannt gemacht und diskutiert. Außerdem gibt es speziell auf wissenschaftliche Bedürfnisse abgestimmte Plattformen. Diese lassen sich unterscheiden in reine Profil-Plattformen und Forschungsnetzwerke. Profil-Plattformen sind darauf ausgelegt, die Veröffentlichungen, Peer-Review-Aktivitäten und den Impact von Wissenschaftlern aufzuzeigen und in Social-Media-Manier „verfolgbar" zu machen. Einige Beispiele für Profil-Plattformen sind ORCID, Impact Story, Scopus Author Identifier, Publons, Kudos und Google Scholar Citations (s. Tab. 18.1).

Tab. 18.1 Beispiele für Social-Media-Profil-Plattformen für Wissenschaftler

Plattform	Art	URL
ORCID	Non-Profit	https://orcid.org
Impact Story	Non-Profit	https://profiles.impactstory.org/about
Scopus Author Identifier	Elsevier	https://service.elsevier.com/app/overview/scopus/
Publons	Clarivate	https://publons.com/
Kudos	Kudos	https://info.growkudos.com/
Google Scholar Citations	Google	https://scholar.google.com/intl/en/scholar/citations.html#citations

Forschungsnetzwerke bieten neben reinen Profilen auch die Interaktion untereinander an und sind eine hervorragende Grundlage für das Recherchieren in Publikationen. Die bedeutendsten Netzwerke sind Researchgate mit 19 Mio. Mitgliedern (Researchgate, o. J.) und Academia.edu mit 148 Mio. Mitgliedern (Academia.edu o. J.). Außerdem sind Mendeley.com und Zotero.org zu nennen, die zur Literaturverwaltung dienen und um Netzwerkfunktionalitäten ergänzt wurden (Behrendt, 2020). Auch innerhalb von Unternehmen werden Social-Media-Funktionalitäten genutzt, um die wissenschaftliche Arbeit zu unterstützen. So nutzt das Wissenschafts- und Technologieunternehmen Merck beispielsweise selbst entwickelte Tools zum Austausch unter Wissenschaftlern aus den verschiedenen Bereichen des Unternehmens (Hüls, 2019). Astra Zeneca veröffentlichte bereits im Jahr 2012 eine Studie darüber, wie seine Wissenschaftler Social-Media-Kanäle nutzen, und forciert die Nutzung von Social Media durch seine Wissenschaftler (Taylor, 2015).

Durch die Corona-Pandemie hat sich die Dynamik der Social-Media-Nutzung unter Wissenschaftlern noch einmal verstärkt. Auf der ganzen Welt fanden sich Wissenschaftler über Social-Media-Anwendungen zusammen und teilten ihr Wissen, um das Virus zu erforschen. Auch das öffentliche Interesse an der Wissenschaft ist während der Pandemie gewachsen. Am 11. März 2020 gab es laut einer Studie von Sprinklr 19 Mio. „Mentions“ (= Erwähnungen) im Zusammenhang mit Corona (Conn, 2020). Das hatte sowohl positive als auch negative Effekte. In Deutschland haben Wissenschaftler wie Christian Drosten (Chefvirologe an der Berliner Charité) und Alexander Kekulé (Epidemiologe und Pandemieexperte am Universitätsklinikum Halle) über ihre Podcasts ein Millionenpublikum erreicht und ihre Tweets landeten vielfach in den Schlagzeilen der klassischen Medien. So auch ein wissenschaftlicher Diskurs, der von den Medien als Schlagabtausch gedeutet wurde (Deutschlandfunk Kultur, 2020). Einen Twitter-Angriff eines Redakteurs der Bildzeitung, der per Tweet fragte, ob Drosten „nichts Besseres zu tun habe“ als zu twittern, parierte Christian Drosten mit den simplen Worten „Nein. Heute nicht“ und erntete dadurch nicht nur tausende Retweets und Kommentare, sondern auch über 60000 Likes (Drosten, 2020). Diesem Vorfall widmete die Berliner Punk-Band ZSK sogar ein Lied „Ich habe Besseres zu tun“, das im Laufe von 2020 mehr als 450.000 Aufrufe auf YouTube generierte (ZSK, 2020).

Eine Studie, die 2020 im Magazin Nature veröffentlicht wurde, spricht von „Infodemics“ und identifiziert zahlreiche falsche Informationen zum Coronavirus in sozialen Netzwerken wie Twitter, Instagram, YouTube, Reddit und Gab (Cinelli et al., 2020). Auch Christian Drosten wurde Opfer von Falschinformationen über seine Person in Form eines Hoaxes. In den sozialen Medien entstanden Gerüchte zur zweifelhaften Zulässigkeit seiner Dissertation, die schließlich von der Universität Frankfurt widerlegt wurden (Universität Frankfurt, 2020).

Merke
Social Media kann für Forschung und Entwicklung wertvoll sein. Zum einen kann Social-Media-Monitoring wichtige Einblicke für die Forschung gewähren, zum anderen können Social-Media-Mechanismen im internen und externen Umfeld bei der Zusammenarbeit in Gruppen unterstützen.

Literatur

Academia.edu (o. J.). About. https://www.academia.edu/about. Zugegriffen: 9. Jan. 2021.

Behrendt, J. (2020). Social Media für Wissenschaftler. Citavi.com Blog. https://www.citavi.com/de/nuetzliche-irrtuemer/artikel/social-media-fuer-wissenschaftler. Zugegriffen: 9. Jan. 2021.

Board of Innovation. (o. J.). Open innovation & crowdcourcing resources. http://www.boardofinnovation.com/list-open-innovation-crowdsourcing-examples/. Zugegriffen: 09. Jan. 2021.

Cable, J. (2011). How social media is fueling automotive. Industryweek. https://www.industryweek.com/innovation/research-development/article/21957638/how-social-media-is-fueling-automotive-rd. Zugegriffen: 09. Jan. 2021.

Cinelli, M., Quattrociocchi, W., Galeazzi, A., Valensise, C. M., Brugnoli, E., Schmidt, A. L., Zola, P., Zollo, F., & Scala, A. (2020) The COVID-19 social media infodemic. *Scientific Reports, 10,* 16598. https://doi.org/10.1038/s41598-020-73510-5 https://www.nature.com/articles/s41598-020-73510-5.

Conn, G. (2020). Managing brand communication during Covid-19. Sprinklr. https://blog.sprinklr.com/managing-brand-communication-covid-19/. Zugegriffen: 9. Jan. 2021.

Deutschlandfunk Kultur. (2020). Drosten vs. Kekulé. Battle Rap der Virologen. https://www.deutschlandfunkkultur.de/drosten-vs-kekule-battle-rap-der-virologen-via-twitter.2156.de.html?dram:article_id=477637. Zugegriffen: 9. Jan. 2020.

Drosten, C. (2020). Nein heute nicht Tweet auf Twitter. https://twitter.com/c_drosten/status/1275701671990104064?lang=de. Zugegriffen: 9. Jan. 2021.

Gimber, H. (2020). 10 Swiss Army Knife designs that have stood the test of time. Jovoto. https://www.jovoto.com/blog/creatives/designed-on-jovoto/10-swiss-army-knife-designs/. Zugegriffen: 9. Jan. 2021.

Hüls, C. (2019). Alles vernetzt. Merck. https://www.merckgroup.com/de/pro/articles/connecting-the-dots.html. Zugegriffen: 9. Jan. 2021.

Mattgey, A. (2020). Ritter Sport. Warum Limited Editions auch mal floppen. WuV. https://www.wuv.de/marketing/ritter_sport_warum_limited_editions_auch_mal_floppen. Zugegriffen: 9. Jan. 2021.

Merck. (o. J.). Open Innovation Webseite. https://www.merckgroup.com/de/research/open-innovation.html. Zugegriffen: 9. Jan. 2021.

Nestlé. (2012a). Premiere: Maggi Fan Angela kreiert ihr persönliches Maggi Produkt. Pressemitteilung. https://www.nestle.de/sites/g/files/pydnoa391/files/asset-library/documents/medien/medieninformationen/2012/2012-04-25-premiere-maggi-fan-angela-kreiert-ihr-persoenliches-maggi-produkt-br-mein-topfinito-spinat-nudeltopf-.pdf. Zugegriffen: 9. Jan. 2021.

Nestlé. (2012b). Nescafé Dolce Gusto sucht kreative Köpfe für Euro-Design Contest auf Facebook. http://www.nestle.de/medien/medieninformationen/euro-design-contest-text. Zugegriffen: 9. Jan. 2021.

Researchgate. (o. J.). About. https://www.researchgate.net/about. Zugegriffen: 9. Jan. 2021.

Tißler, J. (2011). Wenn Social Media aus dem Ruder läuft: Pril „Hähnchengeschmack". T3n. http://t3n.de/news/social-media-ruder-lauft-pril-hahnchengeschmack-305271/. Zugegriffen: 9. Jan. 2021.

Staniland, M. (2017). How do researchers use social media and scholarly collaboration networks (SCNs)? Nature. http://blogs.nature.com/ofschemesandmemes/2017/06/15/how-do-researchers-use-social-media-and-scholarly-collaboration-networks-scns. Zugegriffen: 19. Apr. 2021.

Taylor, N. P. (2015). AstraZeneca wants its scientists to interact on Social Media. Fiercebiotech. https://www.fiercebiotech.com/social-media/astrazeneca-wants-its-scientists-to-interact-on-social-media. Zugegriffen: 9. Jan. 2021.

Universität Frankfurt. (2020). Falschbehauptungen zum Promotionsverfahren von Prof. Dr. Christian Drosten. https://aktuelles.uni-frankfurt.de/aktuelles/falschbehauptungen-zum-promotionsverfahren-von-prof-dr-christian-drosten/. Zugegriffen: 9. Jan. 2020.

ZSK. (2020). Ich habe Besseres zu tun. YouTube. https://www.youtube.com/watch?v=5OZdKwFSWZw. Zugegriffen: 9. Jan. 2021.

Social Media in Beschaffung, Produktion und Logistik

19

Zusammenfassung

Dieses Kapitel beschreibt die Relevanz von Social Media für Beschaffung, Logistik und Produktion und gibt einen kurzen Überblick über mögliche Einsatzgebiete.

Aufgrund der zahlreichen Akteure innerhalb globaler Lieferketten und Produktionseinheiten sind Social Media und die Möglichkeit zur Echtzeitkommunikation interessante Aspekte für die herstellende Industrie. Es gibt auch schon in der Praxis einige Ansätze zur Nutzung von Social Media in Beschaffung, Produktion und Logistik, allerdings wird das Potenzial noch nicht ausgeschöpft. Social Media kann als strategisches Instrument und auch als Kollaborationsplattform genutzt werden und kann entscheidende Wettbewerbsvorteile bringen. Nach einer Untersuchung des Fraunhofer Instituts gehen 36,4 % der 661 befragten Unternehmen und 21 befragten Industrie-4.0-Experten davon aus, dass Social Media in der Produktion zunehmen wird (vgl. Spath et al., 2013).

Wenn Social Media genutzt werden kann, um Kund:innen und Unternehmen näher zusammenzubringen, warum dann nicht auch einzelne Akteure innerhalb einer Lieferkette? Einige Ansatzpunkte für die Nutzung von Social Media in der Produktion, Beschaffung und Logistik können z. B. das frühzeitige Erkennen von Risiken, die Kenntnis von Marktveränderungen, Problemlösungen durch kollektive Intelligenz, Prozessoptimierung, Qualitätssicherung sowie interne und externe Transparenz sein. Auf diese Punkte wird im Folgenden etwas genauer eingegangen.

Frühzeitiges Erkennen von Risiken

Durch Social-Media-Anwendungen wäre es möglich, zeitnah Informationen über Verzögerungen zu erhalten. Wenn beispielsweise die Ankunft oder die Auslieferung von Waren in einem Lager per internem „Tweet" dokumentiert wird oder Informationen über aktuelle Verkehrsbehinderungen oder wetterbedingte Verzögerungen gemeldet werden

S. Babka, *Social Media für Führungskräfte*,
https://doi.org/10.1007/978-3-658-34247-0_19

können, sind diese Indikatoren für alle anderen Beteiligten als Planungsgrundlage vorhanden. So könnten auch Informationen über die Pünktlichkeit einzelner Lieferant:innen und Lieferwege erfasst werden und auf Probleme auf der Strecke besser eingegangen werden.

Kenntnis von Marktveränderungen
Über Social-Media-Anwendungen lassen sich auch Marktveränderungen überwachen. So könnten z. B. Preisänderungen früher bekannt werden. Durch die Information über ein Unwetter in der Anbauregion lassen sich Lieferengpässe im Agrarsektor bereits im Vorfeld antizipieren. Wer frühzeitig Kenntnis über den Lieferausfall eines Mitbewerbers erlangt, kann die eigene Produktion ggf. der erhöhten Nachfrage anpassen. Rückrufaktionen in der Branche lassen ggf. Rückschlüsse auf eigene Qualitätsrisiken zu.

Problemlösung durch kollektive Intelligenz
Einen der wertvollsten Vorteile bietet Social Media im Hinblick auf die schnelle und unkomplizierte Lösung von Problemen durch kollektive Intelligenz. Social-Media-Anwendungen können über interne Kollaborationsräume Experten in Echtzeit zusammenbringen und an der Lösung eines Problems arbeiten. Experten können sogar gleichzeitig in mehreren digitalen Räumen an Problemlösungen arbeiten. Und das über Abteilungsgrenzen und geografische Grenzen hinaus, unabhängig von Standort und Kalendereinträgen. In Bezug auf die Produktion bedeutet das eine schnellere Lösung. Denn es wird nicht mehr sequentiell gedacht und gearbeitet, und Informationen bleiben nicht mehr liegen, bis jemand sich diesen widmet und sie weitergibt, sondern es findet eine Parallelisierung statt. Das ist ein entscheidender Vorteil. Es besteht auf diese Art die Möglichkeit, Standards und Prozessabläufe zusammen zu definieren und einfach zu erweitern, beispielsweise mit der Anwendung eines Wikis.

Im Bereich Logistik kann ggf. innerhalb Ihres internen oder auch externen Netzwerkes eine Lösung für ein Lieferproblem gefunden werden. Zum Beispiel könnten Sendungen in bestimmte Regionen zusammengelegt werden oder ein halbvoller Lkw über eine „Frage in die Runde“ vielleicht doch noch komplett gefüllt werden. Oder eine sehr dringende Lieferung könnte einer nicht so sehr zeitkritischen Lieferung aufgrund schneller Entscheidungswege vorgezogen werden.

Prozessoptimierung
Social Media kann eine entscheidende Rolle in der Prozessoptimierung spielen, da es sich anbietet, über Social-Media-Anwendungen Ideen und Verbesserungsvorschläge von Mitarbeiter:innen einzusammeln und zu bearbeiten. Auch die Dokumentation von Fehlern oder positiven Beispielen kann ein kollektives Lernen und eine Verbesserung der Prozesse bewirken. Einige Unternehmen haben bereits ihre Schichtübergaben auf Social Media umgestellt. Die Verwendung von mobilen Endgeräten vereinfacht den Prozess

und reduziert Dokumentationszeiten. Der aktuell in der Produktion einziehende Trend der dezentralen Steuerung kann durch Social Media unterstützt werden, denn einzelne Bereiche sind mithilfe von Kollaborationsplattformen wesentlich besser in der Lage, sich unabhängig selbst zu organisieren. Auch die Kapazitätenflexibilität kann durch Social Media erhöht werden, und strategisch sinnvolle spontane Umverteilungen können nahezu in Echtzeit geschehen.

Qualitätssicherung und Transparenz

Insbesondere im Hinblick auf die Qualitätssicherung ist ein strategischer Umgang mit Social Media ein sehr großer Vorteil. Es gibt auf der einen Seite den Aspekt, dass Social Media als internes oder externes Frühwarnsystem genutzt werden kann. Intern z. B., wenn an irgendeinem Punkt in der Produktion ein Fehler auftritt und dieser sofort an die weiterverarbeitenden Instanzen berichtet wird. Extern z. B., wenn ein Qualitätsproblem durch Kund:innen oder Verbraucher:innen in irgendeiner Form im Social Web beschrieben wird. Social Media kann aber auch als Kommunikations- und Dialogkanal genutzt werden, wenn tatsächlich ein Qualitätsfehler auftritt oder gar ein Rückruf durchgeführt werden muss. Einer Erpressung und angedrohter mutwilliger Manipulation von Produkten geht oftmals eine Drohung über Social-Media-Kanäle voraus. Während früher Erpresser damit drohten, „an die Medien" zu gehen, finden sich derartige Hinweise heute im Social Web.

Social Media bringt intern ggf. mehr Transparenz in die Prozesse und ist auf der anderen Seite extern auch oft der Auslöser, warum mehr Transparenz gefordert wird. Verbraucher:innen möchten genau wissen, wo die Hühner für die Suppe aufwachsen oder woher das Palmöl in der Kosmetik kommt, und stellen öffentliche Fragen in einem Detailgrad, der für die meisten Unternehmen eine Herausforderung ist.

Der Transparenz sind aber auch Grenzen zu setzen. Das gilt vor allem dann, wenn es um die Preisgabe von internen und vertraulichen Informationen geht. Das ist ein Feld, auf dem man ganz besonders in der Produktion aufpassen muss, denn es kann dazu kommen, dass Facharbeiter die kommunikativen Auswirkungen ihres Handelns nicht abschätzen können. Ich kenne aus meinem beruflichen Werdegang zahlreiche Beispiele, in denen Informationen durch Produktionsmitarbeiter ungewollt an die Öffentlichkeit kamen, z. B. über Details in der Produktion eines neuen Fahrzeugmodells oder über Lagerzeiten in der Lebensmittelindustrie. Gutgemeinte Wikipedia-„Verbesserungen" durch Mitarbeiter:innen vom Band habe ich genauso erlebt wie Cyber-Mobbing-Fälle im Umfeld von Mitarbeiter:innen aus der Produktion. Es ist daher essenziell, gerade in diesem Bereich Social-Media-Richtlinien unabhängig von Desktop-Anwendungen zu kommunizieren und vor allem verständlich aufzubereiten, damit sie auch mit geringerem Bildungsgrad und Nicht-Muttersprachlern verstanden werden.

Literatur

Spath, D., Ganscher, O., Gerlach, S., Hämmerle, M., Krause, T., & Schlund, S. (2013). *Produktionsarbeit der Zukunft – Industrie 4.0*. Studie des FRAUNHOFER- INSTITUT für Arbeitswirtschaft und Organisation IAO. http://www.produktionsarbeit.de/content/dam/produktionsarbeit/de/documents/Fraunhofer-IAO-Studie_Produktionsarbeit_der_Zukunft-Industrie_4_0.pdf. Zugegriffen: 21. Dez. 2020.

20 Als Führungskraft im Social Web – ein Überblick

Zusammenfassung

Dieses Kapitel gibt einen Überblick, welche Möglichkeiten der Social-Media-Nutzung Sie als Führungskraft haben und was es zu beachten gilt. Es hilft Führungskräften, sich die richtigen Fragen zu stellen.

Es gibt zahlreiche Studien und Abhandlungen darüber, ob man als Führungskraft aktiv Social-Media-Kanäle für seine eigene Person betreiben sollte. Die meisten Beobachtungen beschäftigen sich mit öffentlich sichtbaren Social-Media-Profilen von Vorstandsvorsitzenden und vernachlässigen dabei die Tatsache, dass interne Kanäle für Führungskräfte mindestens genauso wichtig sind wie das, was nach außen sichtbar ist, und dass Social Media für alle Führungsebenen denkbar ist. Teilweise ist die Bedeutung interner Kanäle sogar noch größer als die externer Kanäle. Die wohl interessantesten Auswertungen sind die Studie „CEO Social Media Survey" von Brandfog (2014) und die „Social CEO Study" von Weber Shandwick (o. J.). In der Studie von Brandfog, die 2014 veröffentlicht wurde, sind über 1000 Mitarbeiter:innen unterschiedlichster Unternehmen und Branchen in den USA und Großbritannien zum Verhalten ihrer Geschäftsführung und Social Media befragt worden. 75 % der Amerikaner und 62 % der Briten stimmten der Aussage zu, dass CEOs, die sich in Social Media engagieren, bessere Führungskräfte seien. Etwa zwei Drittel der Briten und fast drei Viertel der Mitarbeiter:innen aus den USA gaben an, dass die Glaubwürdigkeit von Führungskräften durch Social-Media-Kommunikation zunimmt. Bei der Studie von Weber Shandwick, an der 630 Mitarbeiter:innen großer Unternehmen teilnahmen, antworteten 57 % der Befragten, dass sie ihre Firma aufgrund von Social-Media-Aktivitäten der Führungsetage im Intranet für einen attraktiveren Arbeitgeber halten. 76 % gaben an, dass aus ihrer Sicht externe Social-Media-Profile der Vorstände die Wahrnehmung der Innovationsfähigkeit von Unternehmen erhöhen würden.

S. Babka, *Social Media für Führungskräfte*,
https://doi.org/10.1007/978-3-658-34247-0_20

Eine Analyse von Brandwatch Analytics hat ergeben, dass Social Media in vielen Unternehmen von Bedeutung sind. Die Auswertung ergab beispielsweise, dass sieben von acht Vorständen bei Siemens in den sozialen Medien vertreten sind (Vogl, 2019).

Sicherlich können Social-Media-Aktivitäten das Ansehen und die Reputation von Führungskräften aller Ebenen erheblich steigern. Und sie können den Führungsstil auch wesentlich unterstützen.

Der Managementprofessor Thorsten Petry von der Hochschule RheinMain hat in einer in der Zeit veröffentlichten Studie über 200 Führungskräfte und Personaler befragt, was sie unter „Führung 2.0“ verstehen (Hockling, 2013). Anhand der Ergebnisse hat er herausgearbeitet, welche konkreten Erwartungen sich daraus an Führungskräfte ergeben. Der Untersuchung zufolge wird von Führungskräften ein professioneller Umgang mit den neuen Technologien insbesondere für die interne Zusammenarbeit erwartet. Durch den routinierten Umgang mit internen Social-Media-Tools können Führungskräfte die Selbststeuerung und Selbstorganisation ihrer Mitarbeiter:innen fördern.

20.1 Ist ein eigenes Social-Media-Profil sinnvoll?

Sich die Frage zu stellen, ob eine eigene Social-Media-Präsenz sinnvoll wäre, ist auf jeden Fall anzuraten. Es gibt natürlich viele Möglichkeiten, sich als Führungskraft mit Social Media auseinanderzusetzen. Die wichtigsten Fragen, die man sich stellen sollte, sind:

Welche Ziele können Sie durch Social Media erreichen?
Die wichtigsten Anreize für Führungskräfte, Social Media im privaten Bereich zu nutzen, sind:

- Mit Menschen in Kontakt sein und bleiben
- Sehen, was die eigenen Kinder oder Familie in Social Media machen
- Sich mit der Materie befassen und vertraut machen

Die wichtigsten Anreize für Führungskräfte, Social Media im beruflichen Bereich zu nutzen, sind:

- Interner oder externer Reputationsgewinn
- Austausch von Informationen
- Berufliches Netzwerk auf persönlicher Ebene und für das Unternehmen pflegen und erweitern
- Recherche (zu Personen oder Unternehmen)
- Unterstützung von Veränderungskommunikation/Change-Management-Initiativen
- Aufbau digitaler Kompetenz des gesamten Unternehmens durch Vorreiterrolle in der Führung

- Unterstützung von Markenimages und Produktimages
- Eine öffentliche Vordenkerposition zu bestimmten Themen einnehmen (Thought Leadership)
- Dem Unternehmen ein menschliches Gesicht geben
- Das Unternehmen als innovativ darstellen
- Enger Kontakt mit Medienvertretern und Kanal für Zitate zu aktuellen Themen

Bevor Sie damit beginnen, Social Media zu nutzen, sollten Sie sich die folgenden Fragen stellen:

- Welches ist der richtige Kanal für Sie?
- Wie viel Zeit möchten Sie investieren?
- Welche Frequenz können Sie bedienen?

Bei einem Twitter-Account beispielsweise ist eine häufige Frequenz (z. B. täglich) üblich, während auf Facebook auch eine wöchentliche oder auf einem Blog auch eine monatliche oder längere Frequenz denkbar ist.

- Wie weit möchten Sie gehen?
- Was möchten Sie sagen?
- Worüber möchten Sie nicht sprechen?

Je detaillierter Sie den Korridor im Vorfeld definieren, umso einfacher wird Ihnen der Schritt zu einer eigenen Social-Media-Nutzung fallen.

Es gibt mehrere Dimensionen von Social-Media-Auftritten von Führungskräften. Die private und die berufliche sowie die öffentliche und die interne. In Abb. 20.1 sind die einzelnen Stufen der Nutzung von Social-Media-Profilen aufgezeigt.

Ich empfehle Führungskräften nur dann, ein eigenes öffentliches professionelles Profil zu unterhalten, wenn sie wirklich gewillt sind, sich selbst mit dem Thema zu befassen und eigene Inhalte aufzuarbeiten. Es ist zwar grundsätzlich möglich, Inhalte durch andere vorzubereiten – den größten Erfolg erzielen Social-Media-Profile von Führungskräften aber tatsächlich dann, wenn sie authentisch sind. Lassen Sie sich also auch nicht durch andere in eine Rolle hineindrängen, die Sie nicht einnehmen möchten. Es ist auch ohne eigenes Social-Media-Profil möglich, sich als Führungskraft im Social Web zu äußern. So meldete sich Lufthansa-CEO Carsten Spohr nach dem Absturz der Germanwings-Maschine über diverse Social-Media-Kanäle von Lufthansa zu Wort. Er brauchte z. B. kein persönliches Social-Media-Profil, um einen Tag nach dem Absturz seine Videobotschaft auf YouTube und auf Twitter (2015) zu verbreiten.

Ein sehr gutes Beispiel für ein authentisches Twitter-Profil eines CEOs ist das von Karl-Thomas Neumann, dem ehemaligen Vorstandsvorsitzenden von Opel (Twitter, o. J. a). Er twitterte in seiner Zeit als Vorstand über Opel und seinen Arbeitsalltag, aber

Stufe	Art des Social-Media-Profils	Beispiel
1	Anonym mit Pseudonym (privat)	Twitterprofil zum Recherchieren und Testen
2	Profil mit echtem Namen, aber ohne Bezug zum Job (privat)	Pinterest-Profil für Reiseziele
3	Gastauftritt in internem SoMe-Kanal	Videobotschaft im Intranet
4	Eigener regelmäßiger SoMe-Auftritt im Intranet	Führungskräfte-Blog
5	Gastauftritt in externem SoMe-Kanal	Blogpost im Corporate Blog (Unternehmensblog)
6	Eigenes berufliches externes SoMe-Profil	Twitteraccount mit echtem Namen

GRAD DER EXPERTISE UND VISIBILITÄT

Abb. 20.1 Als Führungskraft im Social Web

auch über Alltägliches wie Fußball, Radfahren oder Dinge, die er gerade online bestellt hatte.

Social Media in der Führung macht ein Unternehmen wettbewerbsfähiger

Eine der häufigsten Aussagen von Führungskräften, warum sie Social Media nicht nutzen, ist, dass eine Nutzung zu viel Zeit kosten würde. Richtig angewendet ist dies aber nicht der Fall. Im Gegenteil. Eigentlich helfen Social-Media-Anwendungen sehr gut dabei, Synergien zu schaffen. Das gilt für die interne Zusammenarbeit, aber auch für den Kontakt mit Geschäftspartner:innen. Sie können auch eine hervorragende Ergänzung zu bestehenden Führungsinstrumenten sein. Und dabei muss es nicht immer ein eigenes öffentliches Profil sein. Die eingeschränkte Kontrollierbarkeit und die Angst vor Fehlern schrecken viele leitende Angestellte davon ab, ein eigenes Profil zu erstellen. Das muss im ersten Schritt auch nicht sein. Aber es lohnt sich, das Thema anzugehen. Denn als Führungskraft haben Sie maßgeblich Einfluss darauf, wie stark sich Social Media in Ihrem Team bzw. im Unternehmen verbreitet.

Eine Studie von IBM aus dem Jahr 2012 kommt sogar zu dem Ergebnis, dass Unternehmen, deren CEOs Social Media nicht nutzen, weniger wettbewerbsfähig sind (Fidelman, 2012).

Wann haben Sie sich zum letzten Mal gegoogelt?
Die wichtigste Vorarbeit besteht darin zu prüfen, welche Inhalte ggf. bereits ohne Ihr Wissen im Internet zu finden sind. Denn allein die Tatsache, dass man selbst nicht im Social Web aktiv ist, bedeutet nicht, dass man dort nicht „stattfindet".

Ich hatte in meiner Laufbahn als Social-Media-Verantwortliche in unterschiedlichen Unternehmen bereits einige solcher Vorfälle. Da Social-Media-Profile nicht verifiziert werden müssen, kann jeder einfach ein Profil in fremdem Namen anlegen und irgendein Foto als Profilbild hochladen. Ein berühmter Fall eines falschen Accounts ist der von Oliver Samwer, Vorstandsvorsitzender der Rocket Internet AG, zu der auch Zalando gehört. Nach einer kritischen Dokumentation über Zalando tauchte ein Twitterprofil mit seinem Namen auf, das ihn in unvorteilhafter Weise im Zusammenhang mit dieser Krise darstellte (Räth, 2014). Oftmals sehen solche gefälschten Profile täuschend echt aus und können zu ernsthaften Reputationsschäden führen. Aber auch deutlich als Parodie gekennzeichnete Kanäle wie beispielsweise der Twitter-Account @fakeunitedjeff, der sich über den ehemaligen Vorstandsvorsitzenden von United Airlines, Jeff Smisek, lustig macht, sind eine kommunikative Herausforderung (Twitter, o. J. b). Im Fall dieses Managers gab es im Social Web sogar eine negative Online-Reputation durch die eigene Belegschaft, da sich die eigenen Mitarbeiter:innen in einem Forum über seinen Führungsstil ausließ (Fagin, 2014).

Vorstandsvorsitzende sind natürlich in der Öffentlichkeit sehr präsent, aber auch die darunter liegenden Management-Ebenen können im Internet bewertet oder kommentiert werden. Bei Arbeitgeberbewertungsportalen wie www.meinchef.de oder www.kununu.de werden Bewertungen zu Vorgesetzten zwar standardmäßig nur anonymisiert erfasst, oftmals gibt es in den Kommentaren aber Hinweise darauf, wer hier gemeint ist. Reputationsschädigende Inhalte können aber auch unbeabsichtigt verbreitet werden. So hatte ich beispielsweise den Fall, dass der Sohn eines leitenden Angestellten auf Facebook unvorteilhafte Bundeswehr-Fotos seines Vaters veröffentlichte, ohne dabei darüber nachzudenken, dass das vielleicht unangebracht sein könnte.

Denken Sie auch daran, dass jegliche öffentliche oder nicht-öffentliche Auftritte von Ihnen, die in irgendeiner Form dokumentiert wurden, im Internet verbreitet und kommentiert werden können. Im Positiven wie im Negativen. So ist z. B. eine Rede von Edmund Stoiber zum Thema Transrapid (Haustein-Teßmer, 2008), bei der er sich teilweise verhaspelt, im Internet ebenso ein Dauerbrenner wie der legendäre „I love this company"-Auftritt von Microsoft-CEO Steve Ballmer (o. J.).

20.2 Sechs Tipps zum Umgang mit Social Media als Führungskraft

Tipp 1: Verfolgen Sie, was über Sie gesprochen wird
Die einfachste Art und Weise, dies zu tun, ist, unter www.google.de/alerts einen kostenlosen Google Alert zu erstellen, der Sie regelmäßig über neue Inhalte informiert.

Sofern Sie bereits ein bestehendes Social-Media-Monitoring im Unternehmen haben, können Sie die dafür verantwortlichen Kolleg:innen auch bitten, Ihren Namen als Suchbegriff aufzunehmen. Sie können auch weitere Kernwörter, die im Zusammenhang mit Ihrem Namen erwähnt werden könnten, beobachten. Zum Beispiel den Namen des Unternehmens oder von Produkten. Nähere Informationen hierzu finden Sie in Kap. 6.

Wenn Sie selbst gerne einen Blick ins Netz werfen würden, googeln Sie am besten „Kostenlose Tools für Social Media Monitoring", um die aktuellsten Recherchemöglichen für Social-Media-Kanäle zu finden.

Tipp 2: Sichern Sie sich Profile mit Ihrem Namen
Auch wenn Sie sich im Moment gegen einen eigenen Social-Media-Kanal entscheiden, sollten Sie überprüfen, ob es bereits Kanäle mit ihrem Namen gibt. Das können Namensvetter von Ihnen oder auch sogenannte „Fake"-Profile sein. Gegebenenfalls ist es vernünftig, sich den eigenen Namen in ausgewählten Kanälen zu sichern. Zwar gibt es oftmals die Möglichkeit, mehrere Benutzer:innen mit einem Namen anzumelden (z. B. bei Facebook), aber es geht auch darum, eine gute URL zu erhalten, und diese kann immer nur ein einziges Mal vergeben werden, und oftmals geht es nach dem Prinzip: Wer zuerst registriert, bekommt den Namen. Bei Twitter ist der Nutzername immer automatisch die URL, daher können auch nicht zwei Nutzer:innen mit demselben Namen angemeldet sein. Meine URL bei Twitter lautet z. B. www.twitter.com/stefaniebabka.

Sie können Ihren Namen auch für mehrere Social-Media-Kanäle gleichzeitig überprüfen. Das hat den Vorteil, dass sie direkt sehen, wenn jemand sich mit Ihrem Namen registriert hat. Auch hier finden Sie die aktuellsten Webseiten am besten in der Google-Suche nach „social media account checker". Zur Zeit der Erstellung des Buches arbeite ich mit www.checkusernames.com oder www.namecheckr.com.

Tipp 3: Achten Sie auf Ihre Privatsphäre
Egal, ob Sie Social Media privat oder betrieblich nutzen, sollten Sie sich genau überlegen, welche Einstellungen Sie wählen. Wollen Sie öffentlich auftreten und einfach gefunden werden oder rein privat auftreten? Bedenken Sie aufgrund der Vermischung von Privatem und Beruflichem dabei auch Ihre Familie und Freund:innen. Ich habe beispielsweise bei meiner Recherche zu diesem Buch ein Profil eines deutschen Vorstandsvorsitzenden auf Facebook gefunden, der seine Seite sehr gut abgesichert hatte und offenbar sowohl beruflich als auch privat nutzt. Leider hatte er ein Detail vergessen: Seine Freundschaftsliste war nicht ausgeblendet. Und so war es möglich, über diese Liste seine Kinder und Ehefrau zu finden, die leider absolut offene und ungesicherte Profile hatten, was zweifelsohne ein Sicherheitsrisiko darstellt. Sorgen Sie also nicht nur dafür, dass Ihr Profil gesichert ist, sondern sprechen Sie auch mit Ihrer Familie darüber, wie Sie in der Öffentlichkeit gesehen werden möchten. Geben Sie Ihren Angehörigen eventuell sogar eine Hilfestellung beim Finden der optimalen Privatsphäre-Einstellungen für ihre Profile. Bitten Sie Familie und Freund:innen, nicht ungefragt Materialien von

Ihnen ins Internet zu stellen. Sie können in vielen Kanälen auch eine Sicherheitseinstellung wählen, dass Sie jegliche Fotos oder Beiträge über Sie zuerst freischalten müssen, bevor sie auf Ihrem Profil erscheinen.

Auf der Webseite www.klicksafe.de finden Sie aktuelle Schritt-für-Schritt-Anleitungen für die Anpassung der Privatsphäre-Einstellungen der gängigsten Social-Media-Kanäle.

Tipp 4: Nutzen Sie das Potenzial von Social Media zum Netzwerken und Recherchieren

In Führungspositionen aller Ebenen ist Netzwerken sehr gefragt. Es kommt viel darauf an, wen man wo trifft und wie man Geschäftspartner:innen oder Kund:innen überzeugen kann. Aufgrund der Wichtigkeit solcher Beziehungen sind viele Führungskräfte auch in Branchenverbänden oder anderen Netzwerken oder Verbindungen aktiv. Es geht um menschliches Interagieren und die Beziehungen der einzelnen Akteure untereinander. Das Wissen, das Sie aus sozialen Netzwerken generieren können, kann in diesem Umfeld Gold wert sein. Wenn Sie mit einem Geschäftspartner in einem sozialen Netzwerk verbunden sind, können Sie ihn z. B. auf Dinge ansprechen, die sie dort gesehen haben. Eine Vertragsverhandlung, die mit einem kurzen Austausch über den letzten Segeltörn beginnt, hat sofort eine persönliche Gesprächsbasis. Aber auch wenn Sie selbst nicht in Social Media aktiv sind, kann eine Vorab-Recherche vor wichtigen Terminen wertvolle Hintergrundinformationen über die Teilnehmer geben. Eine solche Recherche kann auch gut delegiert werden.

Tipp 5: Nutzen Sie Social Media als Führungswerkzeug

Die Persönlichkeit einer Führungskraft und der Führungsstil spielen eine sehr große Rolle im internen, aber auch im externen Umfeld. Egal, ob Sie Ihre Mitarbeiter:innen autoritär oder eher demokratisch führen, können Social-Media-Aspekte Sie in Ihrer Führungsrolle unterstützen.

Wenn Sie eine autoritäre Führungsperson sind, können Sie über Social Media unbequeme und unpopuläre Entscheidungen kommunikativ begleiten, die eigene Haltung deutlicher darstellen und sich selbst in einer Vordenkerrolle etablieren.

Wenn Sie eher einen demokratischen Führungsstil pflegen, können insbesondere über interne Social-Media-Kanäle Mitarbeiterideen und Rückmeldungen in Ihre Entscheidungen und Führung mit einfließen.

Es gibt zahlreiche denkbare Anwendungsfälle, in denen Social Media bei Führungsherausforderungen helfen kann. Wenn Sie vor einer solchen Frage oder Herausforderung stehen, schauen Sie sich die im Kap. 1 beschriebenen Mechanismen an und überlegen Sie, wie Social Media Ihnen intern und extern dabei helfen kann, die Herausforderung zu bewältigen.

Beispiel: „Wie kann ich nach einer Akquisition die neuen Mitarbeiter:innen schnellstmöglich in bestehende Strukturen integrieren?“

Durch eine interne Social-Media-Kollaborationsplattform kann ein Austausch der Mitarbeiter:innen untereinander gefördert und stimuliert werden und so ein Expertenaustausch stattfinden.

Durch einen persönlichen Blogpost können Sie als Führungskraft die neuen Mitarbeiter:innen in Ihrem Bereich begrüßen und über die nächsten Schritte der Integration aufklären. Weitere Infos finden Sie im Praxiskapitel (Kap. 18).

Tipp 6: Bauen Sie sich eine Social-Media-Reputation auf

Sie können durch ein eigenes Profil sowohl intern als auch extern eine Vorreiterrolle einnehmen, indem sie deutlich sichtbar und engagiert im Social Web auftreten. Überlegen Sie sich genau, welche Positionierung Sie einnehmen möchten und welche Art von Geschichte Sie über den Zeitverlauf erzählen möchten. Viele Führungskräfte unterstreichen z. B. über das Teilen von Informationen über sportliche Aktivitäten ihre Selbstmotivation und Disziplin. Sie sollten ggf. Versuchen, Ihren Account verifizieren zu lassen. Ein kleiner blauer Haken neben dem Profilnamen zeigt an, dass die Echtheit des Accounts überprüft wurde.

Merke
Social Media kann Ihnen bei Ihren Führungsaufgaben eine wertvolle Ergänzung sein. Ob Sie jedoch einen eigenen Kanal brauchen, ist sorgfältig abzuwägen. Lassen Sie sich nicht vorschnell in die Öffentlichkeit drängen, wenn Sie sich im Umgang noch nicht sicher fühlen. Probieren Sie Social Media lieber erst auf sicherem Terrain aus, und bauen Sie Ihre Expertise gezielt auf.

Literatur

Ballmer, S. (o. J.) I love this company. Auftritt bei Microsoft. YouTube. https://www.youtube.com/watch?v=f__n8084YAE. Zugegriffen: 11. Apr. 2021.

Brandfog. (2014). Brandfog Survey 2014. The Global, Social CEO. http://brandfog.com/CEOSocialMediaSurvey/BRANDfog_2014_CEO_Survey.pdf. Zugegriffen: 11. Apr. 2021.

Fagin, D. (2014). Why United's Jeff Smisek Is Perhaps the Worst CEO in the Business. http://www.huffingtonpost.com/david-fagin/why-uniteds-jeff-smisek-i_b_5249902.html. Zugegriffen: 11. Apr. 2021.

Fidelman, M. (2012). IBM study: If you don't have a social CEO, you're going to be less competitive. Forbes. http://www.forbes.com/sites/markfidelman/2012/05/22/ibm-study-if-you-dont-have-a-social-ceo-youre-going-to-be-less-competitive/. Zugegriffen: 11. Apr. 2021.

Haustein-Teßmer, O. (2008). Edmund Stoibers unsterbliche Transrapid-Rede. Welt. http://www.welt.de/politik/article1844339/Edmund-Stoibers-unsterbliche-Transrapid-Rede.html. Zugegriffen: 11. Apr. 2021.

Hockling, S. (2013). Wie Chefs Social Media nutzen sollten. Zeit. https://www.zeit.de/karriere/beruf/2013-05/chefsache-socialmedia-fuehrungskraefte. Zugegriffen: 30. Jan. 2021.

Räth, G. (2014). Wie ein falscher Oliver Samwer den Zalando-Shitstorm verarscht. Gründerszene. http://www.gruenderszene.de/allgemein/oliver-samwer-fake-account-twitter-zalando. Zugegriffen: 11. Apr. 2021.

Twitter. (2015). A video message from our CEO Carsten Spohr. https://twitter.com/lufthansa/status/580705300988215296. Zugegriffen: 11. Apr. 2021.

Twitter. (o. J. a). Karl-Thomas Neumann. https://twitter.com/kt_neumann. Zugegriffen: 11. Apr. 2021.

Twitter. (o. J. b). Fake Jeff Smisek. https://twitter.com/fakeunitedjeff. Zugegriffen: 11. Apr. 2021.

Vogl, M. (2019). Analyse zum Social Media Auftritt von Führungskräften. Brandwatch. https://www.brandwatch.com/de/blog/analyse-zum-social-media-auftritt-von-fuehrungskraeften/. Zugegriffen: 24. Jan. 2021.

Weber Shandwick. (o. J.). The social CEO: Executives tell all. https://www.webershandwick.com/uploads/news/files/Social-CEO-Study.pdf. Zugegriffen: 11. Apr. 2021.

21 Praxis: Virtuelles Management – Social Media als Führungswerkzeug

Zusammenfassung

Das Praxiskapitel Virtuelles Management – Social Media als Führungswerkzeug geht detailliert auf die Möglichkeiten der Nutzung von Social-Media-Tools als Führungswerkzeug ein. Social-Media-Mechanismen werden im Kontext ausgewählter Führungsmodelle diskutiert. Hierbei stehen neben den externen Social-Media-Kanälen vor allem auch die Möglichkeiten der internen digitalen Zusammenarbeit im Fokus.

Social Media kann von Führungskräften unabhängig von ihrem Führungsstil auch gezielt als Werkzeug genutzt werden. Augenscheinlich kann ein Auftritt in den sozialen Medien den individuellen Führungsstil unterstreichen. Das wohl prominenteste Beispiel hierfür ist der Twitter-Auftritt von Donald Trump. Der ehemalige US-Präsident nutzte Twitter während seiner Präsidentschaft gezielt, um Anweisungen zu geben, und unterstrich damit seinen autoritären Führungsstil, während Neuseelands Präsidentin Jacinda Ardern ihren partizipativen Führungsstiel unterstreicht und ihr Instagram und Facebook-Profil nutzt, um nahbar zu sein, Menschen zuzuhören, sie zu motivieren, ihren politischen Weg zu verstehen und ihr aus Überzeugung zu folgen (Kapitan, 2020).

Stellen Sie sich einmal die Frage, was für Sie eine gute Führungskraft ausmacht. In einem Management-Seminar, das ich besucht habe, wurde die Frage in die Runde gestellt und ich stelle sie auch bei Vorträgen gerne. Hier ein paar Antworten, die ich in unterschiedlichen Runden gesammelt habe.

Eine großartige Führungspersönlichkeit:

- Hört aktiv zu
- Ist empathisch
- Führt mit emotionaler Intelligenz

S. Babka, *Social Media für Führungskräfte*,
https://doi.org/10.1007/978-3-658-34247-0_21

- Ermutigt das Team
- Gibt Teammitgliedern Unterstützung, wenn sie diese benötigen
- Inspiriert
- Gibt eine Richtung vor
- Ist zuverlässig
- Gibt schnell Feedback
- Trifft Entscheidungen
- Bindet andere angemessen in Entscheidungen ein
- Erkennt die Vorteile von Diversität
- Hat ein Netzwerk und entsprechenden Einfluss
- Hat auch bei Komplexität den Überblick
- Behält Kontrolle
- Justiert unter Umständen auch mal nach
- Ermöglicht es zu lernen, zu wachsen und sich zu entwickeln
- Steht zu Fehlern und lebt eine offene Fehlerkultur
- Ist offen für Neues

Beim Blick auf diese Liste fällt auf, dass viele dieser Eigenschaften durch Social Media unterstützt werden können.

Und zum letzten Punkt „ist offen für Neues“ kommt noch ein fachlicher Aspekt dazu:

- kennt sich mit Digitalthemen aus und nimmt eine Vorreiterrolle im Umgang mit neuen Tools ein.

Digital Leadership

Die Bedeutung von digitalaffinen Führungskräften für die Innovationskraft von Unternehmen rückt immer mehr in den Fokus. Und so hat sich in letzter Zeit der Begriff „Digital Leadership“ verbreitet. Das Beraternetzwerk Consultingheads definiert Digital Leadership so:

„Führungsstil, der den digitalen Wandel im eigenen Unternehmen vorantreibt, damit Unternehmensprozesse agiler werden.“ (Nanterme, o. J.)

Ich persönlich würde das etwas abgemildert so formulieren:

„Digital Leadership ist ein Führungsstil, der den digitalen Wandel in Unternehmen vorantreibt und Agilität fördert.“

Ein wesentlicher Bestandteil dieses neuen Führungsstils ist es, dass keine festen Hierarchien, Befugnisse oder Zuständigkeiten mehr gebraucht werden. Sie weichen einer integrativen und eventuell auch nur temporären Führung, die eher an Prinzipien orientiert ist und nicht an eine formelle Machtposition gebunden ist. Die Priorisierung der Aufgaben hängt nicht von Stellenprofilen ab und fokussiert mehr auf das „Warum“ als auf eine Vorgabe, „wie“ etwas zu erledigen ist. Die Eigenverantwortung der Mitarbeiter:innen spielt hier eine große Rolle. Beraternetzwerke bieten Führungskräfte mit entsprechenden Kompetenzen an, die temporär in Unternehmen Transformationsprozesse antreiben. Zu den Kompetenzen solcher „Digital Leader" gehören neben digitalem Know-how auch eine gute Kommunikationsfähigkeit, Flexibilität und ein visionäres strategisches Denken, das Innovationen vorantreiben kann, sowie die Fähigkeit, Teams neu zusammenzustellen, zu motivieren und performant zu machen.

Insbesondere in der Führung von Mitarbeiter:innen der Generationen Y und Z ist der digitale Führungsstil von Vorteil. Mitarbeiter:innen der Generation X dürfen von diesem neuen Führungsstil in vielen Fällen erst noch überzeugt werden. ◀

Social Media als Führungswerkzeug zu verwenden, ist nichts anderes, als die in Kap. 1 aufgeführten sieben Merkmale von Social Media als Hilfsmittel für die eigene Führung zu verstehen. **Jeder in Ihrem Team kann**

1. **mitmachen,**
2. **mitreden,**
3. **weitergeben,**
4. **beurteilen,**
5. **erweitern,**
6. **korrigieren und**
7. **sich vernetzen.**

Insbesondere, wenn Sie Teams führen, die nicht räumlich zusammensitzen, weil sie in unterschiedlichen Ländern oder Kontinenten oder im Homeoffice arbeiten, ist eine interne Kollaborationssoftware mit Social-Media-Elementen von Vorteil.

Überlegen Sie sich, wie Sie die zuvor genannten Eigenschaften einer großartigen Führungskraft auf interne oder externe Social-Media-Kanäle übertragen können. Ein paar mögliche Ansätze:

- Zeigen Sie Interesse an Ihren Mitarbeiter:innen und deren Meinung, indem Sie verfolgen, was sie in internen und externen berufsbezogenen Netzwerken (z. B. LinkedIn) posten, liken oder kommentieren.
- Liken Sie Beiträge oder Kommentare Ihrer Mitarbeiter:innen und zeigen Sie intern öffentlich oder extern öffentlich ihre Unterstützung.
- Geben Sie eine Richtung vor und lassen Sie andere an Ihren Ideen teilhaben, indem Sie diese regelmäßig im Team oder wenn angebracht auch darüber hinaus in Social-Media-Anwendungen teilen. Wenn Sie Ihre Vision teilen, können Sie Menschen damit inspirieren.
- Nehmen Sie sich gezielt vor, auf Chatnachrichten zeitnah zu antworten. Wenn Sie schnell Feedback geben und Entscheidungen treffen, werden Sie vom Team als zuverlässig empfunden.

- Nutzen Sie Social Media, um das Team in Entscheidungen einzubeziehen oder Entscheidungen zu erläutern. Geben Sie Raum für Diskussionen. Sammeln Sie in Kommentaren Lösungsvorschläge und stimmen Sie dann in einer Umfrage dazu ab. Schaffen Sie eine Atmosphäre, die unterschiedliche Sichtweisen erlaubt und in der konstruktives Feedback erwünscht ist.
- Nutzen Sie selbst die sozialen Medien, um mit anderen Führungskräften im Austausch zu sein, und leben Sie Ihren Mitarbeiter:innen vor, wie man sich ein berufliches Netzwerk aufbaut.
- Behalten Sie die Kontrolle und schreiten Sie ggf. regulierend ein, sollte sich die Social-Media-gestützte Diskussion im Team einmal aufheizen.
- Nutzen Sie die Möglichkeit, in internen Social-Media-Anwendungen auf Referenzen zu verlinken, um den Blick auf „das große Ganze“, das sogenannte „Big Picture“, zu lenken.
- Bleiben Sie neugierig und probieren Sie selbst neue Funktionalitäten in internen Social-Media-Anwendungen aus. Lebt die Führungskraft vor, wie sie selbst Neues lernt und ggf. dabei auch Fehler macht, entsteht eine offene Fehlerkultur, in der es möglich ist zu lernen, zu wachsen und sich zu entwickeln.

Sicherlich haben Sie schon einmal von dem **Eisbergmodell** (Abb. 21.1) gehört, das ursprünglich auf **Sigmund Freud** zurückgeht und im Zusammenhang mit Führung gerne auch zur Erklärung dient, **wie wir miteinander kommunizieren** (Wikipedia, o. J.). Aus Sicht der Kommunikationspsychologie ist es nicht nur wichtig, was wir sagen, sondern auch, welche weiteren Faktoren eine Rolle in der Kommunikation spielen.

Im Eisbergmodell wird der aus dem Wasser herausragende Gipfel als **Sachebene** bezeichnet. Also alles, was **Zahlen, Daten, Fakten** sind und auf verbaler Ebene stattfindet. Der unter der Wasseroberfläche verborgene Teil wird als **Beziehungsebene** bezeichnet. Dort spielen **Instinkte, Gefühle, Triebe, Ängste, Erfahrungen** oder sogar

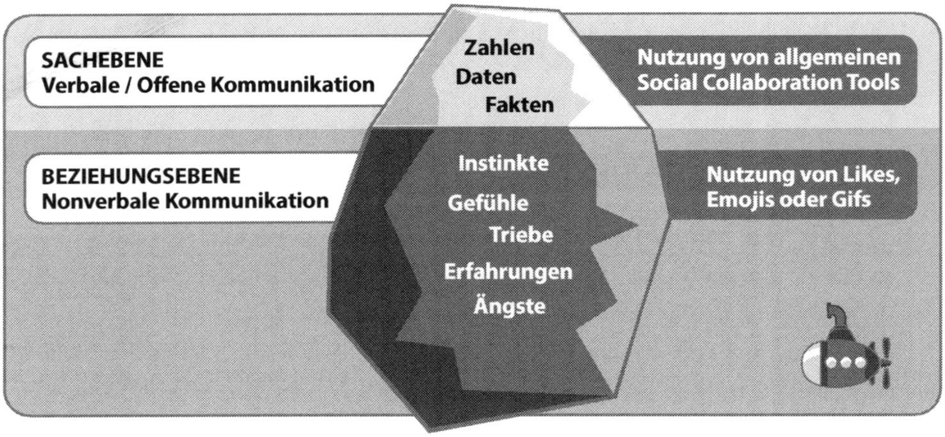

Abb. 21.1 Eisbergmodell für Führungskräfte – angelehnt an Sigmund Freud

Traumata eine Rolle. Diese Dinge sind Teil der nonverbalen Kommunikation die sich durch Körpersprache, Mimik und Gestik ausdrückt. In Teams, in denen ein großer Teil der Kommunikation virtuell stattfindet, spielen neben der Körpersprache im Videochat auch ganz neue Dinge eine Rolle, nämlich die Verwendung von Likes, Herzchen, Emojis oder Gifs.

Laut einer Studie von Wera Aretz, die 2018 im Journal of Business and Media Psychology erschienen ist, wirken Verfasser eines Textes mit Emojis deutlich sympathischer. Verfasser eines Textes ohne Emojis werden als durchsetzungsstärker wahrgenommen (Aretz, 2018). Als Führungskraft gilt es daher bewusst zu entscheiden, an welcher Stelle ein Emoji von Vorteil ist. In Social-Media-Anwendungen, in denen oft ein informeller Ton herrscht, können Likes, Emojis oder Gifs die nonverbale Kommunikation wunderbar sichtbar machen. Im Erstkontakt per E-Mail wirken Emojis laut einer Studie in der Fachzeitschrift Social Psychological and Personality Science sogar kontraproduktiv und lassen den Absender nicht freundlicher, sondern inkompetent wirken (Glikson et al., 2017). Daraus lässt sich schließen, dass es durchaus auch relevant ist, wo und in welchem Kontext ein Smiley genutzt wird. In einer informellen Chatnachricht der Führungskraft oder einem Blogpost im Alltag ist ein Emoji durchaus ein Mittel zur Emotionalisierung, während dieses Mittel beispielsweise bei offiziellen Dokumenten oder Mitarbeiterbewertungen im HR-System nicht verwendet werden sollte. In Abb. 21.2 habe ich die

Abb. 21.2 Beispielhafte Bedeutung von Emojis

häufigsten Reaktionsmöglichkeiten aus dem Microsoft-Tool Teams in einen möglichen Kontext einer Reaktion der Führungskraft gebracht und beschrieben, was diese in der Praxis bedeuten können.

21.1 Social Media im Team

Um die Nutzung von Social Media durch die Führungskraft im Umgang mit dem Team näher zu betrachten, bieten sich die von **Bruce Tuckman** entwickelten **fünf Phasen der Teamentwicklung** an (Tuckman, 1965, 1977). Diese werden in Deutschland teilweise auch als „Teamuhr" bezeichnet (Abb. 21.3).

Die fünf Phasen, durch die alle Teams gehen und von denen keine übersprungen werden kann, sind:

1. Forming (Orientierungsphase)
2. Storming (Konfrontationsphase)
3. Norming (Kooperationsphase)
4. Performing (Wachstumsphase)
5. Adjourning (Auflösungsphase)

Social-Media-Führungswerkzeuge während der Forming-/Orientierungsphase

In der ersten Phase der Teamentwicklung, die entweder durch neue Teammitglieder oder eine neue Führungskraft eingeleitet werden kann, geht es für das Team darum, sich in

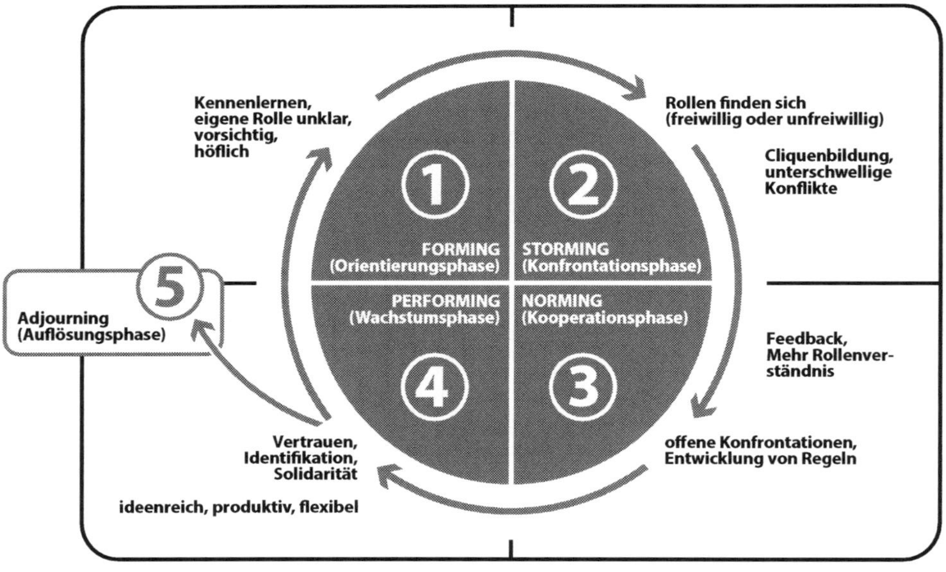

Abb. 21.3 Teamuhr. (Quelle: angelehnt an Tuckman, 1965, 1977)

der neuen Zusammenstellung zu orientieren. Die eigene Rolle ist vielleicht noch unklar, daher verhalten sich die Teammitglieder vorsichtig. Sie geben noch nicht so viel von sich preis und achten sehr auf eine positive Selbstdarstellung. In dieser Phase sollte die Führungskraft vor allem Orientierung geben, das Vertrauen stärken, die Möglichkeit zum Austausch schaffen und die übergeordneten Zusammenhänge erklären. Außerdem sollte sie visibel sein und schnell antworten, damit die Einarbeitung optimal gelingt. Auf das zuvor erläuterte Eisbergmodell bezogen ist es in der Orientierungsphase notwendig, die Sachebene zu bedienen. Wenn Sie als Führungskraft neu in ein Team kommen, haben Sie folgende Joker in Ihrer Social-Media-Werkzeugbox:

- **Sachebene:**
  - **Werkzeug 1: Ein gemeinsamer Social-Media-Raum**
    Falls noch nicht vorhanden, geben Sie eine interne Social-Media-Plattform vor (z. B. Microsoft Teams, Yammer, Slack, Asana) und erstellen Sie dort einen Kanal oder eine Chatgruppe zum öffentlichen Austausch innerhalb des Teams.
  - **Werkzeug 2: *Hier* (Link) steht unser taktischer Plan**
    Halten Sie Verantwortlichkeiten und aktuelle Aufgaben, aber auch Meetingprotokolle in einer digitalen Form fest, die als Referenz gilt und in Chatgesprächen verlinkt werden kann. Das kann von einem einfachen Worddokument bis zu einem Online-Kanban-Board oder einer digitalen To-do-Liste alles Mögliche sein. Es geht darum, dass es im digitalen Raum etwas gibt, das dem Team hilft, sich zu orientieren. Seien Sie verlässlich in der Art und Weise, wie Sie Informationen weitergeben. Beginnen Sie z. B. mit einem Willkommenspost, in dem Sie noch einmal schriftlich formulieren, was vielleicht bereits in einem ersten Termin mit Ihnen als neue Führungskraft verkündet wurde. Vertrauen entsteht, wenn Sie regelmäßig in gleicher Form informieren. Das kann ein Meeting sein oder eben auch ein Blogpost.
  - **Werkzeug 3: Gezielte Vernetzung. Wir sind jetzt ein Team.**
    Vernetzen Sie sich gezielt mit Ihren Mitarbeiter:innen sowie Peers (Kolleg:innenen auf gleicher Ebene) im Social Intranet (falls möglich) oder in berufsorientierten Netzwerken wie Linkedin oder Xing. Das generiert ein Zugehörigkeitsgefühl zu Ihrem persönlichen Netzwerk.
- **Beziehungsebene:**
  - **Werkzeug 1: Visibilität und Vertrauen durch Likes**
    Geben Sie dem Team die Möglichkeit, Sie kennenzulernen. In dieser frühen Teamphase kommt es stark darauf an, als Führungskraft visibel zu sein. Liken Sie Dinge im Social Intranet oder auch in öffentlichen sozialen Medien, um gezielt präsent zu sein. Honorieren Sie Social-Media-Beiträge Ihres Teams grundsätzlich mit einem Like. Sollten Sie das Gepostete nicht vertreten, liken Sie, um zu zeigen, dass Sie es zur Kenntnis genommen haben, und stellen Sie Ihre Sicht dann in einem Kommentar dar.

- **Werkzeug 2: Reaktionszeitbooster Chat**
  In der Orientierungsphase ist manches noch unklar, daher ist es in dieser Phase besonders wichtig, als Führungskraft schnell auf Fragen zu reagieren. Eine direkte Chatfunktion kann Abstimmungen enorm beschleunigen. Planen Sie in Ihrem Arbeitstag daher die Möglichkeit ein, schnell per Chat zu reagieren. Eine absolute Wunderwaffe sind auch kurze Sprachnachrichten, die eine verbale Erläuterung auch zeitversetzt ermöglichen.
- **Werkzeug 3: Partizipation à la Social Media**
  Nutzen Sie die Social-Media-Funktionalität gezielt zur Partizipation. Geben Sie dem Team Raum, sich einzubringen, indem Sie beispielsweise in Ihrem Gruppenchat in die Runde fragen, welche Form von regelmäßiger Abstimmung im Team erwünscht ist. Der Vorschlag mit den meisten Likes kann dann realisiert werden.
- **Werkzeug 4: Social Media als Ice Breaker**
  Social Media kann in der Beschnupperungszeit neu zusammengewürfelter Teams einen Beitrag zum gegenseitigen Kennenlernen leisten und ein Stück weit die Stimmung lockern, insbesondere, wenn Teile des Teams nur virtuell miteinander arbeiten. Der Teamchat darf auch mal Spaß machen. Lassen Sie die Teammitglieder z. B. ein kurzes Vorstellungsvideo posten, fragen Sie nach dem Lieblingssong, posten Sie Bilder vom Mittagessen oder fragen Sie nach der verrücktesten beruflichen Situation, die sie erlebt haben. Das darf natürlich nicht ausarten, aber sollte als Engagement-Werkzeug in ihrer Trickkiste nicht fehlen.
- **Werkzeug 5: Check-ins per Chat**
  Neben regelmäßigen 1:1-Gesprächen können auch kurze Check-ins per Chats helfen, in der Anfangszeit, in der gerne einmal alles drunter und drüber geht, frühzeitig Probleme zu erkennen. Dabei geht es einfach darum zu überprüfen, ob alle Themen verstanden wurden, ob die nächsten Schritte klar sind oder ob es etwas gibt, was verhindern könnte, dass das Ziel erreicht wird. Das können einfache Fragen sein. Ein einfaches „Ich wollte mich nur kurz melden und fragen, wie es geht", reicht oft aus.

Social-Media-Führungswerkzeuge während der Storming-/Konfrontationsphase
In der zweiten Phase der Teamentwicklung, der sogenannten Storming oder Konfrontationsphase, bilden sich die ersten Konflikte. Die Rollen im Team werden freiwillig oder unfreiwillig gefunden. Beziehungen intensivieren sich, aber auch der Konkurrenzdruck wird höher. Es bilden sich eventuell Cliquen und einzelne Mitarbeiter:innen ziehen sich zurück. In dieser Phase haben die einzelnen Mitglieder des Teams sehr stark den Wunsch, gehört und informiert zu werden. Die Führungskraft ist in dieser Zeit vor allem gefragt, Spielregeln aufzustellen, Konflikte auch mal „laufen" zu lassen und ggf. beschwichtigend einzugreifen und eine gute, wertschätzende Feedbackkultur zu etablieren. Folgende Werkzeuge können Sie aus der Trickkiste ziehen:

- **Sachebene:**
  - **Werkzeug 1: Spielregeln und Strategie durch Social Collaboration definieren und bestätigen**
    Sie können sich als Führungskraft oder im Team die Spielregeln und eine Marschrichtung überlegen und diese dann in den Teamkanal posten, um sie dort entweder kommentieren zu lassen oder per „Like“ von allen noch einmal bestätigen lassen. Arbeiten Sie z. B. gemeinsam an einem Team-Canvas. Auf jeden Fall sollten die Referenzdokumente abgelegt sein und auch später noch verlinkbar bleiben.
  - **Werkzeug 2: Spielregeln Social-Collaboration-gestützt umsetzen**
    Denken Sie darüber nach, ob das Einhalten der Spielregeln durch die Social-Media-Kanäle unterstützt werden kann. Wenn Sie z. B. eine Homeoffice-Regelung haben, die vorsieht, dass immer ein Teammitglied im Büro ist, könnten Sie in Ihrem Social-Collaboration-Tool einen Plan zur Verfügung stellen, in dem die Mitarbeiter:innen ihre Anwesenheiten festhalten können.
- **Beziehungsebene:**
  - **Werkzeug 1: Beobachten und laufen lassen**
    Wenn das Team über ein Social-Collaboration-Tool kommuniziert, hat das Vor- und Nachteile. Ein Nachteil ist, dass Gespräche dort eventuell unbeabsichtigt eskalieren können, weil die persönliche Ebene fehlt. Auf der anderen Seite hat es den entscheidenden Vorteil, dass Sie als Führungskraft Gespräche zwar sehen, aber nicht immer sofort einschreiten müssen. Beobachten Sie in dieser Phase genau, wo Reibungen entstehen, und lassen Sie Konflikte bewusst auch mal laufen.
  - **Werkzeug 2: Öffentlich moderierend einschreiten**
    Sollten sich die Gespräche einmal derart erhitzen, dass Sie einschreiten möchten, nutzen Sie die Mittel des Social-Media-Community-Managements. Fordern Sie eine lösungsorientierte Diskussion und fragen Sie aktiv, welche Lösungsvorschläge im Raum stehen. Sie können eine Konversation abmoderieren, indem Sie einen abschließenden Satz ergänzen, der keinerlei weiterer Diskussion bedarf. Oder Sie ziehen Gespräche gezielt aus dem öffentlichen Raum heraus und bitten darum, dies „offline“ zu besprechen.
  - **Werkzeug 3: Parallelchat**
    Nutzen Sie parallele Chats gezielt, um mit Teammitgliedern 1:1 zu sprechen und so an der einen oder anderen Stelle die Wogen zu glätten oder Klarheit zu schaffen.
  - **Werkzeug 4: Emotionalisieren Sie per Voice und Smileys**
    Denken Sie daran, in dieser Phase gezielt positiv zu emotionalisieren, indem Sie Mittel wie Smileys, Gifs oder Likes nutzen, wann immer es Ihnen angebracht erscheint. Sie sollten natürlich nicht zu inflationär verwendet werden, helfen aber insbesondere bei unangenehmen Themen. Auch das Nutzen von kurzen Voicenachrichten, wie es über iChat, Teams oder WhatsApp möglich ist, kann z. B. dazu beitragen, eine unerfreuliche Anweisung freundlicher und mit mehr menschlicher Wärme rüberzubringen.

Social-Media-Führungswerkzeuge während der Norming-/Kooperationsphase

In der Normingphase entstehen eine Aufbruchstimmung und eine solide Basis. Die einzelnen Teammitglieder fühlen sich sicher, Probleme werden selbstständig gelöst und die Ziele im Team und die Vision der Führungskraft sind weitestgehend klar. Es haben sich idealerweise neue und wertschätzende Umgangsformen entwickelt und die Rollen sind klar verteilt. In dieser Phase ist es besonders wichtig, die einzelnen Teammitglieder und das Team zu loben, zu ermutigen, zu informieren, aber auch ein Stück weit loszulassen. Außerdem hilft dem Team das Gefühl, an etwas größerem zu arbeiten. Auch in dieser Phase gibt es Social-Media-Tools, die der Führungskraft helfen:

- **Sachebene:**
  - **Werkzeug 1: Kontinuität**
    Auch, wenn die Marschrichtung bereits klar ist, kann ein kontinuierliches Arbeiten mit dem Social-Collaboration-Tool (z. B. regelmäßiges Posten von Updates, Gesprächsnotizen und Meeting Minutes) das Verständnis im Team weiter vertiefen.
- **Beziehungsebene:**
  - **Werkzeug 1: Wertschätzung**
    Wann immer es etwas zu loben gibt, tun Sie dies öffentlich im allgemeinen Chatraum. Heben Sie individuelle und Teamerfolge per Post hervor und erfreuen Sie sich an den Reaktionen der Teammitglieder. Belohnen Sie Ideen mit wertschätzender Social-Media-Kommunikation in ihrem Social-Collaboration-Tool. Liken Sie.
  - **Werkzeug 2: Das große Ganze verlinken**
    Stellen Sie wenn möglich den Bezug zum übergeordneten Ziel dar. Wenn dieses in digitaler Form verfügbar ist, verlinken Sie darauf. „Warum das so wichtig ist, könnt ihr hier lesen.“
  - **Werkzeug 3: Offline-Pausen**
    Seien Sie bewusst auch mal offline und zeigen Sie dem Team, dass Sie darauf vertrauen, dass die Dinge auch ohne Ihre Intervention laufen. Im Urlaub braucht das Team nicht unbedingt die Führungskraft im Social-Collaboration-Tool. Kündigen Sie solche Auszeiten an und halten sich dann auch daran.

Social-Media-Führungswerkzeuge während der Performing-/Wachstumsphase

Wenn Sie es in die Performingphase geschafft haben, herrschen im Team Identifikation, Vertrauen, Anerkennung, Solidarität und eine Leistungsfähigkeit, die mit hoher Motivation und Eigeninitiative einhergeht. Das Team ist effektiv und hält zusammen. Es ist solidarisch und offen und flexibel für viele neue Ideen. Mit anderen Worten: Die Teamenergie fließt ins gemeinsame Projekt und die Führungskraft muss nur minimal intervenieren. In dieser Phase geht es vor allem darum, Erfolge zu feiern, das Team zu begleiten und zu delegieren. Auf Sachebene sind die Dinge in der Regel geklärt und auf der Beziehungsebene geht es darum, dem Team per Likes oder Kommentaren positive Rückmeldungen zu geben. Vielleicht ist es auch einmal an der Zeit, Erfolge öffentlich auf LinkedIn zu posten?

Social-Media-Führungswerkzeuge während der Adjourning-/Auflösungsphase
In der letzten Teamphase, die Tucker übrigens erst Jahre später (1977) ergänzte, geht es um das Auflösen des bestehenden Teams, weil einzelne Mitglieder oder die Führungskraft das Team verlassen. Daher geht es hier um solche Dinge wie Abschiedsposts, das gemeinsame Online-Brainstormen wegen Abschiedsgeschenken oder ggf. das Suchen nach neuen Kandidaten über Business-Netzwerke wie Xing oder LinkedIn.

21.2 Social Media und Führungsstile

Es gibt zahlreiche Führungsstile und Theorien über Führung, die Jochen Mai (2020) auf https://karrierebibel.de/fuehrungsstile/ in vortrefflicher Weise aufführt und diskutiert.

Je höher die Entscheidungsgewalt der Mitarbeiter:innen ist, desto mehr bewegt sich der Führungsstil von „autoritär" in Richtung „demokratisch". Parallel dazu verschieben sich die Möglichkeiten, Social Media als Werkzeug zu nutzen, von einem Monolog, der in einem autoritären Führungsstil genutzt werden kann, über einen Dialog, Multilog bis hin zu einer richtigen Social Collaboration, die vor allem – aber nicht nur – in einem demokratischen Führungsstil von Vorteil sein kann (Abb. 21.4).

Eine sehr autoritäre oder nicht an die Fähigkeiten der Mitarbeiter:innen angepasste Führung gilt heute als überholt. Vielmehr rücken verschiedene Formen von situativer Führung in den Vordergrund.

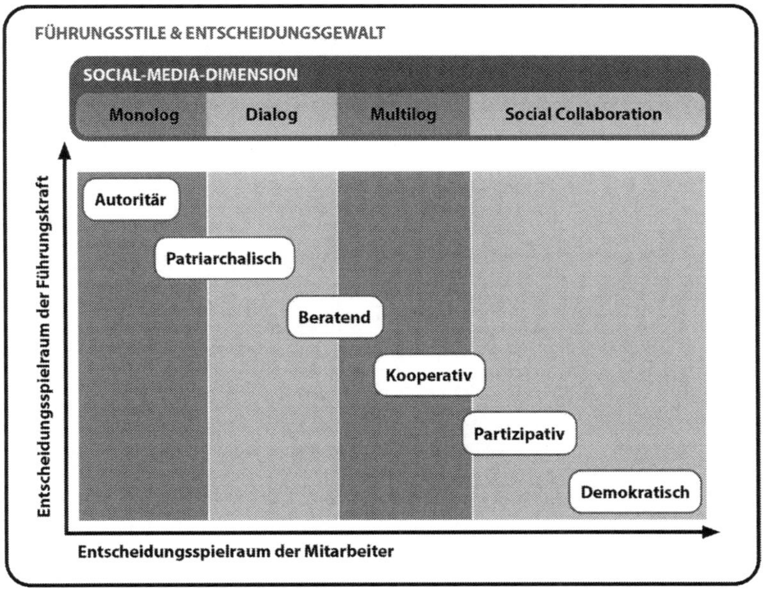

Abb. 21.4 Führungsstile und Social Media. (Quelle: angelehnt an eine Übersicht von Mai 2020)

Paul Hersey und Ken Blanchard formulierten die erste Theorie eines situativen Führungsstils, der sich heute in der Praxis oft an den Dimensionen Leistungswille und Leistungskompetenz der Mitarbeiter:innen orientiert und diese in Reifegrade einordnet. Etwas abgeändert kann das folgendermaßen auf Social-Media-Leadership übertragen werden:

„Top-Performern", die leistungswillig sind und über die entsprechenden Kompetenzen verfügen, können Aufgaben delegiert werden. Die Führungskraft kann:

- Aufgaben mit einfachen @-Verweisen delegieren
- Schnelle Abstimmungen per Chat und Freigaben per Like erteilen
- Per Like oder öffentlichem Post loben

„Leistungsträge", die eigentlich die Kompetenz hätten, aber deren Leistungsbereitschaft gerade nachgelassen hat, können mit einer unterstützenden Führung wieder an Motivation gewinnen. Die Führungskraft kann:

- Konsequent Posts solcher Mitarbeiter:innen mit einem Like beschenken
- Die Expertise würdigen und in Posts um Meinung/Einschätzung bitten
- Direkte Ansprache in der Social-Media-Öffentlichkeit suchen (@-Verweise)
- Regelmäßig den Kontakt 1:1 im Chat suchen

„Talente", die eine hohe Motivation haben, aber noch Kenntnisse aufbauen müssen, können mit einem begleitenden Führungsstil „gecoacht" werden. Social-Media-Werkzeuge für die Führungskraft sind:

- Liken, um das Selbstbewusstsein zu stärken und die Motivation weiter zu stärken
- Wenn möglich eine Social-Collaboration-Umgebung schaffen, in der die Führungskraft die Arbeitsschritte sehen kann; so hat sie die Möglichkeit, Raum zum Wachsen zu geben und nur im Notfall nachzujustieren

„Problemfälle", die wenige Kenntnisse und gleichzeitig eine geringe Eigenmotivation haben bzw. vielleicht einfach nicht ihrem Können entsprechend eingesetzt sind, können mit einer direktiven Führungsweise erfolgreich geführt werden. Social-Media-Werkzeuge sind:

- Konstanter 1:1-Chat zur engmaschigen Führung
- Liken von Beiträgen
- Wenn möglich eine Social-Collaboration-Umgebung schaffen, in der die Führungskraft die Arbeitsschritte sehen kann

Abb. 21.5 zeigt eine Übersicht mit beispielhaften Social Media Konversationen bei einzelnen Führungsstilen.

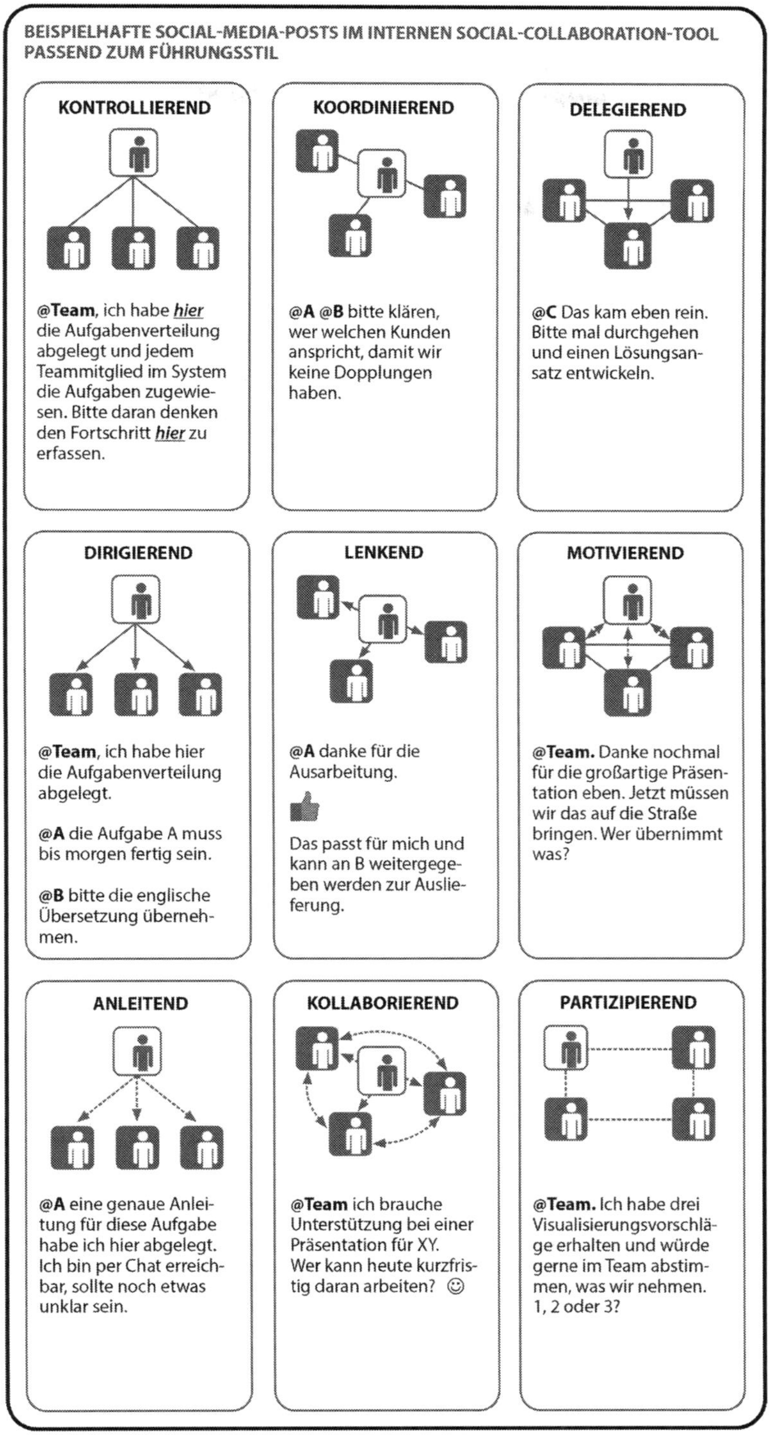

Abb. 21.5 Übersicht mit beispielhaften Social Media Konversationen bei einzelnen Führungsstilen

Hinweis
Es ist nicht abzustreiten, dass interne und externe Social-Media-Tools auch die Möglichkeit bieten, Mitarbeiter:innen zu überwachen. So können in Software wie Microsoft Teams die Onlinezeiten gesehen und sogar aktiv verfolgt werden oder über Benachrichtigungseinstellungen und gemeinsames Zugreifen auf Dokumente im Microsoft-Office365-Umfeld Arbeitszeiten überprüft werden. Es soll auch Vorgesetzte geben, die über die privaten Social-Media-Kanäle versuchen, ihre Mitarbeiter:innen zu beobachten, z. B. um falsche Krankmeldungen zu entlarven. Ich möchte an dieser Stelle dazu aufrufen, Social Media als Führungskraft immer in wohlwollender Absicht zu nutzen und sich nicht dazu hinreißen zu lassen, es gegen die Mitarbeiter:innen einzusetzen. Bei allen Vorteilen, die durch Social-Media-Tools entstehen, bleibt eines immer gleich: Probleme und Konflikte lassen sich am besten im direkten zwischenmenschlichen Austausch lösen.

Literatur

Aretz, W. (2018). Ein Bild sagt mehr als tausend Worte: Die Nutzung und Wirkung von Emojis in der privaten Kommunikation unter Berücksichtigung von Geschlechtsunterschieden. Journal of Business and Media Psychology. https://journal-bmp.de/wp-content/uploads/01_Aretz_Die-Nutzung-und-Wirkung-von-Emojis.pdf. Zugegriffen: 31. Jan. 2021.

Glikson, E., Cheshin, A., & van Kleef, G. A. (2017). The dark side of a smiley: effects of smiling emoticons on virtual first impressions. *Social Psychological and Personality Science.* https://doi.org/10.1177/1948550617720269. Zugegriffen: 31. Jan. 2021.

Kapitan, S. (2020). The Facebook Prime Minister. Theconversation.com. https://theconversation.com/the-facebook-prime-minister-how-jacinda-ardern-became-new-zealands-most-successful-political-influencer-144485. Zugegriffen: 25. Jan. 2021.

Mai, J. (2020). Führungsstile. https://karrierebibel.de/fuehrungsstile/. Zugegriffen: 09. Feb. 2021.

Nanterme, P. (o. J.). Digital Leadership. Consultingheads. https://www.consultingheads.com/blog/on-the-job/digital-leadership/. Zugegriffen: 31. Jan. 2021.

Tuckman, B. W. (1965). Developmental sequence in small groups. *Psychological Bulletin, 63*, 384–399.

Tuckman, B. W. (1977). Mary Ann Jensen: Stages of small-group development revisited. *Group and Organization Studies, 2*(4), 419–427.

Wikipedia. (o. J.). Eisbergmodell. https://de.wikipedia.org/wiki/Eisbergmodell. Zugegriffen: 31. Jan. 2021.

Praxis: In Social Media aktiv werden in sechs Schritten

22

Zusammenfassung

Dieses Kapitel bietet eine praktische Schritt-für-Schritt-Anleitung, um als Führungskraft ein eigenes Social-Media-Profil zu erstellen, die richtigen Themen und Vernetzungen zu finden und dann selbst aktiv zu werden.

Ich habe bei meinen Vorträgen zu dem Thema Social Media und Führungskräfte oft die Frage gehört, wie man seinen persönlichen Social-Media-Auftritt in der Praxis am besten aufbaut. Was sind Erfolgsfaktoren? Worauf sollte geachtet werden? Welche Fehler können passieren und wie werden diese vermieden?

Aufgrund dieser Fragen habe ich mich dazu entschlossen, dieses Praxiskapitel dazu zu verfassen. Allerdings gibt es auch für den eigenen Social-Media-Auftritt leider kein Patentrezept, das einfach nachgekocht werden kann und dann auf jeden Fall zum Erfolg führt. Das liegt vor allem daran, dass für jede Führungskraft Erfolg im Social Web unterschiedlich aussehen und definiert werden kann. Die Themen und Social-Media-Spieler in dem Umfeld unterscheiden sich ebenfalls. Die folgenden Schritte haben sich aus meiner Sicht in der Praxis bewährt und können als eine Art Grundrezept fungieren, das dann mit individuellen Taktiken verfeinert werden kann.

Schritt 1: Das Profil anlegen

In den meisten Kanälen können Sie ohne eigenes Profil gar nicht sehen, was dort überhaupt passiert. Daher ist das Profil Ihre Eintrittskarte in die Social-Media-Welt. In vielen Branchen wird ein Profil bei LinkedIn, Xing oder Twitter als Usus angesehen, ähnlich wie das Besitzen einer Visitenkarte.

Das richtige Profilbild In Ihrem Social-Media-Profil ist ein ordentliches und professionelles Auftreten wichtig. **Nutzen Sie ein Profilbild mit einem professionell**

S. Babka, *Social Media für Führungskräfte*,
https://doi.org/10.1007/978-3-658-34247-0_22

erstellten Foto und aktualisieren Sie dieses regelmäßig. Achten Sie darauf, dass Sie die Rechte für die Onlinenutzung des Fotos mit einkaufen. Begreifen Sie Ihr Foto als eine Einladung zur Kontaktaufnahme. Sie sollten auf dem Bild gut zu erkennen sein und Kleidung tragen, wie Sie diese im Job tragen würden. Sie sollten möglichst nicht gestellt rüberkommen, sondern kompetent, locker und sympathisch.

In der Regel werden die Bilder in Social-Media-Netzwerken quadratisch oder als Kreis dargestellt. Achten Sie daher darauf, dass um ihr Gesicht herum genug Platz ist, um das Foto in rundem Format darzustellen. Mit einem Profilbild in einer Größe von 400 × 400 Pixel sind Sie gut ausgestattet für die gängigen Kanäle. Die Bildgröße sollte 8 MB nicht überschreiten und das Format jpg oder.png haben. Bei LinkedIn sind 400 × 400 bis 768 × 4320 Pixel für ein Profilbild möglich, bei Xing bis 1024 × 1024 Pixel (Stand 2020).

Das richtige Hintergrundbild In einigen Kanälen besteht die Möglichkeit, das Profil noch mit einem Hintergrundbild aufzuhübschen. Das Format dieses Bildes ist meistens sehr breit und nicht so hoch. Ganz grob gesagt etwa ein horizontales Drittel einer hochkanten DIN-A4-Seite. Bei Xing ist die empfohlene Größe 1280 × 624 Pixel, bei LinkedIn 1584 × 396 Pixel (Stand 2020).

Achten Sie unbedingt darauf, dass dieses Bild zu Ihrem Produkt und Unternehmen passt und Sie die Rechte dafür haben es, online und im Kontext mit Ihrem Profil zu verwenden. Es sollte auch farblich zu Ihrem Profilbild passen, weil dieses teilweise in das Bild hineinragen wird. Am besten probieren Sie einfach einmal ein paar Varianten aus. Es gibt Datenbanken mit lizenzfreien Bildern, die Sie kostenfrei nutzen können (z. B. Unsplash.com).

Das richtige Profil – Pay to play? Sowohl Xing als auch LinkedIn bieten neben der kostenfreien Mitgliedschaft eine Premium- oder Business-Variante an. Die in der Bezahlversion verfügbaren Features sind unter Umständen für Sie von Interesse, da sie das Netzwerken vereinfachen. So kann man beispielsweise sehen, wer auf dem eigenen Profil war oder eine unbegrenzte Anzahl an Nachrichten verschicken. Das ist übrigens auch im Profil selbst sichtbar und wirkt professioneller. Außerdem gibt es bei einigen Kanälen auch die Möglichkeit, einen zertifizierten Account zu erhalten, was dann sinnvoll ist, wenn Sie stark in der Öffentlichkeit stehen. Zum Schutz vor Fake-Profilen werden solche zertifizierten Accounts mit einem blauen Haken kenntlich gemacht. Im ersten Schritt reicht aber ein gewöhnlicher Account.

Sehen Sie sich verifizierte Accounts beispielsweise auf dem Facebook-Profil von Angela Merkel an (www.facebook.com/AngelaMerkel) oder auf dem Twitter-Profil von Steffen Seibert, Sprecher der Bundesregierung und Chef des Bundespresseamtes (BPA) (www.twitter.com/regsprecher).

Da diese Verifizierung je nach Kanal unterschiedlich ist und sich die Prozesse auch stetig ändern, sollten Sie das am besten googeln oder über Social-Media-Experten realisieren lassen.

Schritt 2: Richtig vernetzen

Bevor Sie selbst aktiv werden, sollte Sie sich die Zeit nehmen und darüber nachdenken, welche interessanten Menschen oder Institutionen bereits in dem Kanal aktiv sind und wer es eventuell wert sein könnte, ihm oder ihr zu folgen. Wen möchten Sie nur „abonnieren" oder wem möchten Sie unbemerkt folgen und wem möchten Sie öffentlich folgen und aktiv in Ihr Netzwerk nehmen? Denken Sie daran, dass dieses Verknüpfen mit anderen nicht nur eine öffentliche Demonstration Ihrer guten Verbindungen ist. **Ein „Folgen" wird oftmals auch damit belohnt, dass Ihnen im Gegenzug ebenfalls gefolgt wird** und Ihre Bedeutung im Social Web zunimmt.

Gehen Sie zunächst gedanklich alle **„Peers"** durch – also **Kolleg:innen auf gleicher Ebene** in Ihrem Unternehmen, die für Sie von Interesse sind. Oft kann es helfen, sich daran zu orientieren, wie diese den Kanal nutzen und mit wem sie verknüpft sind. Dann weitere Kolleg:innen auf anderen Ebenen und Ihr über die Unternehmensgrenzen hinausgehendes berufliches Netzwerk.

Als Nächstes gehen Sie gedanklich alle Menschen und Unternehmen durch, die **Ikonen** in Ihrem Bereich sind. Zu wem schauen Sie auf? Wer mischt mit neuen Ansätzen gerade Ihre Branche auf? Wer ist sogenannter „Thought Leader"?

Nutzen Sie z. B. auf LinkedIn auch die bestehende Möglichkeit, Ihre Expertise darzustellen, indem Sie **Kolleg:innen oder Geschäftspartner:innen bitten, Ihre Expertise zu bestätigen oder eine Empfehlung über Sie zu schreiben.** Geben Sie im Gegenzug ebenfalls Bewertungen oder Empfehlungen.

Hören Sie außerdem aktiv zu und „liken" und kommentieren Sie Beiträge der Menschen in Ihrem Netzwerk. Auch durch Likes kann Visibilität gewonnen werden!

Schritt 3: Themen und Diskussionen finden und sich einbringen

Denken Sie daran, dass es in vielen Netzwerken auch möglich ist, Hashtags und somit Themen zu folgen. **Suchen Sie sich gezielt Themen aus, die zu Ihnen passen, und verfolgen Sie, was dazu gesprochen wird.** Bringen Sie sich ein und **diskutieren Sie mit.** Teilen Sie gezielt interessante Beiträge und beleuchten Sie diese aus Ihrem eigenen Blickwinkel. Suchen Sie nach Gruppen zu für Sie relevanten Themen und bringen Sie sich dort ein. Machen Sie sich Gedanken dazu, wofür Sie in der Öffentlichkeit stehen möchten und welche Themen dieses Bild unterstützen.

Schritt 4: Selbst Beiträge veröffentlichen

Einen Artikel oder auch nur einen kurzen Beitrag zu verfassen, ist auf den ersten Blick nicht schwer. Inhalte zu posten, die eine größere Resonanz in Ihrem Netzwerk auslösen, ist hingegen eine Herausforderung. Es gibt ein paar Zutaten, die einen Beitrag erfolgreicher machen. Hier beispielhaft für einen Artikel auf LinkedIn:

Persönlichkeit Nutzen Sie eine persönliche Anekdote oder einen besonderen persönlichen Bezug zu dem Thema als Aufhänger. Dieses Storytelling-Werkzeug kennen Sie vielleicht auch aus TED-Talks oder Reden. Es hilft dem Leser, eine emotionale Brücke zu Ihnen aufzubauen.

KISS (Keep it short and simple) Versuchen Sie, sich so kurz wie möglich zu fassen. Nehmen Sie sich nach dem Verfassen eines Textes noch einmal Zeit, diesen großzügig zu kürzen. Eine einfache Sprache mit wenig Fachjargon hilft außerdem dabei, die Relevanz für eine größere Leserschaft zu erhöhen.

Bilder und Grafiken Geben Sie Ihren Worten eine visuelle Unterstützung, indem Sie ein Bild oder eine Grafik hinzufügen. Achten Sie dabei darauf, dass Sie die Rechte dafür haben, dieses Bild zu verwenden.

Verwendbare Bilder gibt es z. B. bei www.GettyImages.de oder auch lizenzfrei bei Unsplash.com; Illustrationen gibt es z. B. bei iStock.com oder lizenzfrei bei Pixabay.com und natürlich bei vielen anderen Anbieter:innen, die Sie über Suchmaschinen im Netz finden können.

Netzwerk nutzen Nutzen Sie Ihr Netzwerk, um Ihrem Beitrag zu höherer Aufmerksamkeit zu verhelfen, indem Sie Personen oder Institutionen „taggen" (= als Verlinkung markieren). Dann wird Ihr Beitrag nämlich in deren Netzwerk sichtbar. Natürlich sollten Sie nicht wild irgendwelche Leute markieren, sondern inhaltlich ein Bezug dazu herstellen. Dies kann auf zwei Arten geschehen. Entweder Sie formulieren einen Satz, in dem Sie die Person erwähnen und so verlinken, oder Sie kommentieren einen Beitrag der Person mit einem Link zu Ihrem Artikel.

#Hashtag nutzen In LinkedIn und anderen Netzwerken ist es möglich, Themen über einen sogenannten Hashtag zu finden. Ein Hashtag ist ein Doppelkreuz mit einem Begriff: #Beispielthema. Wenn die Nutzer:innen darauf klicken, sehen sie alle Beiträge zu diesem Thema. So ist es auch möglich, mittels eines Hashtags auf einer Themenwelle zu surfen und so weitere Leser anzusprechen. Auf Instagram werden häufig sehr viele Hashtags genutzt. In LinkedIn ist das übermäßige Verwenden von Hashtags eher verpönt. Nutzen Sie daher maximal fünf Hashtags, lieber drei.

Aufhänger Es empfiehlt sich, einen aktuellen Aufhänger für den Beitrag zu finden, um die Relevanz zu erhöhen. Das kann wie schon erwähnt eine persönliche Anekdote oder auch ein internationaler Tag sein. Listen mit solchen „Awareness"-Tagen finden Sie z. B. hier:

- WHO Awareness Days https://www.who.int/campaigns
- UN Awareness Days https://www.un.org/en/sections/observances/international-days/
- Kuriose Feiertage https://www.kuriose-feiertage.de/

Es kann aber auch ein Format sein, wie z. B.: „5 Dinge, die ich dieses Jahr gelernt habe" oder „5 Fehler, die ich nie wieder machen möchte" oder „5 Themen, die mich inspirieren".

Packende Überschrift Eine interessante Überschrift garantiert Ihnen viele Klicks auf einen Beitrag. Je kontroverser die Überschrift, umso mehr Klicks werden Sie erhalten. Allerdings ist sogenanntes „Clickbaiting", also das Verwenden von Überschriften, die sehr ködernd wirken, auch mit Vorsicht anzuwenden, da es schnell unseriös wirken kann, wenn die Erwartungen, welche die Überschrift weckt, nicht erfüllt werden.

Schritt 5: Dialog

Reagieren Denken Sie daran, dass Social Media ein Dialogkanal ist. Daher sollten Sie Reaktionen auf Ihre Beiträge nicht nur genau beobachten, sondern Kommentare und Rückmeldungen auch zuverlässig beantworten.

Auf Fragen vorbereitet sein Es ist empfehlenswert, sich vorab Gedanken darüber zu machen, welche Art von Fragen oder Rückmeldungen zu erwarten sind. Insbesondere kritische Szenarios sollten Sie einmal gedanklich durchgespielt haben, damit Sie im Fall der Fälle vorbereitet sind. Am besten beziehen Sie auch Experten aus dem PR-Bereich in Ihre Überlegungen ein. Grundsätzlich gilt aber, dass Sie sich nicht verunsichern lassen sollten. Überlegen Sie sich gut, was Sie öffentlich sagen möchten, aber haben Sie keine Scheu davor, etwas falsch zu machen. Wenn Sie die Grundregel beachten, authentisch und ehrlich, aber gleichzeitig bedacht zu sein, kann wenig falsch laufen. Wenn Sie sich einmal bedrängt fühlen sollten, gewinnen Sie am besten erst einmal Zeit. Sie sollten gerade bei kritischen Fragen möglichst zeitnah eine Erstreaktion zeigen. Das bedeutet nicht, dass Sie schon eine fertige Antwort geben müssen. Antworten Sie mit Sätzen wie: „Das ist nicht der geeignete Rahmen, sich über ein Thema wie dieses auszutauschen", oder: „Die Antwort auf diese Frage habe ich leider auch nicht, aber ich werde mich erkundigen und dann noch einmal auf Sie zukommen." Wenn Sie eine Diskussion aus der Öffentlichkeit herauslenken möchten, verweisen Sie auf eine andere (nicht öffentliche) Art des Kontaktes. Zum Beispiel: „Bitte senden Sie eine E-Mail an service@unternehmen.de, und ich werde mich persönlich um eine Lösung bemühen." Vermeiden Sie endlose Diskussionen, indem Sie abmoderierende Antworten geben, die keinen Anlass für weitere Diskussionen geben. „Gut. Dann haben wir ja beide unsere Standpunkte erläutert."

Schritt 6: Evaluieren Sie in regelmäßigen Abständen

Sie sollten sich ab und zu die Zeit nehmen, innezuhalten und zu betrachten, wie Ihre Social-Media-Aktivität sich entwickelt. Was ist gut gelaufen? Wobei habe ich mich vielleicht nicht so gut gefühlt? Ist das Betreiben eines eigenen Social-Media-Kanals für mich immer noch sinnvoll? Sind die Effekte eingetreten, die ich mir erhofft habe? Habe ich meine Ziele erreicht? Agiere ich immer noch auf dem richtigen Kanal?

Stichwortverzeichnis

S. Babka, *Social Media für Führungskräfte,* https://doi.org/10.1007/978-3-658-34247-0